U0156674

毛竹细菌多样性

理论与实践

袁宗胜 刘 芳 著

清华大学出版社

北京

内容简介

本书整合了毛竹细菌多样性理论与实践近年来的研究成果，主要从以下四个方面对毛竹根际细菌、内生细菌及防病促生功能内生细菌的分离、筛选与应用进行了探讨：第一篇毛竹与细菌，主要阐述毛竹生物学特性、生长环境条件及毛竹微生物组；第二篇毛竹细菌多样性研究，采用高通量测序技术对毛竹根际细菌和内生细菌的群落结构与多样性进行研究，尤其是对毛竹笋不同生长期、毛竹林周年生长特性（大小年）、丰产和低产毛竹林、微生物菌剂的施用及毛竹开花等几种情形下毛竹根际细菌和内生细菌群落结构及多样性进行分析与阐述；第三篇毛竹内生促生细菌研究，开展了毛竹可培养内生细菌的研究，包括可培养内生细菌的分离，解磷、解钾、固氮功能内生细菌的筛选，内生促生细菌在毛竹体内的定殖及其对毛竹促生效果的测定等方面；第四篇毛竹内生拮抗细菌研究，主要针对分离出的可培养内生细菌，对主要食用菌病原菌拮抗效果进行测定，筛选出具有较好拮抗效果的内生细菌。本书可供全国农林院校相关专业研究人员和学生参考。

图书在版编目（CIP）数据

毛竹细菌多样性理论与实践 / 袁宗胜，刘芳著 .—北京：清华大学出版社，2023.6
ISBN 978-7-302-62406-6

Ⅰ . ①毛… Ⅱ . ①袁…②刘… Ⅲ . ①毛竹－细菌－研究 Ⅳ . ① Q939.11

中国国家版本馆 CIP 数据核字（2023）第 016244 号

责任编辑：罗　健
封面设计：常雪影
责任校对：李建庄
责任印制：宋　林

出版发行：清华大学出版社
　　　　　网　　　址：http://www.tup.com.cn，http://www.wqbook.com
　　　　　地　　　址：北京清华大学学研大厦 A 座　　　　　邮　　编：100084
　　　　　社 总 机：010-83470000　　　　　邮　　购：010-62786544
　　　　　投稿与读者服务：010-62776969，c-service@tup.tsinghua.edu.cn
　　　　　质量反馈：010-62772015，zhiliang@tup.tsinghua.edu.cn
印 装 者：三河市铭诚印务有限公司
经　　销：全国新华书店
开　　本：185mm×260mm　　　　印　张：15.5　　　　字　数：348 千字
版　　次：2023 年 6 月第 1 版　　　　印　次：2023 年 6 月第 1 次印刷
定　　价：198.00 元

产品编号：098231-01

前　言

　　毛竹（*Phyllostachys edulis*）又名楠竹，是我国南方重要的森林资源，是分布最广、面积最大、价值最高的优良竹种。根据全国第九次森林资源清查结果，我国毛竹林面积为467.78万公顷，占全国竹林面积的72.96%，其中，福建、江西、浙江、湖南四省的毛竹林面积约占全国毛竹林面积的79.23%，发展毛竹产业具有重要的经济意义。

　　植物是一个超级有机体，在植物表面和内部富集了数量庞大且种类繁多的微生物，植物与微生物共同进化、相互作用。在长期的进化过程中，植物对微生物群落进行选择，形成了植物特定的微生物群落，即植物微生物组。植物根际微生物及其产生的各种酶在转化土壤有机质、促进土壤有机质分解、土壤矿质营养循环，维持和提高土壤肥力方面发挥着关键作用。有益的内生菌不仅将植物作为栖息场所，而且对寄主植物有防病、促生、内生固氮等多方面的生物学作用，并可促进植物对恶劣环境的适应，保证植物健康生长。因此，研究毛竹根际微生物、内生菌及防病促生功能菌有利于促进生态平衡，促进毛竹产业的可持续发展。

　　关于农作物内生及根际微生物的研究已十分深入，林木上的研究相对滞后且较为粗放，对拥有庞大的鞭竹系统、自然生长情况下具有大小年节律特征的毛竹根际微生物和内生菌群落结构特征与多样性方面的研究较少。

　　本书整合了毛竹细菌多样性理论与实践近年来的研究成果，从以下四个方面对毛竹根际细菌、内生细菌及防病促生功能内生细菌分离、筛选与应用进行了探讨：

　　第一篇毛竹与细菌，主要阐述了毛竹生物学特性、生长环境条件以及毛竹微生物组。

　　第二篇毛竹细菌多样性研究，采用高通量测序技术对毛竹根际细菌和内生细菌的群落结构与多样性进行了研究，尤其是对不同生长期毛竹笋、毛竹林周年生长特性（大小年）、丰产和低产毛竹林、微生物菌剂的施用及毛竹开花等几种情形下毛竹根际细菌和内生细菌群落结构及多样性进行了分析与阐述。

　　第三篇毛竹内生促生细菌研究，开展了毛竹可培养内生细菌的研究，包括可培养内生细菌的分离，解磷、解钾、固氮功能内生细菌的筛选，内生促生细菌在毛竹体内的定殖及其对毛竹促生效果的测定等方面。

　　第四篇毛竹内生拮抗细菌研究，主要针对分离出的可培养内生细菌，对主要食用菌病原菌拮抗效果进行了测定，筛选出具有较好拮抗效果的内生细菌。

　　本书由袁宗胜、刘芳共同完成，袁宗胜负责第二、三篇的编写，共计22.5万字，刘芳负责第一、四篇的编写，共计12.3万字。在材料整理过程中，王思凡、曾志浩、杨洁等人给予了大力协助，几百位国内外参考文献的作者为本书撰写提供了宝贵的理论和方法支撑，在此一并表示诚挚的感谢。在书稿撰写过程中，我们参考并引用了一些文献的图片，但因未能联系上原作者，我们深感歉意，借此敬请各位作者发现本书有关引用图片后与作者或清华大学出版社联系，我们将按中国标准向引用图片的参考文献作者支付稿酬。另外，书稿中可能会有遗漏的文献，敬请国内外专家学者谅解与包容。

本书得到福建省林业科技计划项目"用于毛竹绿色生产的促生复合微生物菌剂的研制及应用"（项目编号：2021FKJ07）和闽江学院校级科技项目"毛竹林大小年与毛竹微生物组的关联性"（项目编号：MYK19027）的支持。

希冀本书的出版能够为促进毛竹林丰产培育和毛竹产业可持续发展提供新的思路，对探究植物根际细菌和内生细菌及防病、促生功能微生物筛选与应用等相关研究有所助益。由于笔者学识和水平有限，本书难免存在不足之处，敬请广大读者批评指正。

袁宗胜

2023 年 1 月

目 录

第一篇
毛竹与细菌

第一章　毛竹

毛竹（*Phyllostachys edulis*），又名楠竹，属于禾本科竹亚科刚竹属，是单轴散生型常绿乔木状竹类植物，是我国南方重要的森林资源。毛竹是分布最广、面积最大、价值最高的优良竹种[1]，具有生长快、成材早、用途广、经济收益大等优点[2]。根据全国第九次森林资源清查结果，我国毛竹林面积为467.78万公顷，其中，福建、江西、浙江、湖南四省的毛竹林面积约占全国毛竹林面积的79.23%[2]。

毛竹是单轴散生型竹种，生长周期短，繁殖能力强。毛竹繁殖更新主要通过竹鞭的蔓延生长和发笋成竹来实现，属于典型的无性系繁殖。毛竹是竹养鞭、鞭生竹、竹竹相通的整体，同一竹鞭上可生长各种年龄的竹子，且在自然条件状况下，竹鞭上各竹龄毛竹的分布是均匀的，因而表现为一部分毛竹今年换叶、另一部分毛竹明年换叶的交替现象[3,4]。根据大小年毛竹林（大年孕笋长竹、小年行鞭换叶）的特点，将从上一年笋芽分化开始，到当年幼叶长为成叶为止，即有笋芽大量分化、冬笋大量形成、春笋大量出土和新竹大量上林等物候特征的新竹形成期划分为大年。将当年竹鞭进入第一个生长高峰期，到翌年竹鞭第二个生长高峰期结束，即有鞭笋大量形成、毛竹集中换叶等物候特征的竹鞭快速生长期划分为小年。大小年分明的毛竹林，毛竹新竹长成至第二年春季换叶为一度；以后每两年换叶一次，即每两年一度[5]。

毛竹林是一种非常特殊的林分，具有独特的地下鞭根系统，毛竹依赖鞭根系统吸收土壤中的矿质营养和水分，输送到地上部分供其利用，同时通过竹鞭进行横向运输，调节竹株之间的养分平衡[6]。毛竹竹鞭生长主要靠鞭梢伸长，鞭梢的穿透力极强，在湿润、疏松、肥沃的土壤中，一年可生长4～5m。在毛竹林小年，竹鞭快速生长，并在鞭节上分化出芽；过渡到大年后，竹鞭生长减缓，这些鞭节上膨大的芽以及竹鞭前端幼嫩的部分长成笋，进而快速发笋成竹。竹鞭的年生长活动始于春季，止于初冬，生长期一般为6～8个月，呈现慢—快—慢的节律变化。毛竹林大年，在新竹抽枝展叶后，鞭梢开始缓慢生长，8～9月达生长高峰期，10月生长渐慢，11月底停止生长，萎缩断脱。翌年春季，该鞭竹系统不再发笋，鞭梢在气温上升时（3月初）开始生长或从断梢附近的侧芽另抽新鞭，6～7月生长最旺，8月该鞭竹系统又进入下一个孕笋期，竹鞭生长渐慢[6,7]。笋芽从9月上旬起萌动膨大，9～10月土温适宜，笋芽分化成节，发育成笋，11月间，随着土温下降，毛竹生长减慢，12月至翌年2月生长停滞，这时在土壤中的膨大笋芽称为冬笋；第2年3月土温回升，竹笋继续生长；3月下旬至4月上旬，当气温在10℃以上时，笋芽生长出土，成为春笋。毛竹笋从开始出土至结束共约1个月，出笋的数量前期少，中期多，后期少，呈S形曲线生长。新竹形成后，竹子的秆形生长结束，竹秆的高度、粗度和体积不再有明显的变化，但竹秆的组织幼嫩，含水量高，干物质少。

第一节 毛竹的生物学特性

地上散生毛竹分别隶属于地下若干个鞭根系统，构成了竹连鞭、鞭生芽、芽孕笋、笋长竹、竹又养鞭，循环增殖，互为因果，鞭竹息息相关的统一有机体。地上部分的杆是支持、输导和生长发育的主体，枝叶是同化、异化和水分蒸发的主要器官。地下部分的鞭、根具有吸收功能，既是水分、养分储存和运输的主要器官，又是无性繁殖更新的主要器官。因此，地上部分生长代谢作用的强弱直接影响地下输导和繁殖系统的抽鞭、孕笋和成竹能力，而地下部分系统繁殖更新能力的强弱，又直接关系到地上部分立竹的盛衰，这是毛竹林生长的内在规律。

一、竹鞭

毛竹竹鞭单轴散生，呈波状横走地中，称为竹鞭（图 1-1），竹鞭由鞭柄、鞭身、鞭梢三部分组成。竹鞭有节，节上生根称为鞭根。对一根立竹而言，竹鞭根据生长部位不同，可相对地分为来鞭、去鞭和支鞭：芽朝向立竹而来的鞭称来鞭；背向立竹而去的鞭称为去鞭；生长在来鞭或去鞭上的鞭称为支鞭。竹鞭鞭梢的穿透力极强，在湿润、疏松、肥沃的土壤中，一年可生长 4～5m。通常情况下，竹鞭分布较深，钻行方向变化小，起伏扭曲不大，形成鞭段长、岔鞭少、节间长、鞭径大、侧芽饱满、鞭根粗长的竹鞭。而在贫瘠土壤中，竹鞭则分布较浅，生长不快，起伏度较大，钻行方向有较多变换，容易折断，分生岔鞭，形成鞭段较短、多为扭曲畸形、节间短缩、粗细不匀、侧芽瘦小、鞭根细短而曲折的竹鞭，并且长成的竹子通常也是材质低劣，短小屡弱。因此，土壤的质地、肥力、水分等条件对竹鞭生长影响较大[8]。

图 1-1 竹鞭

二、竹笋

　　根据形状和形成时间不同，毛竹笋可分为鞭笋、冬笋和春笋三种。夏秋季节，鞭段生长旺盛，鞭梢的幼嫩梢头细而长，称为鞭笋。鞭笋是扩展地下鞭根系统的牵引部分，如挖取食用，将直接阻碍新鞭蔓延速度和数量，影响翌年新竹数量和质量。在夏末秋初，壮龄竹鞭上的部分侧芽开始萌发分化为笋芽，到了初冬，笋体继续膨大，笋箨呈黄色，被有绒毛，称为冬笋。冬季低温时期，笋体处于半休眠状态，到了春季温度回升，雨水增多，笋体又继续增粗伸长，穿出土面称为春笋（图1-2）。毛竹孕笋时间需6～9个月，一般在每年3月份气温10℃左右时开始出笋，4月下旬结束。毛竹平均出笋持续时间为27～39天[5]。

图1-2　竹笋

三、竹秆

　　竹秆是毛竹主体，分秆柄、秆基、秆茎三部分。秆柄是竹秆最下部分，细小、短缩、不生根，与竹鞭根相连的点称为连接点，是立竹和地下鞭根系统连接输导的枢纽。秆基是竹秆入土生根的部分，其根称为竹根。秆茎是竹秆的地上部分，一般形圆而中空有节，上半部分枝着叶，是主要用材部分。毛竹竹秆的干形生长在新竹长成后即结束，即其高度、粗度和体积不再继续增长。毛竹竹秆从中上部开始着生枝芽，并节生枝二枚，一枚大而长，一枚小而较短。毛竹新竹第二年春季换叶，为一度，以后每两年换叶一次，即每两年一度，所以一度竹为一年生，二度竹为2～3年生，三度竹为4～5年生，依次类推。竹箨为毛竹主秆所生之叶，也称笋箨，着生于箨环上，包裹竹秆节间，对竹秆节间生长具有保护作用[5]。其中大量发笋长竹的一年称为大年。在此期间，毛竹迅速生长，需肥量高，须及时补充营养，以防止退笋[10]。次年称为小年，主要是换叶生鞭，发笋量减少（图1-3）。

图 1-3   毛竹竹秆

第二节   毛竹生长的环境条件

气候、土壤、地形、生物、人为干预等因素均会影响毛竹的生长。气候决定了毛竹的基本特点和分布范围，年均温 12～21℃，降雨量 1100～1750 mm，年均相对湿度为 65%～80%，是毛竹的适生气候条件。毛竹的生长发育和产量首先取决于其本身的光合作用。毛竹需光量不高，但光照与毛竹产量密切相关，所以通过合理地调整竹林结构和改善肥土管理来提高光能利用率是提高毛竹产量的重要途径。毛竹对温度的适应范围较广，对水分需求量较高。毛竹喜肥怕瘠，喜温怕旱又怕水淹浸，适生土壤条件为深厚土层，一般要求 50 cm 以上，土壤物理性能良好，有较好的空隙度、透气性和持水能力好等条件，pH 值在 4.5～7.0 之间，土壤养分要丰富。地形条件主要包括海拔、坡向、坡度等，不同的地形条件常引起土壤、气候因子的变化，因而也就形成毛竹不同的生长发育状况。如随海拔高度的变化，气候条件也逐渐变化，海拔每升高 100 m，气温常下降 0.5℃，因而毛竹自然分布范围受到限制。毛竹一般分布在海拔 100～1500 m 之间，其产量最高的多在海拔 300～800 m 地段，且以山凹和山下坡为好。毛竹林主要靠强大的竹鞭自行向林缘逐渐扩展，特别是水肥条件较好的地段发展更快。当毛竹竹鞭蔓延至荒山草地和灌丛地时，可能形成毛竹纯林，尤以群山谷地和山坡下部为常见；当蔓延至杉木林、马尾松林或阔叶林时，往往形成竹杉、竹松、竹阔混交林或者三者兼有的竹针阔混交林。

毛竹生态系统是指毛竹群落中毛竹与其它生物及非生物环境之间的相互作用，进行着物质和能量交换以及信息的传递，这种生态环境与毛竹群落的综合体就是毛竹生态系统。毛竹在生长过程中通过自身的生理活动与外部环境进行着营养物质的循环，而且明显地显现出季节变化。毛竹干物质中除了大量的碳、氢、氧外，还有对毛竹生长起重要作用的有机物质和矿质营养元素，前者来自空气中的 CO_2 和水，后者取自土壤，土壤中的养分主要依赖叶子等有机质的腐烂和根系呼吸之间的周转，因此毛竹与土壤之间的循环是迅速而紧凑的。竹林结构主要指竹林生态系统中建群种的组成结构状况，其结构包括：物种组成、立竹度、均匀度、年龄结构、个体大小、整齐度、叶面积指数等。竹林结构的好坏可以用生产林产品的多少和光能利用率的大小来衡量。

图 1-4　毛竹生境

参考文献

[1] PENG Z,LU Y,LI L,et al.The draft genome of the fast-growing non-timber forest species moso bamboo(*Phyllostachys heterocycla*)[J].Nature Genetics,2013,45(4):456-461.

[2] 国家林业局 . 第八次全国森林资源清查结果 [J]. 林业资源管理 ,2014(1):1-2.

[3] ZHOU Y F,ZHOU G M,DU H Q,et al.Biotic and abiotic influences on monthly variation in carbon fluxes in on-year and off-year moso bamboo forest[J].Trees,2019,33(1):153-169.

[4] 陈操 , 金爱武 , 朱强根 . 毛竹无性系种群空间分布格局及其分形特征 [J]. 竹子研究汇刊 ,2016,35(1):51-57.

[5] 曾庆斌 , 阳著平 , 顾国东 . 毛竹实生林生长发育进程研究 [J]. 中国林业 ,2009(8):46.

[6] 周本智 , 傅懋毅 . 竹林地下鞭根系统研究进展 [J]. 林业科学研究 ,2004(4):533-540.

[7] 熊国辉 , 张朝晖 , 楼浙辉 , 等 . 毛竹林鞭竹系统——"竹树"研究 [J]. 江西林业科技 ,2007(4):21-26.

[8] 姜培坤 , 徐秋芳 . 土壤生物学性质对毛竹粗生长影响的研究 [J]. 生态学杂志 ,2001(6):25-28.

[9] 高贵宾 , 温星 , 吴志庄 , 等 . 不同土壤雷竹盆栽苗地下茎分枝数量特征及其分布格局 [J]. 植物科学学报 ,2022,40(4):565-575.

[10] 崔凯 . 毛竹茎秆快速生长的机理研究 [D]. 北京 : 中国林业科学研究院 ,2011.

[11] 姚文静 , 刘国华 , 吴艳萍 , 等 . 长叶苦竹新造林的生长发育规律研究 [J]. 南京林业大学学报 ,2023,47(2):123-129.

第二章　植物微生物组

第一节　微生物组

一、微生物组的定义

微生物组，是指在一定的区域范围中，具有独特生理生化性质的微生物群落[1]。这是 John M.Whipps 等人在 1988 年提出的微生物组定义，简洁明了地概括了微生物群落与环境之间的关系。一个特定环境或者生态系统中全部微生物及其遗传信息，包括其细胞群体和数量、全部遗传物质（基因组）——这是我国科学家刘双江等人在 2017 年提出的微生物组定义[2]。不难发现，后者所界定的内容更加具体而全面，并且为今后的微生物组研究指出了方向。

根据上述微生物组的定义，植物微生物组可以概括为位于植物表面或植物内部的微生物群落。植物微生物组通过植物与微生物、微生物与微生物的相互作用与植物和谐发展（图 2-1）[3]。传统微生物研究多针对单一菌落，探究特定微生物的作用，对于微生物组这一强调整体观念的研究较少。近年来，伴随高通量测序技术的发展，人们可以从更加宏观的层面对多种微生物群落进行整体分析，探究多种微生物群落之间的互作关系，并且可以通过自主设计和构建特定的微生物组对植物形成影响，改善植株生理活动，提高其抗逆水平。

二、微生物组的研究进程

早在数十亿年前，微生物作为最早的一批"原住民"遍布地球。它的重要特征是多样性和庞大的种群数量，同样微生物这个"微"字也强调了其物理形态结构上的难以观察性，多数种群个体在不借助外力的辅助下是不容易看到的。显微镜的诞生突破了这一研究瓶颈，使得人们第一次凭借肉眼就可探寻到这个微小而又宏大的世界[4]。微生物培养技术的发明，推动了从观察微生物外在形态到实验探究单一微生物种类性质的转变，这一突破性技术成就，打开了生理、病理、生化等学科的大门。在培养过程中，微生物群落与周边环境的互作也渐渐进入研究者的视野，这种互作机制的重要性通过微生物群落分布的广泛性和多样性得以体现。这里的环境不仅仅是指字面上的意义，还包括一切可以为微生物生存提供养分的人、动物、植物等，它们体内外庞大的微生物群落与环境进行着复杂而又精细的相互作用，形成现如今我们所看到的丰富多彩的生态体系。

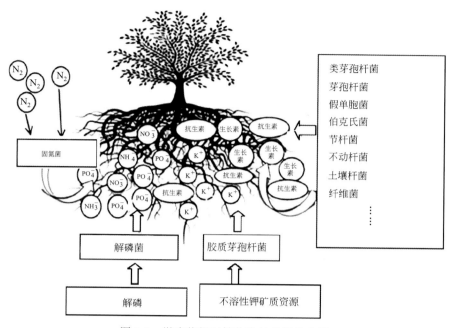

图 2-1　微生物组对植物生长的促进作用

[引自：张超蕾，周瑾洁，姜莉莉，等. 微生物组学及其应用研究进展 [J]. 微生物学杂志，2017，37（4）：74-81.]

截至目前，对微生物的研究已有 300 多年的历史。在整个漫长的微生物研究史中，约有三次里程碑式的技术和认知蜕变。在 17 世纪中期至 19 世纪初期这一阶段中，人们对微生物的研究受限于当时的观察技术，对微生物的研究一直局限于浅显的外在形态观察，并无重大发现。之后，在 19 世纪中后期至 20 世纪中后期，法国著名微生物学家 Louis Pasteur 用实验证明"生命自然发生说"是错误的观点，并首次提出建立微生物生理学和应用微生物学这两门学科。此外，1881 年德国细菌学家 Robert Koch 发明的固体培养基促进了人们对微生物生理生化性质的认知。20 世纪末期至今，虽然人们对微生物的研究逐渐深入，但是人们所能稳定人工培养的微生物只占自然界中的微生物微乎其微的部分，更多的微生物是无法进行人工培养的微生物。在这样的需求之下，聚合酶链式反应（polymerase chain reaction，PCR）及 DNA 测序技术的出现，使得微生物研究从传统的培养型研究演变为非培养型研究，这又是一次科技的飞跃 [5]，如 16S rRNA、18S rRNA、ITS（internal transcribed spacer）、宏基因组等依靠非培养方法检测微生物种类和功能的技术手段迅速发展。同时第二代高通量测序（next-generation sequencing，NGS）技术的出现，显著降低了 DNA 测序的经济成本，提高了测序的精确度、长度等，推动了微生物研究的快速发展。

自然科学的发展需要思维方式、理论的变革和技术支持。多年前，微生物领域的研究还停留在针对单一个体，通过观察其外在形态和测试其理化性质，提出一定的理论假设，然后论证其研究过程和方法。正是通过这样的方式，我们才得以形成现如今对生物本质（DNA、RNA、多糖、蛋白质等生物大分子）和生物生命周期过程的认知。随着科技的不断进步，我们不再满足于取得一次阶段性的小小突破。微生物组学就是在这样一个科技高速发展的背景下成为具有划时代科学研究意义的理念。这一概念的提出必将吹响生态、工农业、高新技术业等各个领域的变革号角，产生足以颠覆现有技术理念的发展动力。21 世纪的人更加希望解开生命的奥秘，通过各个学科之间的互相融合诞生新型学科的频率越来越快，以整体研究体系为主导，不再割裂研究对象的局部特征，这种思维模式已成为当今的主攻方向。如图 2-2 所示，近 10 年来有关微生物组学的科学报道急剧上升[6]。

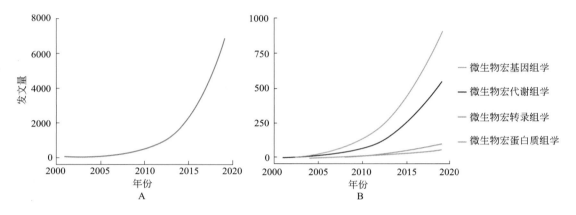

图 2-2　历年来发表的微生物组学相关文章数量趋势

A 包含关键词"微生物组"的文章数；B 包含关键词"微生物"且分别包含"宏代谢组学"、"宏蛋白质组学"、"宏基因组学"、"宏转录组学"的文章数量

[引自：高贵锋，褚海燕.微生物组学的技术和方法及其应用 [J].植物生态学报，2020，44（4）：395-408.]

（一）微生物组——新的战略重点

从自然科学的视角看，我们需要更加宏观的微生物群落生命活动机理观测和更为微观的分子互作机制研究，探寻各种生物和环境之间的交互机制和生态系统的运转规律，要看清楚宏观尺度分析与微观机制二者之间的协调作用。在技术层面上，世界范围内已经开始的人类微生物组、地球微生物组等计划，都有效实现了从重要科技研发到思想理念的转变，为系统生物学和合成生物学二者研究方向的结合提供了充实的依据，证实了微生物组研究的巨大潜力。微生物作为地球生态系统的重要一环，遍布在自然界的各个环境中，相互独立而又密不可分，形成了完整而复杂的系统。微生物组中的各个微生物群落结构稳定，是生态系统健康的体现，当组成成分出现失衡和协调能力不足时，系统就会出现紊乱，导致疾病的发生。在目前疾病的发生和状态恶化、生态系统结构紊乱等大的问题的背后，都有微生物群落失控的影子。

研究细菌、真菌以及非细胞结构的微生物群落，需要依靠宏基因组学技术，深入探索分子层面的变化，人类对这些微小的生物有了更加清晰的认识方式，在研究方式和方法上，鼓励研究人员深入研究微生物以及微生物组，深入探究自然或人工环境下植物与微生物之间的相互作用关系。从符合实际应用层面出发，详实地解析微生物群落的构成与机制，探寻有关生理生化机制，找到解决目前所面临的各种问题，包括卫生系统安全、农业与生态可持续发展等问题的方法。新诞生的思想理念和技术产品，将给人类带来对微生物组全新的认知。目前正在探讨可能形成变革的解决方案，从基础研究转向技术创新和工业化，微生物高新技术正在迅速形成，并扩展到工业、农业、医学和环境等领域（表 2-1）。

表 2-1　微生物组学涉及的领域和用途

涉及的领域	用途		
农业	生物饲料	生物农药	
工业	发酵食品	生物化学品	生物燃料
健康	肥胖	疾病	营养
环境	污水处理	土壤修复	

（二）微生物学研究正处于变革的关键时期

在国内外研究初步突破的基础上，微生物学研究已成为国际科技革命的前沿策略导向。西方发达国家投入了大量的政府资源，越来越多的科学技术人员和组织参与了研究和开发。在科技高速发展的社会背景下，人们意识到微生物组的研究和发展需要一个新的多学科的国际合作计划，中国、美国、德国和其它国家的科学家联合呼吁开展国际微生物组研究项目。从微生物组研究和国际技术竞争的角度来看，有以下几个发展趋势：

1. 研究范围和应用范围越来越广

将微生物资源和微生物群落应用于能源、卫生等方面，需要综合考虑卫生、农业、环境等方面。美国从 2002 年开始启动了生命基因项目，2008 年启动人类微生物项目，投资 1.7 亿美元，2010 年开始开展地球微生物项目。日本从 2005 年开始，拟定了人类基因组研究项目。加拿大 2007 年开展植物微生物组的研究项目。欧洲 2008 年开展人类肠道宏基因组项目，研究微生物资源与能源及微生物群在生命健康领域的应用。目前微生物组研究与产业合作的应用已扩展到医疗、农业、生态环境等诸多领域。

2. 研究更加注重技术开发与学科的结合

当前的研究发展方向已经从理化分析研究向创新的方向转变，以培养基因组学、高科技链、生物技术和信息技术为代表的新一代微生物技术，强调基因标记、数据监测、数据统计、设计生态学研究计划、生物信息分析大数据、合成生物学技术系统建立模型等方面的创新和发展，这需要将越来越多的学科结合在一起。

3. 在创新科技研究中的重要地位

微生物组学研究形成了一个相对宽泛的领域，其技术更加复杂，更依赖大数据分析。技术开发对微生物组学的研究，需要深入探索、诱导创新，依靠已有的研究基础，建立广泛的数据收集系统，以达成集约型发展目标，高效处理采样问题，数据标准化，拓展相关数据分析技术，研究更加全面、系统。

三、研究意义

一直以来，由于科技发展缓慢，微生物群落及其功能的研究受限，研究微生物群落演替的初始动力等问题在很大程度上还是盲区。因其构成复杂、群落分布难以预测，其研究难度与大脑研究相当[2]。近年来，随着大数据、云计算的开发应用，微生物组数据分析有了质的飞跃，为攻克微生物群落复杂性提供了更好的平台与机遇，但同时也是一次更大的挑战。

近几年，随着微生物组这一概念的提出，对微生物组的研究热度不断上升，互联网搜索的结果高达百万条。依据相应的学术研究和成果，进行分析总结，不难发现，人们对自身的微生物组研究关注度最大，特别是针对肠胃消化和人体器官疾病等方面的微生物组，对人体有显著影响。在目前的研究中，仅在人类肠道中检测出的微生物种类就高达数千种，其细胞量超过人本身细胞量的数十倍，这些微生物群落与人的生老病死有着密切的联系[3]（图 2-3）。

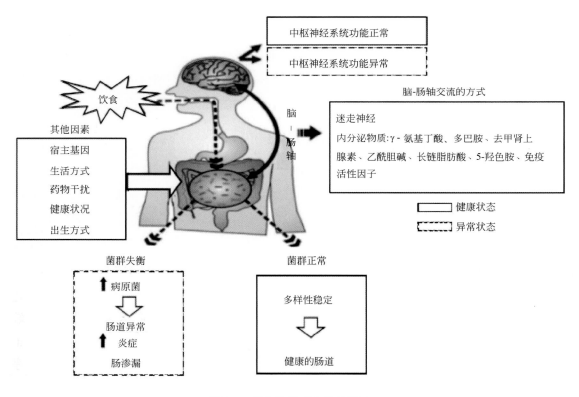

图 2-3 微生物组对人体的影响

［引自：张超蕾，周瑾洁，姜莉莉，等 . 微生物组学及其应用研究进展 [J]. 微生物学杂志，2017，37（4）：74-81.］

自 2010 年美国开展"地球微生物组计划"以来，已在全球采集数十万份微生物样本，这项计划的目的是通过观测、分析全球范围内的自然以及人工环境中的微生物种类、数量、分布及其结构功能等数据，方便更精准地提出实验假设，指导研究方向，深入把握现今以及未来地球生态环境的走向。尽管这一计划最初曾遭到批判，认为实施难度过大，是一件不可能完成的任务，然而在开始后的 4 年内，从所采集的上万样本量得到大量分析数据，极大地鼓舞了人们的信心。这一计划的稳定实施为后期的数据分析提供了坚实的研究基础，通过对北美中南部地区、北亚地区采集的微生物组数据进行分析，我们清晰地了解了生态系统中的微生物群落特征及微生物群落对环境的调控作用，自身的群体演化和生物圈有机物质的循环过程，这些都对微生物组学的研究有推动作用，微生物组学研究应当受到各界的支持与肯定。

四、微生物组后续发展的着力点

从目前的研究状况来看，世界各国正在加大力度研究微生物组学。在这期间，有些研究已经初步达到商业化、产业化的阶段。同样，我国对微生物组的研究也十分重视，大力支持。对于相关微生物组科研成果在田间试验的不稳定性和不成熟性，在今后的技术开发过程中，应该逐渐加强技术向实用化的转变，促进各基础研究和实用技术开发之间的合作关系。现在，人们对植物 - 微生物之间的相互作用已经有了较多研究成果，例如固氮菌与豆科植物的互利共生，微生物对宿主多样性的影响，微生物与环境的相互作用以及植物 - 微生物 - 环境之间形成的循环互作机制。深度了解并掌握植物与微生物组之间的互作机制，理解遗传改良对微生物组可能产生的影响，为人工构建理想的植物微生物组提供理论依据。植物微生物组的深入研究可以帮助我们全面、有效地理解植物生境特点，以更高的角度考虑植物、微生物和环境三者之间的关系，有助于农业的可持续发展，减轻对化肥、农药的过度依赖，达到保护环境、节约资源的目的。

我国微生物组学发展方向：

（1）我国规划设计"中国微生物组计划"，聚焦国内重要医疗疾病、农业生产和生态调控等方面，在全国建立首批微生物组研究项目，同时开展具有我国制度特点和优势的多个研究项目。

（2）结合我国国情对技术研究管理制度进行改革，设立专项管理小组，直接负责研究指导，并且针对国内外前沿技术成果及其研究方法进行统筹规划。由管理小组带领，提倡技术改革，优化操作流程，以国家项目为支撑，找准研究方向，鼓励科技创新。

（3）确立目标，明确方向，灵活处理项目研究问题。具体问题具体分析，以健全的规章制度，聚焦热点问题，向着同一目标，共同努力。在技术研究的不同阶段，面向不同的应用方向，充分考虑市场这一要素，从单一的服务导向型或出售型转变为双向互动，从多途径、多方面支持研究。

（4）积极开展国际交流合作，与同领域的专家学者开展学术交流，推动全球微生物组计划。为国内微生物组的研究发展，提供先进的科学理念和思维模式，成为国际微生物组计划的重要成员之一，奠定我国的国际学术地位，并谋求全球合作发展。

第二节　植物微生物组的分类、影响因素及研究方法

一、植物微生物组的分类

在植物微生物组的定义下，我们可以将植物看成是一种由数量庞大的微生物群落所组成的共聚体 [1,7]。目前，植物微生物组的分类一般按微生物所生活的植物部位划分，即生态位划分，包括叶际微生物组、根际微生物组、种子微生物组和内生微生物组 [8-12]。这些不同生态位的微生物组的共同作用，对植物正常生理、生长等方面有直接或间接的促进作用，有巨大的研究潜力。在这些植物微生物组中，主要以原核细胞型、真核细胞型和非细胞型微生物为主，本书将对上述内容进行详细阐述，以期为后续植物微生物组研究提供参考依据。

（一）按生态位分类

1. 叶际微生物组

叶际一般是指毗邻植物地上器官的表面和内部环境。叶际微生物组是指接触叶表面和叶内部生境的微生物群落 [13]。叶际与根际、种子际相比，是一个更为独立的生态位。首先叶片在结构上，叶表散布着气孔、水孔、毛状体、管状体和腺状毛状体，这些被表皮细胞和栅栏组织之间的沟槽分隔开，这样一个空间为微生物的繁殖提供了良好的微环境。同时，叶片细胞所分泌的代谢物、激素等物质使这个狭小范围能够存在多种微生物群落 [14,15]。叶际微生物不仅在植物的光合作用和大气碳氮循环中扮演重要角色，而且对植物抵抗病原菌侵害，提高植物免疫能力也有重要作用 [15]。相较于土壤微生物和根系微生物，目前对叶际微生物组研究较少，其主要研究方向是微生物分类及植物 - 微生物 - 环境的交互关系。

叶际微生物种类繁多，其传播方式也各种各样，对定殖在叶际的微生物来说，因叶际长时间受紫外线、空气中有害因素影响，其生存环境较为恶劣，它们往往是与植物密不可分的特定核心微生物群落，其主要群体之一为细菌。有研究指出，叶际微生物组的优势菌群为变形门类，在多种植物中具有高代表性 [16]。真菌是另一大群体，包含附生真菌和内生真菌，常见于叶片气孔或叶面与环境交换物质等区域 [17,18]（图 2-4、图 2-5）。

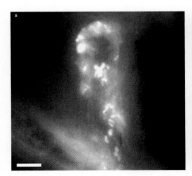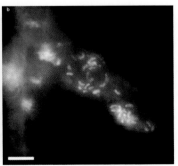

图 2-4　叶际微生物荧光观察草莓叶片表皮毛状体上的附生菌

（引自：潘建刚，呼庆，齐鸿雁，等 . 叶际微生物研究进展 [J]. 生态学报，2011，31（2）：583-592.）

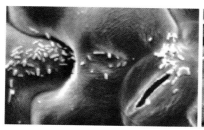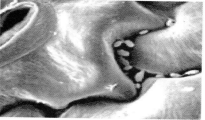

图 2-5　叶际微生物电镜观察

（引自：施雯，张汉波 . 叶面微环境和微生物群落 [J]. 微生物学通报，2007（4）：761-764.）

2. 根际微生物组

"根际"这个概念，最初由德国微生物学家 Hiltner 提出，其含义是指植物根系周围的狭小土壤域。根际也指与根系直接接触的区域[19]。根系作为植物与土壤进行水分、无机盐及有机质交换的场所，还起固定植物直立的物理作用，是植物的重要器官之一。根际微生物组可再细化为根际、根表和根内微生物组三部分[20]。目前根际微生物组研究多聚焦于植物促生方面，通过人工构建等方式，调配适合的菌种，使植物栽植后形成更加稳定的根系微环境，有利于植物的正常生长。

研究表明，植物根际微生物群落在促进宿主生长、健康和耐受性方面发挥重要作用。例如，固氮菌可以与它们的附生植物根系建立共生关系，并有效地将无机氮作为代谢产物输送给宿主，以提高产量。大多数根际微生物与植物形成共生系统的外部菌丝网络显著提高了宿主的吸收效率和吸收面积，并增加了植物对致病菌的抗性[21]（图 2-6）。目前，许多研究仅侧重单个驱动因素对微生物的影响，这已经不足以研究高度复杂和动态变化的根际微生物群落，研究模式植物与微生物的互动，探寻模式微生物培养方法是当前的首要任务。

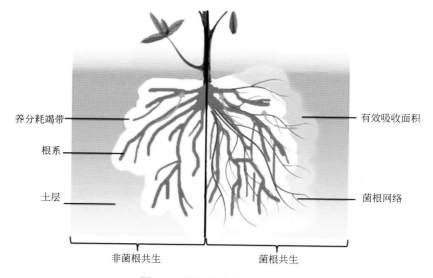

图 2-6　根际微生物作用环境

（引自：储薇，郭信来，张晨，等 . 丛枝菌根真菌 - 植物 - 根际微生物互作研究进展与展望 [J]. 中国生态农业学报，2022，30（11）：1709-1721.）

3. 种子际微生物组

目前，种子际微生物组是指处于种子表面 1 ～ 10mm 范围内，受种子萌发产生的代谢物影响而活化的微生物群落。起初，种子际微生物组研究包括种子胁迫、生物防治和微生物多样性、植物抗病、抵抗能力等方面[22,23]。种子际微生物组能够在种子萌芽初期，利用种子萌发产生的次生代谢产物与土壤微环境互作等条件，迅速完成群落形成和功能演替，从而辅助种子萌发和促进植株生长。有研究发现种子际微生物组对种子的萌发率和幼苗活力有一定的促进作用，可以有效引导植株对活性氧侵害进行抵御，甚至可以在极端环境中促使种子萌发。

种子不仅是一种生命形式，也是种子微生物的一种生命形式。研究表明，这些微生物在不同的时间有不同的关联。在种子萌发之前，开始于内部或外部的微生物群落称为初生微生物群落；一旦种子开始萌发，释放代谢物，并与周围的土壤进行相互作用，它们就会形成次生微生物群落。有关群落内微生物间变异的研究主要集中在微生物定殖和植物种子中微生物的动态演化上，由于细胞间微生物与种子之间的相互作用，开发具有高积累潜力的保护性菌株对根系微生物的保护、环境保护和定殖有重要的意义。

尽管种子际微生物群落存在时间不长，但它对植物根系的定植和发育有显著作用，对植物的生长发育有长期的影响。种子际微生物组的研究，在微生物对种子的基因表达调控、种间信息传导等方面有突出发现，但仍不是目前的研究热点，在今后的研究中，还需更加关注。

4. 内生微生物组

内生微生物组，顾名思义，为广泛存在于植物内部的微生物群落。其微生物种类繁多，包括细菌、古菌、真菌以及一些非细胞结构的病毒，以内生细菌、内生真菌和内生放线菌为主[24]。现今已发现的内生细菌种类超过百种，分属众多，以假单胞菌属、肠杆菌属、芽孢杆菌属、土壤杆菌属、叶杆菌属、单胞菌属、不动杆菌属等为主。目前，内生真菌调节植物代谢为热门研究领域，已从植物体内分离纯化的内生真菌种类包含赤霉菌属、链格孢属、刺盘孢属、镰孢菌属等，90% 的菌属为变形菌门、放线菌门、浮霉菌门、疣微菌门、酸杆菌门等。而内生放线菌研究多集中于红树林、热带木本植物以及中药材植物，以链霉菌属、链轮丝菌属、游动放线菌属等为主[25]（图 2-7）。

关于内生菌的起源，被广泛认同的学说有：①种子传播；②附生菌溶解植物细胞壁，入侵植物体内，最后和植物形成共生关系；③一些土壤微生物通过根系侵入植株体内，形成共生。不论哪种学说，都说明内生菌可能最初并不存在于植物体内，而是由植株体受附生微生物群落的侵入或自身吸收所引进的。在研究之初，由于内生微生物与植物形成共生关系，不会在植物体外表形态形成病状组织，在很长一段时间内未被人所知。19 世纪中后期，植物内生菌这一概念才被提出。20 世纪后期，Carrol、Petrini、Kleopper 等众多微生物学家对内生微生物重新进行定义。1995 年，Wilson 总结前人的内容，将整个生命周期或部分生命周期以侵染植物体而不导致植株发病或生长畸形的微生物称为内生微生物[26]。

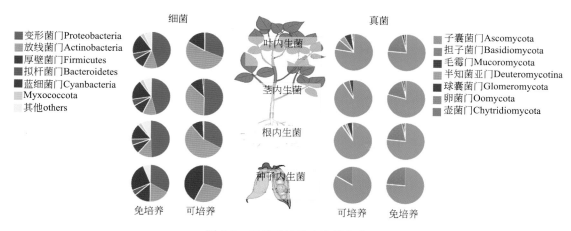

图 2-7　双子叶植物内生菌分布

（引自：巫艳，周云莹，朱玺燊，等．植物内生菌多样性及其病害生防机制研究进展 [J]．云南农业大学学报，2022，37（5）：897-905.）

（二）按细胞类型分类

1. 原核细胞型微生物

原核细胞型微生物结构较为简单，细胞无明显划分的核膜、核仁区域，DNA 分子裸露在细胞质中，无复杂的细胞器[27]（图 2-8）。其种类具体可分为细菌、放线菌、螺旋体、支原体、衣原体和立克次氏体。大多数细胞体积在微米级，基本形态分为球形、杆型和螺型。在叶际，细菌的密度最大，可达 $10^4 \sim 10^5$ 个 /mm²。研究表明，在青杨、烟草、柑橘、茶树等植株中，变形菌门为优势群落，如鞘氨醇单胞菌属、不动杆菌属、假单胞菌属、泛菌属、甲基杆菌属等均有大量发现，并且数量占有优势。

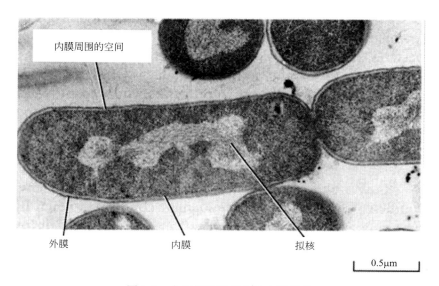

图 2-8　大肠杆菌薄切片的电镜照片

（引自：HARVEY LODISH,ARNOLD BERK,CHRIS A KAISER,et al.Molecular cell biology[M].8th ed.NewYork：W.H.FREEMAN，2016：1235.）

2. 真核细胞型微生物

真核细胞型微生物的细胞核演化程度更高，具有明显的细胞核结构（包括核仁、核膜）及由高密度 DNA 分子组成的染色质，真核细胞大部分营有丝分裂的繁殖方式。细胞质中含有复杂而能力完整的多种细胞器。真核细胞型微生物通常以真菌为代表。

真菌按结构分为单细胞真菌和多细胞真菌两大类。

1）单细胞真菌：其形态一般呈圆形或卵状，繁殖方式以出芽为主，典型代表种类有酵母菌、白色念珠菌和新型隐球菌等；

2）多细胞真菌：其结构由菌丝和孢子构成。

菌丝：由孢子伸长生长，其外在形态表现为丝状，故称为菌丝，负责营养物质及水分的吸收和运输，部分菌丝可以进一步生长分化为生殖器官。

孢子：与植物的种子器官功能类似，具有繁殖的能力，孢子由菌丝产生，在适宜的环境中可以生长分化变为菌丝，再演变为菌丝体。孢子分有性和无性两种类型，使植物感病的真菌类型多以无性孢子进行传播。

真菌类的物种对外界环境极其敏感，对温度、水分及光照的变化适应能力不强。

3. 非细胞型微生物

非细胞型微生物结构最为简单，形体也最小，不具有细胞基础结构，无细胞器，仅由蛋白质和 DNA 或 RNA 分子组成，其个体不具有独立完成生命活动的能力，营寄生生活，依靠转化其他生物细胞完成繁殖[28]（图 2-9）。此类物种以病毒、亚病毒和朊粒为主。

以病毒为例，其形体大小在纳米级别，约为 100 nm，可透过细胞滤器，常规观察仪器难以检测。病毒一般包括砖型、杆状、球状、蝌蚪状和丝状结构。

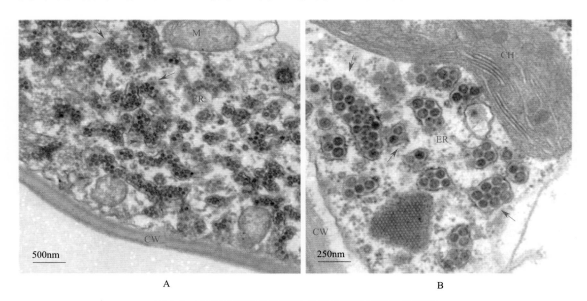

图 2-9 TSWV 侵染的莴笋叶片病样细胞超微结构观察

A 田间莴笋病样；B 摩擦接种病样。CH：叶绿体；CW：细胞壁；ER：内质网；M：线粒体。红色箭头指示病毒颗粒。

（引自：韩帅，吴婕，张河庆，等. 四川莴笋上番茄斑萎病毒的电镜观察与小 RNA 测序鉴定 [J]. 园艺学报，2022，49（9）：1-10.）

二、影响植物微生物组的因素

　　植物与微生物以及微生物与微生物之间的相互作用是复杂的，同时这种作用也促进了植物与微生物、微生物与微生物之间的种类选择，以达到协同进化的目的。如为争夺养分和生长环境，细菌群落之间有着激烈的竞争，但同时也有菌落之间互相弥补彼此的物质需求，形成良好的合作共生关系。例如，丛枝菌根、真菌及根瘤菌之间可形成稳定的共生关系，对周围菌落的微生物产生一定的影响。同样，不同群落的微生物之间的互作对其寄生的植物也有相同的影响能力，Roeland 等人的研究发现，调整发病植物的根际微生物群落组成，可以促使部分有益菌的加入，辅助植物抵抗病原菌，增加植物的免疫能力[29]。在植物组织及其所生活的微环境中，微生物群落不断受生物和非生物因素的影响，包括但不限于微生物寄生宿主的植物种类、土壤的理化性质（pH 值、阳离子含量、土质、土壤有机物质的含量）、所处的环境气候、空气中的致病菌及人为干扰等因素，这些都会对微生物群落的稳定造成影响[30]。

（一）宿主植物种类

1. 不同种类植物对微生物组的影响

　　大量研究证明了土壤在调控微生物组组成成分中的重要作用及相同微生物组在不同宿主中存在不同表现，尤其是当植物处于萌芽初生状态时，更容易对微生物组的构建形成影响[31]。Costa 等在有关草莓根系微生物组的研究中发现，在不同培养基质中检测到的微生物群落组成无明显差异，表明起微生物组筛选作用的是植物本身[32]。对同一物种的不同品系植物来说，其生殖隔离越大，在微生物组的构建选择上差异越大。Bouffaud 等在研究 4 种不同禾本科植物的微生物群落时，与对照组相比，属于相同科、目的植物在构建微生物组时，沿着遗传进化方向进行，对其进一步的检测分析表明，在基因层面上，有 1/4 的部分与基因遗传显著相关。同时宏基因组测序表明，不同种植物之间的微生物组功能表达有显著区别，其中 CAT（catalase）酶在黄瓜中有更高的基因表达活性，而异化硝酸盐在小麦中高活性表达，相对于小麦，黄瓜的微生物组可以分泌更多胞壁分解酶，但小麦的 C4- 二元羧酸盐的基因表达活性更高，更加证明了不同种植物对微生物组有调控作用[33]。Turner 等在基因分子水平上对黄瓜、土豆及常规主粮作物进行测序，认为不同种类的植物对微生物组产生的诱导效应不同[34]。其中，检测到 γ- 变形菌在玉米和小麦的培养环境中有更好的活性，而 α- 变形菌、鞘氨醇杆菌及黄杆菌的物种丰富度在黄瓜的生长环境中更高。Uroz 等在研究山毛榉和挪威云杉对根际微生物的多样性影响实验中发现，相比细菌，树种对真菌和古菌的影响作用更大[35]。

　　不同的微生物群落对植物代谢产物的影响有巨大差异，差异不仅仅体现在表观上，还深入到基因层面。显然，拥有更多运输能力的微生物种群，在相同时间内可以得到更多的养分，有更好的生存能力。微生物群落通过分泌其种群特有的物质及感受外界环境的化学物质，借由环境或其他群体传导，形成种群之间的信息传递，如根瘤菌可以将空气中的氮气转化为植物可以吸收的铵根离子。一些细菌也可以将土壤中存在的有机氮转化为无机离子，再加上硝化细菌的合作，进一步合成硝酸根离子。常见的植物与微生物合作共赢的例子，就是固氮菌与豆科植物之间的互作关系，菌体附生在植物根系上，通过转化植物给予特定氨基酸成为营养物质，再输送回植物体，形成一套循环。

2. 同种植物不同基因型对微生物组的影响

前文说明了不同种类植物对微生物组的影响。同样，有研究表明，同一种品系但其内在基因型不同的植物在构建微生物组的过程中有很大区别[36]。Marques 等发现控制淀粉含量高低的基因对马铃薯微生物群落种类有一定的调控作用[37]。Schlaeppi 与其同事在拟南芥及两个拟南芥亚种的研究过程中发现，拟南芥种间微生物组组成成分有显著差异[38]。李增强等在对不同品种玉米根际微生物进行分子标记，进而寻找微生物群落差异的研究中发现，在郑丹958 品种中所发现的微生物群落活性相比于平均水平具有显著差异[39]。

此外，在相同的外界条件下，同种植物的不同基因型也会对微生物组产生影响，这种现象可以有效证明植物在自然选择下会选择不同的微生物组搭配。基因的遗传突变会导致植物发展出与母代不同的表现形式和生理功能，从而在与微生物形成共生关系时，也会与不同的微生物组形成合作关系，同时这种微生物组构建的改变会以土壤为媒介，并传递给植物子代。植物可以通过调控根系分泌不同的代谢物质来诱导或抑制微生物的聚集。然后微生物与微生物之间又会通过信息素来聚集对其有益的微生物，这一过程可以迅速形成植物 - 微生物共生微环境，以此达到适应环境的目的。

研究表明，植物有着明确的微生物辨识能力，可以接受有益的微生物，防止有害的微生物。Zoltan 等的研究表明，豆科植物通过受体蛋白的感觉功能分泌对病原体和共生体不同的分子信号。该研究分析了 LysM 受体与大豆共生体鉴定的遗传学和结构生物学之间的关系，使研究人员能够重新编程免疫受体并将其转化为共生体受体，植物可以依靠人工设计或挑选来组成高效的微生物群落[40]。

（二）土壤环境

许多研究表明，土壤理化特性、营养物质含量、pH 值等对微生物群落形成有很大的影响[31]。若干不同基因测序的研究显示，大部分植物微生物的成分都受土壤性质的影响。在一系列自然条件和控制条件下对影响微生物发育因素的研究显示，土壤类型可以解释 15% 的微生物发育方向，相比于环境和外界条件因素的影响能力，土壤类型对植物根际微生物组的构建影响作用更大[41]。

Bonito 等选取杨树、栎树和松树作为宿主，分析了三种不同土壤环境中的植物根系微环境的微生物群落种类。研究表明，在植物根际寄生过程中，不同土壤类型对真菌类的真核微生物的影响远高于其宿主种类对其的影响，而这一现象对细菌类的原核微生物来说恰恰相反[42]。Edwards 等研究表明，在特定的条件下，微生物的种类由土壤特征和宿主的基因类型共同控制，土壤 pH、水、碳 / 氮、有机质的含量是影响微生物群落形成的重要因素。土壤的类型和使用时间的长短也可能会影响微生物群落的形成[43]。Salles 等研究发现玉米、燕麦、大麦、草药等植物的微生物组种类不同，主要是因为使用土地的类型不同，而且土壤类型、土壤物理化学性质、土壤湿度、土壤盐度等都会直接或间接对微生物组群落的形成产生重要影响，地理位置在确定细菌的根系和根系之间的结构方面也起着重要作用[44]。

Coleman 等对北美不同地区的龙舌兰的微生物群落的组成结构研究中发现，不同地区之间龙舌兰微生物群落有着显著差异，并且相比于细菌群落，真菌受到的影响更大，这与真菌的繁衍习性有密切的关系[45]。Catarina 等研究北美西部沿海地区的不同品种海藻时发现，与海底淤泥空白对照相比，有海藻生活的区域微生物群落构成明显不同[46]。同样，即使所生存的环境不同，同品系的海藻根际微生物群落种类无明显差异。而 Peiffer 等研究表明，美国东部地区的玉米根际微生物群落组成不受地区影响，但中西部地区却有显著影响，因此，地理环境对微生物群落组成的影响还需深入研究[47]。

（三）重金属

研究表明，土壤微生物比动物和植物更容易对重金属胁迫产生反应，并且可以利用微生物来检测土壤生态系统和环境质量的变化，以及时反映土壤污染的状态[48]。因此，土壤微生物的生态性质被视为评价土壤污染程度的可靠指标和基础。国内外专家关于重金属对土壤微生物生态特性的影响的研究结果表明，重金属的浓度、土壤理化性质、微生物成分和功能、重金属与土壤的共同作用，使土壤中的酶和微生物的生理代谢发生变化[49]。运用高通量分子生物技术（Microarray、cDNA 基因库、16S RNA、DGGE、宏基因技术等），便于基因和蛋白质功能的检测，可以更好地检测微生物动态变化。

微生物对不同重金属浓度作出不同的反应，证明重金属浓度的变化对土壤微生物和生物质能的影响很大。这一方面是由于金属的高浓度阻碍了微生物的活跃性和竞争力，加速了它们的死亡，降低了生物量，并破坏了细胞的结构和功能；另一方面，土壤微生物需要更多的能量来防止生存的环境受到影响，从而妨碍微生物的正常生长。研究结果显示，由于土壤中有机物质含量增加，重金属对微生物的毒性显著降低，同时重金属的毒性也随之减少。张雪晴等发现，随着重金属浓度的增加，在铜矿附近的土壤微生物中的生物多样性也显著地减少。其研究也表明，低浓度重金属可以促进微生物、细胞活动和生物质能的增长[50]。

微生物群落对生物量和生态机制有重要指示作用，微生物种群的健康状况是保持环境因素和维持土壤有机质的重要条件。在绝大多数情况下，重金属污染对微生物群落有负面影响。重金属污染环境对微生物的定殖过程产生影响，生物多样性受到严重破坏，最敏感的种群甚至濒临灭绝，只有对重金属胁迫有较强抵抗能力或代谢处理能力的种类得以延续并进化为适应能力更强的群落。不同类型的微生物对重金属的敏感性不同，刁展等发现，土壤微生物对 Pb、Cd、Hg 和 As 的耐受程度以真菌＞放线菌＞细菌为特征，长期的 Zn、Cd 和 Pb 胁迫并没有减少微生物的多样性，只对环境微生物的构成产生一定调整[51]。土壤在重金属离子污染下，藻类、真菌、细菌数量的增加表明，这些微生物种群更适合重金属污染土壤，并在保护土壤生态系统方面发挥重要作用。与高浓度重金属污染处理的土壤中微生物活性相比，低浓度 As 促进了有抗性优势的细菌种群快速生长，依据 PLFA（phospholipid fatty acid）对细菌群落进行活性分析，发现其种群数目显著提升。同时也有研究认为，重金属对土壤的污染并不会显著影响微生物群落的组成。Christopher 等在淡水水域自然沉降物的微生物对重金属的胁迫反应研究中发现，重金属离子并未抑制微生物群落正常生长[52]。也有观点认为，单一的重金属浓度条件不足以说明其影响能力，土壤是一个复杂的生物聚集体，其无机环境的理化性质与重金属浓度可能对微生物群落的构建过程形成共同影响，如 Marcin 的研究认为，森林中的微生物种群比湿地中的微生物种群对重金属的胁迫更加敏感[53]。截至目前，重金属对微生物群落的影响都建立在多群落水平上，对单一种类或个体的响应机制和重金属作用原理，还未取得有效结果。

另外，为了保障和确实达成土壤生态系统的可持续发展，必须弄清决定性生物种类与土壤生态系统功能和过程之间的联系，而不是仅仅关注微生物群落状况及其多样性。因此，必须加强重金属对微生物功能及其相关的基因、遗传及其多样性以及种群动态影响的研究。

（四）植物驯化

作物的种植与驯化不仅对全球农作物的产量影响甚大，对人类文明的发展也有深远影响。人工干预及自然选择改变了野生植物，使其特点被特化而具有不同的作用。现代植物基因多样性的减弱极大地降低了微生物群落活性。Davide 等对自然生长条件和人工培育环境的大麦微生物群落进行研究，发现 5.7% 的寄主植物基因可以影响微生物群落的演化[54]。Kim 等试验发现，未被人工驯化的鹰嘴豆的根际拥有更多的固氮菌种群[55]。Zachow 等也同样指出，未经过人工驯化的甜菜微生物群落更加丰富[56]。研究结果还表明，驯化过程中植物基因多样性的降低间接地导致了微生物群落种类的衰退。然而，Burke 等在相同品种但其基因型不同的海藻构建微生物组的研究中提出，宿主在选择微生物群落时，选择的是微生物的能力而并非种类这一观点[57]。Zgadzaj 等在研究百脉根基因突变品种和原生型品种之间菌根的产生过程中，在观察植物根际和根内部微生物群落组成成分时发现，自然状态的植株拥有更加丰富的微生物种群，而变异品种中黄杆菌目、黏球菌目、假单胞菌目、根瘤菌目和鞘脂单胞菌目的相对丰度降低，内生微生物如放线菌门、红螺菌目、鞘脂杆菌目和黄单胞菌目种群数量也不高。二者微生物组成成分不同的原因可能是基因变异品种中固氮相关的代谢途径减少[58]。

对植物长时间的驯化或多或少都会造成微生物群落的结构、多样性和功能的改变，甚至影响微生物群落与植物之间的基因联系。此外，根际微生物群落结构的改变对植物的产能也有一定的影响，包括对植物生理生化特性的影响，与植物之间的化学信号交互传输，在一定程度上也会影响农业。野生栽培植物根际微生物群落的研究，对今后植物根际微生物群落的人工构建具有促进作用。因此，野生栽培植物与根系微生物相互作用机制方面有很大的研究空间，包括微生物与宿主基因的结合和共同进化。与模式植物等其他植物物种不同，驯化处理针对的是玉米、大麦、小麦和向日葵等作物。目前，许多研究都集中在自然生长状态和人工培育微生物的选择探索及从微生物功能方面研究其互作的机理。

　　荷兰生态研究团队对植物驯化和植物根际微生物群落的研究，从微生物群落种类组成、微生物功能改造及微生物生境和植物理化性质等方面开展了一系列研究，研究其基因遗传特点，不断推进微生物组学研究。Davide 等通过自然生长型和人工培育型大麦对比实验，发现了植物驯化对微生物群落的影响[54]。同样，Fierer 等初步探索了北美主要粮油作物驯化对根际微生物群落的影响过程[59]。

　　以上研究均在一定程度上解释了植物驯化对微生物群落的影响，植物驯化使根际微生物群落发生了相应的变化，但由于植物品种、植物生长阶段、土壤类型和微生物所附生根际位置的不同，微生物群落的结构组成也会随之改变[60]（图 2-10）。日本科学家对作物基因型的变化对根际微生物的影响进行了试验，尽管根际微生物群落组成的变化在数据上显示与植物的基因型有一定关联，然而在实验人员看来，从物种演化的角度来看，微生物与植物之间的相关性并不严谨。结果表明，不匹配发生可能与所分析的目标分类种类有关。由于根际微生物群中有太多的随机性，如果这些数据比重过高，很难进行有效的数据分析。这也证明，研究驯化引起的根际微生物变化的影响，除了关注广泛的微生物群外，还需要进一步研究特定的功能群落，例如，丛枝菌根真菌或固氮菌，这些功能微生物群落可能包含更加重要的规律，有待进一步深入挖掘。

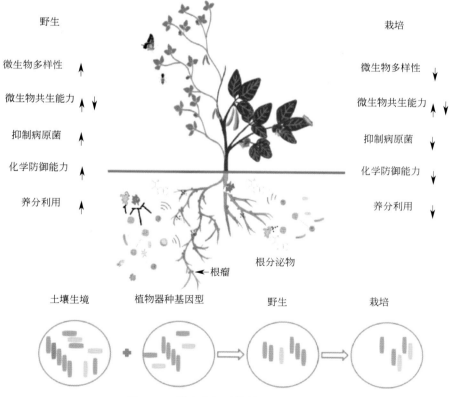

图 2-10　微生物组对植物驯化的影响

［引自：孙铭雪，宋春旭 . 驯化对植物微生物组结构和功能影响的研究进展 [J]. 土壤学报，2022，59（1）：66-78.］

三、植物微生物组的研究方法

进入 21 世纪以来，科技手段快速发展，以第二代高通量测序为代表的微生物检测技术诞生，使人们不用专注研究特定微生物的培养方法就可以直接了解目标菌群的种类构成及功能，微生物组研究进入了一个新的发展阶段。目前微生物组研究有三个发展方向：

（1）依靠微生物培养组学的理念所进行的培养型研究，探究单一微生物菌群培养基配制及多微生物群落共培养方法，再进行分离纯化，得到目标菌群，该方法在多个领域均有研究报道；

（2）依赖当前高通量测序技术，直接检测所提取的微生物基因序列，进行 OTU 聚类分析标注物种，避免因目标微生物难以培养而导致实验进展不利的非培养型研究；

（3）在对某微生物群落有一定了解后，人为进行微生物组成成分的设计和构建，形成人工合成微生物组，以达到让植物具有特定生长特性的目的。微生物这一庞大群体对应的是数量众多的基因序列，人们对其探索的时间不算很长，若想深入探寻微生物组中蕴藏的奥秘，我们必须要依靠计算机技术的辅助，了解、掌握并能熟练运用计算机所提供给我们的庞大算力，以期为初步接触和未接触生物信息学等学科的研究人员提供参考，更好地挖掘隐藏在基因序列数据中的生物学规律。

（一）培养型研究

自固体培养基诞生以来，科学家们一直致力于对微生物培养技术的开发。2012 年，Lagier 等提出微生物培养组学，这在世界是首次提出，其内容是通过人工手段搭建自然环境或微生物生长最适环境，对所检测的微生物群落进行全方位分析的培养手段[61]。在该理念指导下，交互融合多种培养技术，如低浓度培养基、向培养基中添加指定促生物质、使用兼具筛选和异向培养的培养基、平板划线培养法（图 2-11）[62] 及凝胶微滴培养法等，结合基质辅助激光解吸电离飞行时间质谱（MALDI-TOF）或扩增 16S rDNA 并测序来鉴定分离得到的菌落。以上研究方案打破了传统微生物培养的壁垒，使人们逐渐理解很多无法独立培养的微生物的生存原理。Bilen 等研究取得突破性进展，成功在人工条件下，培养微生物群落菌株，使得微生物基因数据库更加完善[63]。在目前的研究中，可以进行人工培养的微生物种类只占到总体的百分之一，绝大多数的微生物都是不可进行人工培养的，并且现在人工培育的微生物种类生活习性较为简单，对生存环境要求不高，大多数为霉菌或放线菌类，生长速度缓慢的微生物如酸杆菌门等则很少能分离得到菌株。据推测，可能的因素有：

（1）培养基配方富营养化：对于生活在野生环境的微生物来说，人工所构建的培养环境往往蕴含大量营养物质，这是自然界所没有的条件，微生物长期处于极度缺乏维持生存所需条件的状态下，超出接受能力上限的环境，会阻碍微生物正常繁衍。

（2）对于微生物种间互作关系的忽视，在实验中，往往为了获得单一的微生物群落而进行分离纯化。但在自然条件生活中的微生物群落之间会有紧密联系，甚至部分微生物种群需要依靠别的微生物分泌代谢的物质才能存活，这些是实验所欠缺的，而这一状况往往会导致微生物培养的失败，结果表现为该微生物不可培养。

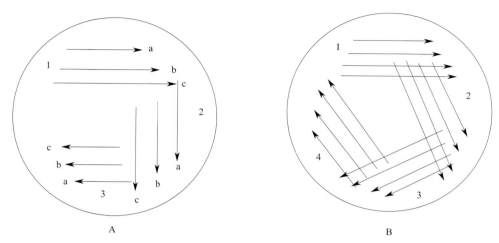

图 2-11　平板划线法方式

A 分区划线分离法；B 连续划线分离法

（引自：林先贵 . 土壤微生物研究原理与方法 [M]. 北京：高等教育出版社，2010：431.）

（3）某些微生物种群生长缓慢，培养成果与时间不成正比关系。研究表明，随着培养时间的增加，微生物群落中速生型微生物种群数量衰退后，因竞争强度减弱，单一营养微生物群落数量开始上升。Davis 等通过延长微生物培养时间，成功分离纯化出新型菌株，其群落生长时间与平均水平有显著差异 [64]。

（二）非培养型研究

微生物是目前地球上已知种群数量最多、物种形态样式最多的生物群体 [65]。一直以来，人类对微生物的研究主要依靠细胞板分离计数的方式。在 19 世纪末期，澳大利亚微生物学家海因里希·冬季伯格已经用两种方法证明，不同样本之间微生物的组成有很大的差别。在随后的一个世纪，斯塔特和科诺普卡降低了因为细胞计算的异常而产生的偏差，然而在技术迅猛发展的时代，人们对这个基本的微生物问题依旧无法彻底解决其干扰。非培养型研究对研究微生物多样性及其与人类健康、环境保护和气候变化的关系等方面有更广泛、深远的作用。通过这些技术，人类在自然界中发现了大量非人工培育的微生物，这些微生物大多没有在人类之前的研究中出现过，并且是全新物种。

毫无疑问，直接从复杂的取样环境中提取基因组信息，这对传统培养型研究较为困难。但在技术创新和飞速发展的今天，特别是技术人员对宏基因组和单细胞基因组系统的应用，这些技术在密切互补的基础上相互作用，并与技术人员、生物信息学人员相关分析工具相关联，让我们能够获得宏基因组组装的基因组（metagenome-assembled genome，MAG）和单细胞基因组（single amplified genome，SAG）。这些方法使我们能够更好地理解微生物群落动态演化过程和生态系统功能，同时寻找新的功能、新的代谢和生理过程，即探寻部分未开发的微生物群落的基因组信息并探索其潜在适应的自然环境。同时，它们有助于增强对微生物多样性的理解，并研究生命的起源和进化。宏基因测序技术是直接提取 DNA 样本中所有微生物基因组总量，然后进行基因组测序，从整体的角度来研究所有基因的功能及其在环境样品中的微生物组。使用宏基因组测序技术提取未培养的微生物基因包括以下步骤：

（1）从样本中提取完整 DNA。样本特征应与人工基因提取方法或宏基因组方法相结合，获取用于确定库顺序的 DNA 的数量。更具体地说，对不同学术策略的分析可能会产生不同的结果，因此，在可能的情况下，应该对相同的组和相同的模型使用标准研究策略。

（2）cDNA 的建立。宏观基因组测序可以在不同的平台上进行，但不同测序平台之间的读取长度、通量和误差系数的差异对后续基因序列的整合会产生深远的影响。

（3）序列拼接。依靠已开发好的程序，借助拼接软件将测序所得的基因序列组装成各个 contigs/scaffolds。

（4）基因组分离和分析。在具有一定特性的基础上组成的核苷酸序列（如 GC 含量、使用序列的相似性等）、深度测序和样本的覆盖、核苷酸序列的特点结合软件分析，以获得全基因组基因序列。使用 Checkm 来验证所测基因序列的完整性和纯度，并经过手动调整，获得高质量的信息。检查每个 MAG 中的遗传标记，分析所有遗传系统，以评估发展中的系统信息。以未知微生物群落为目标，猜测其基因序列，捕获其基因信息，形成有效的基因组数据库，整合所得到的基因序列与信息，推算其可能的代谢功能。在这样的操作流程下，相关研究人员便可以得到所研究的目标微生物的完整或接近完整的基因组信息。

宏基因组测序的优点之一便是整个操作构建流程简洁，适用于任何具有足够 DNA 含量的样本。DNA 测序方法可以在相关方案的基础之上进行改进和调整，这是单细胞基因组技术做不到的。在理论层面上看，依靠模块化的基因组合方式，可以有效涵盖所建立模型的全部基因信息，因此包含了检测目标微生物种群的所有遗传信息。但主要的问题是，很难从环境中不同物种的基因信息和基因库中，从不同演化程度的基因组信息中获得每个物种的独立遗传数据。特别是对于环境样本具有土壤微生物结构复杂类型（例如，对于人群的基因组），对于微观非生物体生长和不完整的参考基因的类型。但随着测序线数量的增加、读取长度的增加以及基因组组装和链接算法的改进，该技术也可以从复杂的环境样本中访问 MAGS。

单基因技术包括从样本中分离细胞，然后进行全基因序列扩增并组合所有基因，使用软件分析生物信息以构建单个基因，研究微生物学，研究样本并创建单个细胞，基于基本的生物单位。利用单细胞基因组技术提取未培养的微生物主要包括以下步骤[66]（图 2-12）：

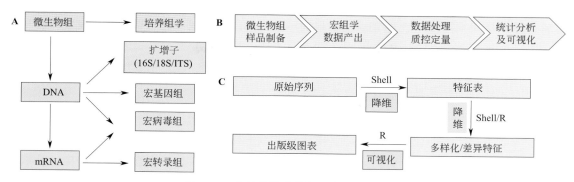

图 2-12　非培养微生物组研究过程结构

［引自：刘永鑫，秦媛，郭晓璇，等 . 微生物组数据分析方法与应用 [J]. 遗传，2019，41（9）：845-862.］

　　1. 目标细胞筛选。目前，样品中的细胞可以通过多种方式进行选择，包括梯度稀释、细胞捕获、显微手术、选择性工艺和微射流技术。梯度稀释和微操作选择过程相对随机，目标选择难以实现，流动效率低。基于细胞仪的筛选过程可以有效地显示不同类型的微生物，如大小、形状和荧光信号，但大规模、高效的回收细胞仪往往价格昂贵，需要专业维护。基于流体芯片的单细胞取样技术也可以结合荧光和光谱检测分离表型特异性细胞，这是近年来常用的抽样方法。目前，微处理器芯片已经成熟，许多实验室正在开发多种类型的微处理器器件，如中国科学院（青岛）微生物研究所最近开发的 FOCOT。

　　2. 目标细胞基因组扩增。细胞分裂是在获得一个细胞释放基因组 DNA 后进行的，然后通过 MDA（multiple displacement amplification）反复扩增，使单细胞基因组 DNA 从飞克级别扩增到纳克至微克级别，用于之后的操作。

　　3. 微生物种类的挑选和纯化。完整的单细胞基因组，是在整个基因链基因组不扩展的层面上固定选择，对于微观组织按照一般操作，初步确定由 PCR 扩增和测序获得的单细胞的序列，同时考虑到基因序列的保守区和不变区，它们被收集在单细胞基因组中。单细胞基因组学的挑战在于从复杂的环境样本中分离出单细胞，这些样本中含有的 DNA 太少，无法用于扩展整个基因组。

　　微观细胞紧密附着在环境样品中，颗粒的固体表面形成积累和生长状态，通常通过适当的预处理程序富集和分散。在细胞的选择过程中，细胞的完整性也必须得到保证。由于具有最小基因组颗粒的单细胞 DNA 的生成需要很长的时间和空间，因此对污染特别敏感，对样品制备的要求是严格的，必须考虑使用的试剂、仪器等。此外，嵌合体经常被引入单细胞基因组的多周期扩展中，而扩展过程本身有些特殊。为了解决这个问题，现在可以使用特定的算法，将同一物种的多个单细胞基因组（ANI ＞ 95%）组合起来，以提高单细胞基因组的质量。

（三）人工构建研究

　　随着对基因组学和系统生物学研究的深入，研究人员开始用更为严谨的细胞工程学的手段来人为地设计和构建微生物群落，调控微生物功能，以此为理论基础，诞生了一门全新的学科，称为合成生物学[67]。随着这门学科的迅速崛起，越来越多的科学家不再仅仅将目光聚焦于通过各种基因组合，进而使细胞转录出具有特定功能的酶，而是将不同种类的微生物聚合在一起，凭借不同微生物群落之间的相互作用、空间适应、菌种相互调节等规律，使人工构建的方式能够满足微生物群落整体稳定性条件，从而使其能够在一定程度上适应环境的变化，这些群落被称为合成微生物群落。

合成微生物研究的快速发展，通过揭示稳定微生物相互作用的分子机制，对理解和调节微生物群具有重要意义。同时，人工创造的微生物群可以在复杂的实验中保持稳定，合成生物学在工业和环境修复中开辟了新的应用途径。构建人工合成微生物组有四个关键原则：①相互作用；②空间协调；③菌群稳定；④生物遏制。遵循这四大原则构建的合成微生物组，才能实现高效稳定安全地运行。

合成微生物群落通常有两种设计过程，一个称为"自上而下"，另一个称为"自下而上"[67]（图2-13）。"自上而下"是指在微生物之间建立代谢网络，通过合理的设计来完成必要的任务；"自下而上"的方法是通过改变选择标准来获得满足生物学功能要求的功能性菌株。一旦设计得到确认，最初的合成微生物群可以按照上述策略从改性或过滤的功能菌株中构建。"自下而上"的方法需要确定微生物的代谢途径，选择和修改功能性基因组件，并将其整合到适当的菌株中。菌株可以来自野生环境，也可以依靠建立生物模型进行人工修饰，

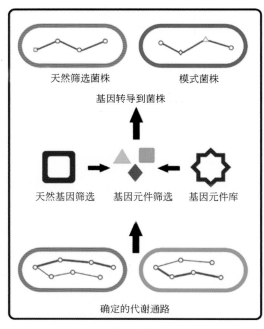

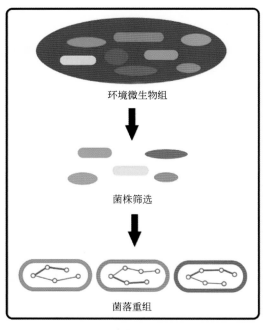

图 2-13　人工构建微生物群落过程

（引自：徐昭勇，胡海洋，许平，等. 人工合成微生物组的构建与应用 [J]. 合成生物学，2021，2（2）：181-193.）

以满足特定的功能需求。基因组件可以来自已有的组件库，也可以通过自我检测获得。至于特定生物学功能实现过程中的微生物合成、代谢途径中的相关基因的选择是基于现有核心微生物的代谢途径，对不同载体的相关遗传成分进行了测试，并纳入相关微生物内核，以便能够进行相应的操作。如 Pablo 等在 2013 年将 *Escherichia.coli* 的乙酸激酶基因、丙酮酸脱羧酶基因和乙醇脱氢酶 II 基因敲入 *Pseudomonas putida*，使其能够在缺氧环境中依旧可以降解 1,3- 二氯 -1- 丙烯 [68]。

"自上而下"的方法比前者的理念更加直接。根据要实现的生物功能，通过控制环境条件，以筛选获得不同功能的菌株，依据所获得的菌种功能和种类进行分类和组合，最终可以获得一个种群数目不多，但有多重功能的微生物组。例如，在降解纤维素等非整体物质或其他当前难降解物质的情况下，直接从自然界中选择具有降解功能的菌群往往会分离得到多种微生物。2018 年 Puentes Téllez 等在富集木质纤维素降解菌时，共筛选出 18 种降解菌株，这些菌株之间存在互作关系，通过微生物的鉴定可以将它们按特性进行重组，最终得到包含 5 种菌株的最小微生物组，能够有效降解木质纤维素 [69]。

第三节　植物微生物组的功能

一、植物 - 微生物互作体系

在自然界中，植物与其栖息地之间的相互作用是一种广泛的现象，其中很大一部分是与微生物的相互作用 [70]。目前，植物和微生物可分为不同的领域，例如植物与根微生物、植物与叶片周围和内生微生物等方面 [71]。

研究表明，植物根系分泌物决定了根中微生物的类型和数量。一方面，宿主转化主要是依靠微生物维持生理活动，促进或阻止微生物的生长和繁殖；另一方面，细菌可以通过改变物质组成、酶和其他成分等方式在代谢过程中随植物发生变化，具有不同微生物特性的植物吸收的某些营养物质可以改变植物根系的质量。而微生物相关基因的形成与植物共同的特点，即遗传性、冲击性和无限变异性。

内生真菌主要通过其自身的代谢过程和化学信号来影响植物生长。微生物对植物有巨大的影响，如植物体的形成、土壤养分的改善、作物产量的提高、质量的提高、预防措施和抗性的提高、有机物质的降解等。植物类型是影响微生物定殖的主要原因，根际微生物的数量和结构随宿主的改变而改变。根际的微生物数量显著高于非根际，与非根际微生物群落相比，其种群结构差异显著。根际代谢产物是一种重要的能量和营养来源，有助于根际微生物的繁殖，也是微生物定殖的重要基础。因此，根际区域中储存的物质越多，利用它们获取能量的微生物就会增加；根系沉积物的种类越多，微生物可利用的物质范围就越广，微生物的组成成分也就越复杂。

二、微生物促进植物生长

常作为植物促生菌剂的主要菌种 PGPR（plant growth promoting rhizobacteria），PGPR 根际益生菌生活在一个抑制致病菌和促进土壤有益细菌生长的根际环境中，换句话说，它可以自由定殖在植物根周围的土壤中，常存在于不同的环境中，通常 PGPR 的种类与植物种类相关，是目前研究的热点方向。在农业中，利用根际的细菌可以有效地转化土壤中未吸收的矿物质，减少化学物质和有毒物质的使用；一些真菌可以产生调节植物生长的激素，刺激植物生长或植物内生菌的繁殖，提高植物抵抗致病菌的侵害，达到农作物增产的目的。

依据与宿主共生的复杂度，可将 PGPR 分为两类：

（1）第一类是植物定殖的特殊组织或细胞内的 IPGPR（intracellular PGPR），通常能够产生特殊的结节结构，包括根瘤菌，它们可以与高等植物共生固氮等。

（2）第二类是在土壤或植物根系表面定殖的 EPGPR（extracellular PGPR）。EPGPR 可分为三种类型：与根相邻但不与根接触的 PGPR、附着在根表面的 PGPR 和植物皮层与根细胞之间的 PGPR。胞外 PGPR 产生化学信号、刺激植物生长、增强植物抗性、促进营养物质在根际的循环等。近年来，大多数 PGPR 已从食品、工业原料、饲料、药用植物、经济作物和野生植物中分离出来。目前已鉴定出 20 多种植物根际促生菌，如荧光假单胞菌属已被证明能促进植物根际的生长。研究人员通过芽孢杆菌和节杆菌属对 EPGPR 进行了研究，同时也对固氮菌属、链霉菌属、激肽原菌属、索杆菌属和根瘤菌属进行了更深入的研究。

三、微生物促进植物对矿质元素的吸收

（一）固氮

氮元素作为植物维持正常生理活动的营养元素之一，植物对其需求量很大[72]。而类似根瘤菌一类的微生物可以从空气中（这个氮元素含量最丰富的区域）将其提取出来，这一过程即为我们所认知的生物固氮。据目前研究，可以将生物固氮划分为三种类型，即共生固氮、联合固氮和自生固氮，已发现的菌种全部为原核细胞型微生物，还未曾发现过真核型微生物类群[73]。将生物固氮应用在农作物生产方面，可以有效提高植物产量、减少对化肥的依赖性、缓解土壤和地下水污染、促进生态可持续发展、提高能源使用效率等。豆科植物是常见的与固氮菌形成合作的植物科目，对于其他种类的植物来说，当前的研究未能有效形成良好的互作效果，目前研究的主流是针对非豆科植物与固氮菌形成有效互作，深入解析固氮类微生物群落固氮过程，最终形成人为可构建的固氮体系。

归属于固氮类微生物的种群有很多种，大致按其习性和所需的外界环境分类，包含原核生物与古菌生物，目前常用的固氮菌体系见表 2-2，通过观察和研究其固氮过程的生活状态和代谢产物，我们能够从中了解生物固氮的多样性和可操作性[73,74]。

表 2-2　固氮菌主要分类体系

生物固氮体系			固氮微生物类型
自生固氮微生物	光合自养型	鱼腥藻	绿硫细菌
	化能自养型		氧化亚铁钩端螺旋菌（氧化亚铁硫杆菌）
	异养型	需氧型	固氮菌
		兼性厌氧型	克雷伯氏菌
			某些芽孢杆菌
共生固氮微生物		根瘤菌—豆科植物	
		根瘤菌—糙叶山黄麻	
		弗兰克氏放线菌—非豆科植物	
		固氮蓝藻	
联合固氮微生物		固氮螺菌	
		雀稗固氮菌	
		某些假单胞菌	

（二）解磷

磷元素同样是植物正常生命活动所需的重要元素之一，在质膜的构成、DNA 和 RNA 等遗传物质的合成、细胞直接能量来源 ATP 的合成以及光合磷酸化、呼吸作用、细胞生理代谢等各个方面均扮演重要角色[75]。土壤中的磷元素同时包含无机和有机的形式存在，以难溶于水的磷酸钙、磷灰石以及磷酸铝等无机磷为代表，和小分子量的核酸、植物激素、蛋白质等有机磷，其占到总量的 1/3 ~ 1/2[76]。研究表明，植物对于土壤中可直接吸收利用的磷元素占比不高，大多数处于难溶解或不可吸收状态。在农业生产中，长时间对土壤施加无机磷肥，会导致土壤无法全部溶解无机磷，而产生更多的磷酸盐沉积，进一步恶化土壤环境；对土壤不合理的规划使用，土壤含盐量的升高和碱性土壤会抑制土壤中多种转化磷元素酶的活性。

在 20 世纪初期，苏联科学家首次在土壤中分离纯化出解磷微生物菌株，其具有分解核酸和卵磷脂的能力。在此基础上，对于解磷微生物的研究迅速增长。到现在为止，已研究发现的解磷微生物种类近百种，主要以细菌、真菌和放线菌为主。从数量上来说，细菌种类更多，但真菌的处理能力要强于细菌，并且其子代维持能力更加稳定。

一直以来，土壤为微生物的生活提供了稳定的环境，对分布在植物根际周围的解磷微生物群落来说，土壤质地的不同以及寄主种类的不同都会影响到其正常解磷作用。生活于植物根系附近的解磷菌会通过自身代谢活动，分泌化学物质，以达到改善自身生活微环境的效果，而这些代谢产物在溶解难溶磷酸盐中起关键作用，被认为是高效、经济的土壤磷素活化剂。因此稳定解磷微生物生活环境是当前的研究目标，探究不同生活环境和土壤培养基质及其类型对于微生物的影响，是有效研发高效解磷微生物的途径。

（三）解钾

在植物所需大量矿质元素中，钾元素可排进前三，钾离子作为各种蛋白酶激活的启动离子，大量存在于植物体内，它还参与调节光合作用、呼吸作用以及各种产能系统之中。在土壤中，钾以各种形式留存，与氮、磷元素一样，钾只可在溶液中以离子的形式被植物根系吸收，但同样土壤中的钾多数以结合态的形式存在，植物可利用的部分占比很少。对于植物可以利用的部分，钾可以很快被根系所吸收，不易沉积于土壤中而造成土壤板结和环境污染。目前对于植物补充钾元素的主要途径还是依靠无机化肥，但过度的使用对生态环境的影响很大，所以利用生物分解土壤中的结合态钾元素是较为实用和可持续发展的方法[77]。

解钾微生物在通常意义上被认为是对硅铝酸盐矿物进行分解，把土壤中结合态或固态钾转变为液态钾离子，使得植物可以直接利用的微生物群落。19世纪末期，科学家首次证明微生物对分解土壤中的结合钾有着一定的贡献。随后，有研究发现并成功分离出硅酸盐细菌，以及经过实验证明其可以溶解硅酸盐和硅铝酸盐中的钾元素。截至目前，已发现并经过实验测试的菌种包括如芽孢杆菌属、肠杆菌属、假单胞菌属等，均有一定的分解能力。相比于根际区域，生活在非根际区域的解钾菌种类更多。微生物与其生境、宿主之间的潜移默化的互作关系，无时无刻不在影响着生物圈，深入了解其中的互作机理，可以有效提升我们对微生物群落的利用效率，更加合理建设自然生态系统，探寻更加行之有效的菌种来释放土壤中的钾元素，提高农业生产力。

四、微生物提高植物抗病能力

微生物在植物进化过程中起关键性的筛选作用。对于植物 - 致病菌来说，是一场漫长的竞争演化[78]。植物依靠启动免疫机制来抵御病原体的侵蚀，而病原体也通过不断改变的侵入方式来感染植物。因此，植物 - 病原体之间相互选择竞争也构成了所谓的植物 - 病原体相互作用系统。在基因对抗学说的基础上，早期的研究主要集中在植物抗病基因和病原基因的功能上。自21世纪以来，生物信息学和遗传学技术、VIGS/HIGS、CRISPR/Cas9 和其他创新不断进步的技术为之后的研究提供了强大的研究工具。与此同时，在当前快速发展的时代，植物与致病菌相互作用的分子结构的研究受到了重视。同时，对树木与微生物生长相互作用的研究也提出了新的创新理论和方法，特别是通过转录和宏基因组分析、过滤和识别潜在致病的关键基因，以及激活酶的化学信号、次生代谢成分和新陈代谢、操作系统和免疫系统、致病机理，然后研究免疫与生活之间的稳定阈值，测定抗原、RNAi 干扰和抗体选择。

植物与细菌、真菌和卵菌之间的相互作用机制已经被广泛研究，已建立一系列关于微生物的模型和理论。这表明植物通过植物和细菌之间的免疫抑制剂识别导致感染的病菌，从而导致宿主的抗毒性反应。目前一个新的研究方向是针对植物与致病菌分子之间的相互作用，这项研究成功地利用蛋白质来防止免疫效应侵入受试者，研究植物免疫系统的最终目标是将其杀菌能力应用于植物基因培养方面。

植物免疫应答防御机制的启动主要是通过识别特异性受体、免疫蛋白和其他免疫受体形式的免疫抑制剂来完成的。PRRs（pattern recognition receptors）可以识别与致病菌直接相关的颗粒模型或从致病菌中生理代谢出来的外分泌蛋白，然后通过与疾病相关的免疫组织激活主动免疫。目前的实验说明，PRRS 可以通过信号传导吸引更多的协调蛋白受体来提高 PAMPs（pathogen-associated molecular patterns）的识别能力，PRRs 刺激 PTI（PAMPs triggered immunity）作为植物最初的防御机制。但这种防御手段并不精准。为增加 PRRS 调节免疫反应的精确度，宿主细胞通过释放多肽类物质来刺激细胞调节免疫反应。因此，虽然植物不具有获得免疫记忆过程的能力，但它有适合的先天免疫机制和有效的防御手段。例如，一些附生微生物种群也会刺激对第一宿主的免疫反应，就像细菌引起的自身免疫反应一样。在微生物与植物形成合作的前提下，宿主会适当降低 PRRS、MAMPS 的敏感度和表达活性，使微生物能够产生利于其自身生存的要素，从而发展与宿主的合作关系。

植物抗病蛋白激活有效蛋白引发细胞内免疫，70% 的 R 蛋白是受体。除了少数 NLRs（nucleotide-binding domain and leucine-rich repeat receptors）可以直接结合效应蛋白激活免疫反应外，许多 NLRs 可以通过检测效应蛋白诱导的空间变化或宿主蛋白的翻译后变化来激活 ETI（effector triggered immunity）免疫。PRRs 不仅有辅受体蛋白，还可以招募辅受体来帮助识别有效蛋白。hNLRs（helper NLRs）在抗病信号的下游传递中也起关键作用，同时发生氧活性物质激活、胼胝体沉积、过敏性坏死、抗病基因表达等免疫反应，只有同时激活 PRRs 和 NLRs 才能完成。由于病原菌的入侵，植物体内的 PRRs 和 NLRs 相互作用，提高对免疫受体的认识是提高植物抗病性的重要组成部分。植物免疫系统抗性关键基因的克隆和抗病机制的分析是筛选抗病分子的重要基础。近年来，已成功克隆了数百个抗性基因，如抗小麦锈病基因 YRU1、抗玉米纹枯病基因 ZMFBL41、小麦全生育期耐性基因 XA4、抗小麦赤霉病基因 FHB7 和多抗病性基因 NPR1 等。植物分子抗病性的发展开辟了许多新技术和新突破，利用根癌农杆菌介导的快速 Fast-TrACC（fast-treated agrobacterium coculture）技术可以快速获得遗传稳定的转基因植物。碳纳米管技术允许 RNA 与纳米颗粒结合，并将其转移到植物受体材料上，从而利用 siRNA 沉默目标基因。高深宽比碳纳米管技术可以将目标 DNA 导入多种植物，从而大大消除宿主的限制。因此，除了寻找新的广谱抗病基因，协调植物生长、适应和抗病性之间的关系外，利用新的转基因技术或载体材料高效、稳定地获取靶分子，是今后提高抗病育种速度、简单性、创新性和灵活性的重要途径。

参考文献

[1] 王红阳，康传志，王月枫，等．药用植物微生物组的研究现状及展望 [J]. 中国中药杂志,2022,47(20):5397-5405.

[2] 刘双江，施文元，赵国屏．中国微生物组计划：机遇与挑战 [J]. 中国科学院院刊,2017,32(3):241-250.

[3] 张超蕾，周瑾洁，姜莉莉，等．微生物组学及其应用研究进展 [J]. 微生物学杂志,2017,37(4):74-81.

[4] WEINERT N,PICENO Y,DING G,et al.Phylochip hybridization uncovered an enormous bacterial diversity in the rhizosphere of different potato cultivars:many common and few cultivar-dependent taxa[J].FEMS Microbiology Ecology,2011,75(3):497-506.

[5] SANGER F,NICKLEN S,COULSON A R.DNA sequencing with chain-terminating inhibitors[J].Proceedings of the National Academy of Sciences of the United States of America,1977,74(12):104-108.

[6] 高贵锋，褚海燕．微生物组学的技术和方法及其应用 [J]. 植物生态学报,2020,44(4):395-408.

[7] INNEREBNER G,KNIEF C,VORHOLT J A.Protection of *Arabidopsis thaliana* against leaf-pathogenic Pseudomonas syringae by Sphingomonas strains in a controlledmodel system[J].Applied and Environmental Microbiology,2011,77(10):3202-3210.

[8] ROELAND L B,CORNÉ M J P,PETER A H M B.The rhizosphere microbiome and plant health[J].Trends in Plant Science, 2012,17(8):478-486.

[9] TRIVEDI P,LEACH J E,TRINGE S G,et al.Plant-microbiome interactions:from community assembly to plant health[J].Nature Reviews Microbiology,2020,18(11):607-621.

[10] SCHLAEPPI K,BULGARELLI D.The plantmicrobiome at work[J].Molecular Plant-Microbe Interactions,2015,28(3):212-217.

[11] WALSH C M,BECKER U I,CARLSON M,et al.Variable influences of soil and seed-associated bacterial communities on the assembly of seedling microbiomes[J].The ISME Journal,2021,15(9):2748-2762.

[12] GONG T,XIN X.Phyllosphere microbiota:Community dynamics and its interaction with plant hosts[J].Journal of Integrative Plant Biology,2020,63(2):297-304.

[13] 刘宇星，董醇波，邵秋雨，等 . 叶际微生物与植物健康研究进展 [J]. 微生物学杂志 ,2022,42(2):88-98.

[14] REMUS-EMSERMANN M N P,SCHLECHTER R O.Phyllosphere microbiology:at the interface between microbial individuals and the plant host[J].The New Phytologist,2018,218(4):1327-1333.

[15] SHOBIT T,RADHA P.Prospecting the characteristics and significance of the phyllosphere microbiome[J].Annals of Microbiology,2018,68(5):229-245.

[16] 刘利玲，李会琳，蒙振思，等 . 青杨雌雄株叶际微生物群落多样性和结构的差异 [J]. 微生物学报 ,2020,60(3):556-569.

[17] 潘建刚，呼庆，齐鸿雁，等 . 叶际微生物研究进展 [J]. 生态学报 ,2011,31(2):583-592.

[18] 施雯，张汉波 . 叶面微环境和微生物群落 [J]. 微生物学通报 ,2007(4):761-764.

[19] YAKOV K,BAHAR S R.Rhizosphere size and shape:temporal dynamics and spatial stationarity[J].Soil Biology and Biochemistry,2019,135:343-360.

[20] EDWARDS J,JOHNSON C,SANTOS-MEDELLÍN C,et al.Structure,variation,and assembly of the root-associated microbiomes of rice[J].Proceedings of the National Academy of Sciences of the United States of America,2015,112(8):911-920.

[21] 储薇，郭信来，张晨，等 . 丛枝菌根真菌 - 植物 - 根际微生物互作研究进展与展望 [J]. 中国生态农业学报 , 2022,30(11):1709-1721.

[22] CHEN M,NELSON E B.Microbial-induced carbon competition in the spermosphere leads to pathogen and disease suppression in amunicipal biosolids compost[J].Phytopathology,2012,102(6):588-596.

[23] LOPEZVELASCO G,CARDER P A,WELBAUM G E,et al.Diversity of the spinach (*Spinacia oleracea*) spermosphere and phyllosphere bacterial communities[J].FEMS Microbiology Letters,2013,346(2):146-154.

[24] 郝志敏，钱欣雨，董金皋 . 植物微生物组的功能及应用研究进展 [J]. 微生物学杂志 ,2021,41(3):1-7.

[25] 巫艳，周云莹，朱玺燊，等 . 植物内生菌多样性及其病害生防机制研究进展 [J]. 云南农业大学学报 ,2022,37(5):897-905.

[26] 李强，刘军，周东坡，等 . 植物内生菌的开发与研究进展 [J]. 生物技术通报 ,2006(3):33-37.

[27] HARVEY LODISH,ARNOID BERK,CHRIS A KAISER,et al.Molecular cell biology[M].8th ed.New York:W.H. FREEMAN,2016:1235.

[28] 韩帅，吴婕，张河庆，等 . 四川莴笋上番茄斑萎病毒的电镜观察与小 RNA 测序鉴定 [J]. 园艺学报 ,2022,49(9):1-10.

[29] ROELAND L B,CORNÉ M J P,PETER A H M B.The rhizosphere microbiome and plant health[J].Trends in Plant

Science,2012,17(8):478-486.

[30] HARDOIM P R,van OVERBEEK L S,BERG G,et al.The hidden world within plants:ecological and evolutionary considerations for defining functioning of microbial endophytes[J].Microbiology and Molecular Biology Reviews,2015,79(3):293-320.

[31] 葛艺，徐绍辉，徐艳.根际微生物组构建的影响因素研究进展 [J]. 浙江农业学报 ,2019,31(12):2120-2130.

[32] COSTA R,GÖTZ M,MROTZEK N,et al.Effects of site and plant species on rhizosphere community structure as revealed by molecular analysis of microbial guilds[J].FEMS Microbiology Ecology,2006,56(2):236-249.

[33] BOUFFAUD M,POIRIER M,MULLER D,et al.Root microbiome relates to plant host evolution in maize and other Poaceae[J].Environmental Microbiology,2014,16(9):2804-2814.

[34] TURNER T R,RAMAKRISHNAN K,WALSHA W J,et al.Comparative metatranscriptomics reveals kingdom level changes in the rhizosphere microbiome of plants[J].The ISME Journal,2013,7(12):2248-2258.

[35] UROZ S,OGER P,TISSERAND E,et al.Specific impacts of beech and Norway spruce on the structure and diversity of the rhizosphere and soilmicrobial communities[J].Scientific Reports,2016,6(1):27756.

[36] 郝志敏，钱欣雨，董金皋.植物微生物组的功能及应用研究进展 [J]. 微生物学杂志 ,2021,41(3):1-7.

[37] MARQUES J M,DA S T F,VOLLU R E,et al.Plant age and genotype affect the bacterial community composition in the tuber rhizosphere of field-grown sweet potato plants[J].FEMS Microbiology Ecology,2014,88(2):424-435.

[38] SCHLAEPPI K,DOMBROWSKI N,OTER R G,et al.Quantitative divergence of the bacterial root microbiota in *Arabidopsis thaliana* relatives[J].Proceedings of the National Academy of Sciences of the United States of America,2014,111(2):585-592.

[39] 李增强，赵炳梓，张佳宝.玉米品种对根际微生物利用光合碳的影响 [J]. 土壤学报 ,2016,53(5):1286-1295.

[40] ZOLTAN B,KIRA G,SIMON B H,et al.Ligand-recognizing motifs in plant LysM receptors are major determinants of specificity[J].Science,2020,369(6504):663-670.

[41] DOMBROWSKI N,SCHLAEPPI K,AGLERM T,et al.Rootmicrobiota dynamics of perennial *Arabis alpina* are dependent on soil residence time but independent of flowering time[J].The ISME Journal,2017,11(1):43-55.

[42] BONITO G,REYNOLDS H,ROBESON M S,et al.Plant host and soil origin influence fungal and bacterial assemblages in the roots of woody plants[J].Molecular Ecology,2014,23(13):3356-3370.

[43] EDWARDS J,JOHNSON C,SANTOS-MEDELLÍN C,et al.Structure,variation,and assembly of the root-associatedmicrobiomes of rice[J].Proceedings of the National Academy of Sciences of the United States of America,2015,112(8):911-920.

[44] SALLES J F,van VEEN J A,van ELSAS J D.Multivariate analyses of *Burkholderia* species in soil:effect of crop and land use history[J].Applied and Environmental Microbiology,2004,70(7):4012-4020.

[45] COLEMAN-DERR D,DESGARENNES D,FONSECA-GARCIA C,et al.Plant compartment and biogeography affect microbiome composition in cultivated and native *Agave* species[J].The New Phytologist,2016,209(2):798-811.

[46] CATARINA E,ASCHWIN E,RODRIGO E,et al.Rhizosphere microbiomes of European seagrasses are selected by the plant,but are not species specific[J].Frontiers Inmicrobiology,2016,7:440.

[47] PEIFFER J A,SPOR A,KOREN O,et al.Diversity and heritability of themaize rhizosphere microbiome under field conditions[J].Proceedings of the National Academy of Sciences of the United States of America,2013,110(16):6548-6553.

[48] 刘沙沙，付建平，蔡信德，等.重金属污染对土壤微生物生态特征的影响研究进展 [J]. 生态环境学报 ,2018,27(6):1173-1178.

[49] DANLIAN H,LINSHAN L,GUANGMING Z,et al.The effects of rice straw biochar on indigenousmicrobial community and enzymes activity in heavymetal-contaminated sediment[J].Chemosphere,2017,174:545-553.

[50] 张雪晴,张琴,程园园,等.铜矿重金属污染对土壤微生物群落多样性和酶活力的影响[J].生态环境学报,2016,25(3):517-522.

[51] 刁展.外源重金属对不同类型土壤养分及微生物活性的影响[D].咸阳:西北农林科技大学,2016.

[52] CHRISTOPHER J G,IAN G,RENEE P,et al.Lead pollution in a large,prairie-pothole lake (Rush Lake,WI,USA):effects on abundance and community structure of indigenous sediment bacteria[J].Environmental Pollution,2006,144(1):119-126.

[53] MARCIN C,MARCIN G,JUSTYNA M,et al.Diversity ofmicroorganisms from forest soils differently polluted with heavy metals[J].Applied Soil Ecology,2013,64:614-647.

[54] DAVIDE B,RUBEN G,PHILIPP C M,et al.Structure and function of the bacterial root microbiota in wild and domesticated barley[J].Cell Host &Microbe,2015,17(3):392-403.

[55] KIM D H,KAASHYAP M,RATHORE A,et al.Phylogenetic diversity of *Mesorhizobium* in chickpea[J].Journal of Biosciences,2014,39(3):513-517.

[56] ZACHOW C,MÜLLER H,TILCHER R,et al.Differences between the rhizosphere microbiome of *Beta vulgaris* ssp.maritima-ancestor of all beet crops and modern sugar beets[J].Frontiers in Microbiology,2014,5:415.

[57] BURKE C,STEINBERG P,RUSCH D,et al.Bacterial community assembly based on functional genes rather than species[J].Proceedings of the National Academy of Sciences of the United States of America,2011,108(34):14288-14293.

[58] ZGADZAJ R,GARRIDO-OTER R,JENSEN D B,et al.Root nodule symbiosis in *Lotus japonicus* drives the establishment of distinctive rhizosphere,root,and nodule bacterial communities[J].Proceedings of the National Academy of Sciences of the United States of America,2016,113(49):7996-8005.

[59] FIERER N. Embracing the unknown: disentangling the complexities of the soil microbiome.[J]. Nature Reviews Microbiology,2017,15(10): 579-590.

[60] 孙铭雪,宋春旭.驯化对植物微生物组结构和功能影响的研究进展[J].土壤学报,2022,59(1):66-78.

[61] LAGIER J,DUBOURG G,MILLION M,et al.Culturing the human microbiota and culturomics[J].Nature Reviews Microbiology,2018,16(9):540-550.

[62] 林先贵.土壤微生物研究原理与方法[M].北京:高等教育出版社,2010:431.

[63] BILEN M,FONKOUM D M,CAPUTO A,et al.*Phoenicibacter congonensis* gen.nov.,sp.nov.,a new genus isolated from the human gut and its description using a taxonogenomic approach[J].Antonie van Leeuwenhoek,2019,112(5):775-784.

[64] DAVIS K E R,JOSEPH S J,JANSSEN P H.Effects of growth medium,inoculum size,and incubation time on culturability and isolation of soil bacteria[J].Applied and Environmental Microbiology,2005,71(2):826-834.

[65] 周恩民,李文均.未培养微生物研究:方法、机遇与挑战[J].微生物学报,2018,58(4):706-723.

[66] 刘永鑫,秦媛,郭晓璇,等.微生物组数据分析方法与应用[J].遗传,2019,41(9):845-862.

[67] 徐昭勇,胡海洋,许平,等.人工合成微生物组的构建与应用[J].合成生物学,2021,2(2):181-193.

[68] PABLO I N,VÍCTOR D L.Engineering an anaerobic metabolic regime in *Pseudomonas putida* KT2440 for the anoxic biodegradation of 1,3-dichloroprop-1-ene[J].Metabolic Engineering,2013,15:98-112.

[69] PUENTES-TÉLLEZ P E,FALCAO S J.Construction of effective minimal active microbial consortia for lignocellulose

degradation[J].Microbial Ecology,2018,76(2):419-429.

[70] 国辉 , 毛志泉 , 刘训理 . 植物与微生物互作的研究进展 [J]. 中国农学通报 ,2011,27(9):28-33.

[71] 刘占良 , 翟红 , 刘大群 . 植物根际的微生物互作及其在植物病害生物防治中的应用 [J]. 河北农业大学学报 ,2003(S1):183-186.

[72] 张武 , 杨琳 , 王紫娟 . 生物固氮的研究进展及发展趋势 [J]. 云南农业大学学报 ,2015,30(5):810-821.

[73] DIXON R,KAHN D.Genetic regulation of biological nitrogen fixation[J].Nature Reviews.Microbiology,2004,2(8):621-631.

[74] SANTI C,BOGUSZ D,FRANCHE C.Biological nitrogen fixation in non-legume plants[J].Annals of Botany, 2013,111(5):743-767.

[75] MONIKA K,VARUN K,RAJESH G,et al.Isolation and characterization of salt tolerant phosphate solubilizing strain of *Pseudomonas* sp.from rhizosphere soil of weed growing in saline field[J].Annals of Biology,2013,29(2):224-227.

[76] 严玉鹏 , 王小明 , 刘凡 , 等 . 有机磷与土壤矿物相互作用及其环境效应研究进展 [J]. 土壤学报 ,2019,56(6):1290-1299.

[77] 汤鹏 , 胡佳频 , 易浪波 , 等 . 钾长石矿区土壤解钾菌的分离与多样性 [J]. 中国微生态学杂志 ,2015,27(2):125-129.

[78] 田呈明 , 王笑连 , 余璐 , 等 . 林木与病原菌分子互作机制研究进展 [J]. 南京林业大学学报 ,2021,45(1):1-12.

第三章 毛竹微生物组及毛竹细菌多样性研究

毛竹是我国南方地区重要的森林资源，具有较短的成材生长周期，单位面积比速生乔木有更高的产量及在第二、三产业的多种加工用途的特点。第九次全国森林资源清查数据显示，我国竹林面积 641.16 万 hm²，占林地面积的 1.98%，占森林面积的 2.94%。其中毛竹林 467.78 万 hm²，占 72.96%，其他竹林 173.38 万 hm²，占地面积 27.04%。竹林分布在 17 个省，其中福建、浙江、江西、湖南、四川、广东、安徽、广西竹林面积超过 30 万 hm²，8 个省竹林总面积达 570.70 万 hm²，占我国竹林总面积的 89.01%[1]。

毛竹的深入研究对经济有重要推动作用，毛竹与其生长的环境有着丰富的互作关系[2]。研究表明，影响毛竹正常生理活动的环境因素包含土壤组成成分和物理结构、土壤深度、营养物质含量、氧气含量以及矿质元素的含量等，其中土壤组成成分和物理结构、营养物质含量、土壤氧气含量、矿质元素含量对土壤微生物群落有重要影响[3]。

土壤微生物及其分泌代谢的各种分解酶在降解土壤难溶营养物质、提高土壤有机质降解、矿质元素和营养元素的交换、养护和改善土壤肥力的过程中发挥着关键作用[3]。土壤微生物是地球土壤有机成分的重要来源和储存位置，是土壤中一种以独特生命形式存在的生物[4]。微生物群落不仅将植物周围及其体内作为栖息地，它们也为宿主执行许多生物学功能，如抵御致病菌的侵入、促进生长和固氮，有助于植物适应恶劣环境，确保植物正常的生理活动。通过对非根际微生物、内生微生物和生长促进微生物的研究，有利于我国木材加工产业的可持续发展。

第一节 毛竹微生物组

毛竹是禾本科（Gramineae）竹亚科（Bambusoideae）多年生常绿植物，毛竹主要分布在热带和亚热带以及温带地区。丰富的营养物质来源和森林生态系统为毛竹的生长创造了充分的条件，同时也形成了适合微生物生存的土壤环境，使得具有多种功能和特点的微生物大量繁殖，如腐生、共生和寄生微生物，并催生了数量庞大的微生物群落与微生物资源。到目前为止，已经报道或描述了数千种与竹类伴生的真菌微生物。

竹生真菌是一种以营附生、腐生或共生的方式，与竹子形成互作关系的微生物种群[5]

（图 3-1）。研究表明，毛竹植株体各个部位均有其独立的微生物群落附生存在，包括已经离体的繁殖器官种子。在 19 世纪中期，微生物学家 DeBary 首次提出了内生真菌（Endophyte）这一概念，内生真菌是指其整个或部分在植物体内生存的真菌类群。

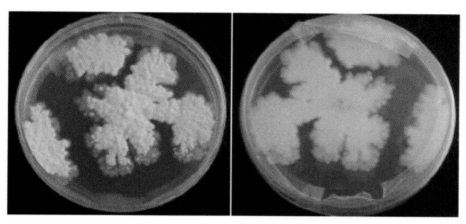

图 3-1　毛竹内生真菌分离培养

（引自：李楠，汪奎宏，彭华正，等. 毛竹种子内生真菌的分离与分子鉴定 [J]. 竹子研究汇刊，2015，34（2）：8-11.）

毛竹是中国林业中最重要的树种之一。有关竹林内生菌的研究有利于深入了解调节竹林生长机理、毛竹生理代谢产物的转化利用，对防治植物病害和全面保护竹林生态系统至关重要。目前，对毛竹种内内生菌的研究很少，它们对毛竹的开花、分解和保存的重要性以及致病过程尚不清楚。毛竹作为一种独特的木质化禾本植物，对其基因改造比普通乔木类的植物要困难得多。从另一方面来说，内生真菌也开辟了调节竹子生长发育一种潜在的新领域。在进行组织培养的试验中，经过体表灭菌处理的毛竹种子还会有真菌的生长。

随着竹林微生物种群调查逐渐深入，不断发现新的微生物群落，深入了解多种微生物互作机理，在竹林中发现的真菌资源也随之增多。Morakotkarn 等研究刚竹属和赤竹属的竹子植物体器官时发现，在这两种竹子的表面和内部共发现 200 余种真菌微生物，在筛选部分具有特点的十余种菌种，并进行基因测序，又发现了几种未被记录的新菌种 [6]。竹子的生长遍布我国各个省份，大约有 39 属 500 多种竹子，研究历史久远，但真正的竹子研究始于 20 世纪 60 年代，研究的重点聚集在针对竹子的致病真菌探究上。张立钦等对我国与竹子附生、内生等微生物群落进行较为详实的考察和调研，共记录真菌种类及其变种百余种 [7]。

深入研究与竹共生的菌种后，研究人员发现了更多类型和具有独特功能的新的菌种。金群英等在对竹生真菌的研究中，成功从竹中分离出新的真菌菌种，并进一步研究其功能和理化性质 [8]。目前，有关竹生真菌的研究正逐步受到人们的关注，如张剑等对毛竹的叶际微生物研究时发现了一种致病真菌，但在经过功能检测时发现它产生的代谢产物具有高效的抑制杂草生长的作用，可作为生物除草剂研发的新方向 [9]。

一、毛竹扩张对土壤微生物的影响

　　毛竹依靠其强大的地下茎，不断地侵入邻近的土壤区域，影响其他植株的生理活动，甚至击退其他植物，使得毛竹周围无其他植被生长[10]。不仅仅在我国有大量研究认同此观点，一些东亚国家和东南亚国家的研究者也相继发表了相同或相似的观点。竹林的扩张具有水土保持、土地恢复等积极的生态功能，但竹子的扩张也存在改变森林群体结构的潜在生态风险。白尚斌等在竹林范围扩展的测量中发现，受到毛竹扩张影响后的森林物种丰富度等统计数值均有所下降[11]。

　　毛竹的扩张可能导致森林群落的退化，而长期缺乏任何人工干预的竹林，会严重阻碍其他类型树木的生长，从而阻碍新森林的建设。竹林的扩张同样会影响土壤微生物群落。到目前为止的实验证明，竹林与其他类型的森林有显著差异。毛竹的快速生长和扩散降低了下层植被的光照强度，导致竹林在其生长区域内迅速爬升至该地域内优势种地位。相比于其他乔木类植物的生长周期长，单位时间内生物积累速度缓慢等特点，毛竹凭借其根系快速扩展，积累有机物质更快的特性，迅速形成自己的优势和竞争力[12]。并且毛竹在生长过程中产生的脱落物，由于其有机质成分含量低，且很难被微生物分解代谢转化，抑制了自然环境中的物质循环，进而影响了在其生境中生长的其他植物群体。而地下方面，毛竹根际代谢产生的化学物质会产生明显的化感作用，抑制其他植株根系的生长，削弱林地内的物种多样性。毛竹根系的演化具有独特的方向，致使更优质的营养物质优先流入其生理活动中，并且形成独立的景观空间，从而影响了土壤微生物生物量及微观结构。许多科学家认为毛竹扩张改变土壤中碳的摄入量并发挥重要作用，进而改变土壤的微生物群落。

二、毛竹挥发物对大气微生物的影响

　　大气微生物包括空气中的气溶胶粒子。空气中的细菌微生物、真菌和病毒以悬浮的形式存在于空气中[13]。它是空气微生物群落的重要组成部分，不仅具有非常重要的生态反应功能，而且与大气空气质量、生境成分构成和生活质量有紧密联系[14]。虽然空气并不是微生物最合适的生存环境，但空气作为一种流动的媒介，可以让微生物在空气中传播，使得微生物群落可以在更远的地方繁殖演化。大气微生物在生态平衡中起着非常重要的作用，对物质的自然循环有很大的影响[15]。大气微生物主要来自土壤、水、动植物和人体，其群落组成不稳定。大气微生物也是生态系统的一部分，细菌、真菌和病毒分布广泛，不仅具有重要的生态功能，而且与清洁城市、环境属性、环境质量和人们的健康生活密切相关。吕嘉欣对于毛竹植物挥发性有机物（volatile organic compound，VOC）研究，认为毛竹可以释放大量 VOC，有效降低空气中的微生物，并且形成空气负离子环境[13]。

第二节　毛竹细菌微生物组

针对毛竹根际以及非根际土壤微生物群落的研究发现，相比于毛竹非根际区域的土壤微生物群落，毛竹根际周围的细菌微生物总量有显著差异，明显高于非根际土壤细菌总量[2]。再深入研究不同竹龄的土壤微生物差异时发现，一年生和三年生的与毛竹共生的细菌微生物总量要高于非根际土壤细菌总量，而五年生的则低于非根际土壤细菌总量。同时也发现，毛竹生长年龄对放线菌的总量无明显影响作用，不论在根际区域还是非根际区域[16]。

毛竹根际区域的真菌总量都明显高于非根际区域，毛竹根际土壤区域的过氧化氢酶、脲酶和蔗糖酶的活性显著高于非根际土壤。在土壤蛋白酶、磷酸酶等具有降解功能的酶类活性方面，三年生毛竹林要远优于五年生和一年生的根际土壤和非根际土壤区域[17]。姜培坤等在探究土壤微生物群落总量对土壤有效营养物质的影响时发现，微生物数量的多少与土壤营养物质效力有着紧密联系，微生物群落的主要种群中，细菌的总量能占到土壤微生物群落总量的九成以上[18]。

土壤中氮的存在对毛竹的生长产生了深远的影响[19,20]。同样，蛋白质酶活性是影响毛竹生长的关键因子之一，细菌的数量是影响毛竹直径的主要因素，酶的活性为次要影响因素。因此，根据竹林的生物特征来分类竹林的生产力是符合研究逻辑的[21]。土壤微生物的数量，包括细菌、放线菌、蛋白酶、过氧化氢酶、脲酶和蔗糖酶的含量对于毛竹直径的生长有着直接的关联，土壤微生物的总量以及土壤中酶的活性对于毛竹的横向生产有着主导作用。李潞滨和刘敏等研究均发现毛竹的根系间的细菌微生物在可侦测范围内，种群数量远高于其他微生物种群[22,23]。

毛竹根区域土壤含有大量的次生代谢产物及植物组织脱落物，这些物质都包含可供微生物利用的丰富的营养物质，为根系间的细菌群落的生长提供了丰富的营养，促进了根系间细菌的繁殖，同时也发现位于毛竹根系表面的微生物总量显著低于根系间的微生物种群数量，在孙晓璐等研究作物根系表面微生物种群数量实验中有相同的结果[24]。

毛竹根表面含有一定数量的植物根分泌物，有利于细菌在根表面的繁殖。细菌繁殖的特殊现象可能与毛竹器官或组织产生的营养物质、pH 值和其他物质的筛选方向有关。此外，载体植物的遗传类型可能是细菌选择的原因之一。

第三节　毛竹与细菌微生物组的相互作用

在毛竹植株体内共生的细菌群落可以有效提升毛竹竹叶的叶绿素合成量，强化叶片中酶对叶绿素的保护能力，从而提高了毛竹对恶劣环境条件的抵抗力[25]。在经过接种相应细菌菌株处理后，只有 MDA 的比重低于其他试验植株，竹叶中的超氧化物歧化酶活性、过氧化物酶以及其他分解酶类活性和可溶性糖总量都有增加，在一定程度上证明内生细菌可以促进毛竹的生长。此外，可以根据毛竹生化指标的不同特性，合理搭配组成不同的内生菌群，确保复合微生物研究的成功，充分利用微生物资源。

有研究发现，在毛竹竹腔内注射人工构建的复合微生物菌剂，可以有效促进毛竹的生长发育[26]。在注射过复合微生物菌剂之后，毛竹的每亩竹林株数显著增加，并且与内生菌形成共生后，毛竹的平均直径也有所上升，其竹笋的风味也相应提升。数据显示，在配合使用人工定向培养的复合微生物菌剂后，毛竹冬笋的含糖总量高于对照组；同等培养条件下，使用菌剂的毛竹林幼笋的生长速率显著提升，在相同时间内，出产效率更高，有效缩短了竹林的栽培时间，压缩了培养成本，精确控制毛竹林的平均生长量，使得产量更加稳定。

参考文献

[1] 李玉敏，冯鹏飞 . 基于第九次全国森林资源清查的中国竹资源分析 [J]. 世界竹藤通讯 ,2019,17(6):45-48.

[2] 袁宗胜 . 毛竹根区土壤与内生细菌多样性及促生细菌筛选 [D]. 福州 : 福建农林大学 ,2015.

[3] 邓欣，刘红艳，谭济才，等 . 不同种植年限有机茶园土壤微生物群落组成及活性比较 [J]. 湖南农业大学学报 (自然科学版),2006(1):53-56.

[4] 王利民，邱珊莲，林新坚，等 . 不同培肥茶园土壤微生物量碳氮及相关参数的变化与敏感性分析 [J]. 生态学报 ,2012,32(18):5930-5936.

[5] 李楠，汪奎宏，彭华正，等 . 毛竹种子内生真菌的分离与分子鉴定 [J]. 竹子研究汇刊 ,2015,34(2):8-11.

[6] MORAKOTKARN D,KAWASAKI H,SEKI T.Molecular diversity of bamboo‐associated fungi isolated from Japan[J].FEMS Microbiology Letters,2007,266(1):9-10.

[7] 张立钦，王雪根 . 中国竹类真菌资源 [J]. 竹子研究汇刊 ,1999(3):66-72.

[8] 金群英，彭华正，李海波，等 . 毛竹上两株不同菌落形态的格氏梅拉菌 Meira geulakonigii 菌株的分离和特征记述 (英文) [J]. 菌物学报 ,2010,29(6):879-885.

[9] 张剑，董晔欣，张金林，等 . 一株具有高除草活性的真菌菌株 [J]. 菌物学报 ,2008(5):645-651.

[10] 马鑫茹，郑旭理，郑春颖，等 . 毛竹扩张对常绿阔叶林土壤微生物群落的影响 [J]. 应用生态学报 ,2022,33(4):1091-1098.

[11] 白尚斌，周国模，王懿祥，等 . 天目山保护区森林群落植物多样性对毛竹入侵的响应及动态变化 [J]. 生物多样性 ,2013,21(03):288-295.

[12] 李超，刘苑秋，王翰琨，等 . 庐山毛竹扩张及模拟氮沉降对土壤 N_2O 和 CO_2 排放的影响 [J]. 土壤学报 ,2019,56(1):146-155.

[13] 吕嘉欣，王翔，项亨旺，等 . 毛竹释放挥发物对空气负离子及微生物的影响 [J]. 竹子学报 ,2020,39(3):49-57.

[14] 孙平勇，刘雄伦，刘金灵，等 . 空气微生物的研究进展 [J]. 中国农学通报 ,2010,26(11):336-340.

[15] 周煜，陈梅玲，姜黎，等 .16SrRNA 序列分析法在大气微生物检测中的应用 [J]. 生物技术通讯 ,2000(02):111-114.

[16] 孙棣棣，徐秋芳，田甜，等 . 不同栽培历史毛竹林土壤微生物生物量及群落组成变化 [J]. 林业科学 ,2011,47(7):181-186.

[17] 徐秋芳，姜培坤 . 毛竹竹根区土壤微生物数量与酶活性研究 [J]. 林业科学研究 ,2001(6):648-652.

[18] 姜培坤，徐秋芳 . 土壤生物学性质对毛竹粗生长影响的研究 [J]. 生态学杂志 ,2001(6):25-28.

[19] 刘玮，邓光华，张嘉超，等 . 不同施肥处理对毛竹根际微生物影响及其 PCR-DGGE 分析 [J]. 东北林业大学学

报 ,2011,39(5):50-53.

[20] 顾小平 , 吴晓丽 . 接种联合固氮菌对毛竹实生苗生长的影响 [J]. 林业科学研究 ,1999(1):10-15.

[21] 黄承才 . 中亚热带东部毛竹林土壤微生物生物量的研究 [J]. 浙江林业科技 ,2002(4):6-9.

[22] 李潞滨 , 刘敏 , 杨淑贞 , 等 . 毛竹根际可培养微生物种群多样性分析 [J]. 微生物学报 ,2008(6):772-779.

[23] 刘敏 , 李潞滨 , 杨凯 , 等 . 冷箭竹根际土壤中可培养细菌的多样性 [J]. 生物多样性 ,2008(1):91-95.

[24] 孙晓璐 , 杨海莲 , 陈志 , 等 . 两个品种水稻植株根面细菌的区系组成研究 [J]. 植物病理学报 ,2000(3):284-285.

[25] 袁宗胜 . 内生细菌活性物质促进毛竹生长的生化机理研究 [J]. 江西农业大学学报 ,2018,30(7):42-44.

[26] 袁宗胜 . 内生细菌对毛竹促生效果研究 [J]. 安徽农业科学 ,2019,47(17):120-122.

第二篇
毛竹细菌多样性研究

第四章 植物细菌多样性

第一节 根际细菌微生物组

根际微生物的起源与发展历程在第一篇中已有初步阐述，该生态位分类的标准早在 20 世纪初就被德国微生物学家 Lorenz Hiltner 所定义，用以阐述受植物根系所影响的狭窄土壤带区域[1]。一个世纪以来，这一理念在植物 - 微生物的深入研究中不断充实与改进[2]。作为植物营养物质重要来源之一的器官——根，在植物的生长、养分的获取等方面有不可替代的作用[3]。近年来，研究人员为更加深入研究根际微生物的作用，将根际区域细化分为根际、根表和根系内部三个部分[4]。根际作为与土壤微生物群落活动最频繁的空间，一直广受科学界的关注，植物通过根系与土壤进行物质与能量交换的同时，也为对其自身有利的微生物群落提供一定的栖息环境[5]。有相关研究报道指出，植物根际范围定殖的微生物群落的密度远高于植物体内[6]。随着研究的不断深入，越来越多的证据表明，根际微生物群落在促进植物生长方面有重要作用，其促生机制在于可以有效提高根系对矿质元素、有机物质等吸收效率，部分微生物群落所分泌的次生代谢产物可以抑制致病菌的活性，并且可以强化植物自身免疫反应，增强植物对于极端环境的适应能力，在农业生产等方面有巨大的应用前景。

随着高通量测序技术的快速发展，对植物在不同生境下的微生物群落结构、多样性及其功能多样性等方面的研究得以不断深入。一般来说，微生物组是指某一生境中全部微生物及其基因和基因组以及微生物代谢的产物与宿主环境，包括环境中的所有生物和非生物因素[7]。在此基础之上，结合对根际的定义，根际微生物组是在物理、化学及生物因素的共同驱动选择下形成的与根际相关的微生物组[8]。多数研究学者认为根际微生物组可被视作植物的第二基因组，它通过影响植物性状表达等作用参与植物的遗传，进而影响植物生长发育、土壤健康等生态功能[9]。

截止到目前，对于植物根系所定殖的细菌种类，国内外已经发现的有假单胞菌属（*Pseudomonas*）、芽孢杆菌属（*Bacillus*）、固氮菌属（*Azotobacter*）、肠杆菌属（*Enterobacter*）等 20 多个属，其中研究最多的是假单胞菌属和芽孢杆菌属[10]，这些微生物在促生等方面具有巨大的研究价值。这些具有特殊功能的根际定殖菌又被称为植物根际促生菌，在植物 - 微生物体系中扮演着重要的角色，并且与其他微生物一同对植物生理生长等方面形成共同影响，与此同时，促生菌群也受到宿主的影响，不断进行着自我演化。

根际微生物在植物根系养分吸收方面发挥着不可替代的作用。在现阶段的研究中，根际微生物对植物碳化合物的沉积能作出积极反应，加大各种矿质营养释放力度，有效提高根系对土壤有机质的分解利用效率。另一方面，固氮细菌和菌根真菌可以大大促进植物对氮、磷元素的吸收效率，其中，菌根真菌还起到将土壤中的矿质养分运输到植物体内以及改善土壤物理结构等作用。除此之外，根际微生物还可以促进植物对微量元素的吸收，如植物对铁的吸收利用[11]，少根根霉分泌的真菌铁载体能够提高宿主对铁的吸收[12]。

根际微生物在植物防治病虫害方面也起重要作用。根际微生物能够帮助宿主有效预防或抵御病害的发生，其机理主要涉及抗生作用、养分元素的竞争、生态位的竞争等[6]。部分根际微生物可以分泌抗生素，以达到抑制竞争微生物生长的目的，例如木霉属产生的抗性代谢产物受到研究人员的重点关注[13]。同时根际微生物在调节植物免疫系统中也起不可替代的作用，有报道称，植物根际促生菌通过分泌植物激素来引起植物的系统防御反应[14]。此外，根际微生物群体感应也会引起一系列宿主免疫反应，包括诱导宿主相关防御基因的表达[15]。到目前为止，科研人员对根际微生物对宿主各方面的影响进行了大量的研究，其结果表明，根际微生物能够通过多种方式影响宿主的生理代谢活动，诱导植物产生特定的代谢产物，而分析这些代谢产物有利于人们深入研究其在诱导植物系统防御过程中所起的主要推动作用。

根际微生物能够增加植物在极端环境中的生存能力。在极度缺水的环境下，根际微生物能够提高植株体细胞渗透压，减少叶片气孔开度，以达到减缓植物水分散失的目的[16]。同样在高盐胁迫下，耐盐细菌可以促进植物根系的横向扩展和增强其对水分的吸收、减少盐离子的吸收等减缓高盐离子对植物造成的失水作用[17]。在植株体部分或大部分部位受到水淹的缺氧影响下，根际微生物也可以有效降低细胞因缺氧产生的有害物质对细胞自身的毒害影响。在低温胁迫下，根际微生物也可以保持植物细胞生理生化相关酶的活性，以维持宿主正常生长[18]。在土壤酸化条件下，根际微生物能够减轻作物在低 pH 土壤中生长所引起的叶片病变等病害问题[19]。众多研究人员认为可以将这些拥有固定宿主的共生微生物接种至其他植物，以改善植物的养分吸收效率和病虫害的抵御能力，但是这一方面的研究目前进展缓慢。部分学者认为要完成这一目标，需要从本质上探明植物根系对这些促生菌的诱导机理。

植物与根际微生物之间的互作关系极为复杂，除了上文所介绍的微生物对其宿主的有益作用外，还存在着负面的影响。根际微生物可能会与宿主争夺营养或侵染宿主等[20]。当植物受到病原菌攻击后，会发出特定的信号富集特定的有益根际微生物，这一现象被学者称为"求救假说"[21]。但是植物释放的富集有益根际微生物的信号分子也会吸引周围的有害生物[22]。

不论根际微生物与其宿主的互作是有益作用还是有害作用，微生物能否在根际定殖对宿主都有很重要的影响。定殖又细分为识别、黏附、入侵、定殖、生长和建立互作几个阶段[23]。其中，识别是定殖过程的关键步骤，根系分泌物因其成分的多样性被认为是根际与根际微生物对话的媒介，其在建立微生物与植物信号分子通信的过程中起着至关重要的作用[24]。

第二节　内生细菌

一、植物内生菌

植物内生菌作为一类生境特殊的微生物，其栖息环境主要分布于陆地植物和一些水生植物的各种组织和器官中，是微生物学家、生态学家和植物学家目前的重点研究方向。一般来说，内生菌的感染是不明显的，受感染的宿主组织未发现明显的病态改变。内生菌的定殖可以通过组织学手段来证明其是真实存在于植物内部的，其常用方法是通过从表面消毒的组织中分离出内生微生物，以及从定殖的植物组织中直接扩增出微生物核 DNA 等。植物中存在内生菌的现象普遍存在，其类型主要包括细菌、真菌和放线菌[25]。

内生菌的概念最早是在 1886 年由德国科学家 DeBarry 提出[26]。Mcinroy 1995 年认为能够定殖在植物细胞内或细胞间隙中，并与宿主建立联系的微生物为植物内生菌[27]。植物内生菌普遍存在于植物的器官和组织中，如根、茎、叶、花、果实等，它们是一种非常重要的微生物资源，几乎每一种植物中都存在内生菌。许多研究表明，植物内生菌的分布受植物种类、所处的生境和气候等条件影响[28]。它们具有独特的生理和代谢机制，使其能够适应植物内部的特殊环境，同时能产生结构多样的、具有多种重要的生物功能的活性物质[29]。

在植物内生菌的来源问题上，目前不同的学者提出了多种可能的途径：①从植物自然形成的伤口进入，进入植物内部之后迁移扩散至其他部位，协同进化后与植物建立一定的共生关系[30]；②外界微生物直接破坏细胞壁成分侵入宿主，即水平传播；③植物通过种子传播至同种植物，即垂直传播[31,32]。

二、植物内生细菌

在植物内生菌中，内生细菌起到十分重要的作用，能够在不使宿主表现出明显症状的前提下，通过各种作用来影响植物的生长和发育，并建立起良好的互作关系。内生细菌一般是以菌体或孢子的形式通过表皮渗透或气孔进入等途径进入宿主体内[33]。目前科学家研究发现植物内生细菌多样性丰富，分布已超过了 54 个属，主要为假单胞菌属 *Pseudomonas*、土壤杆菌属 *Agrobacterium*、芽孢杆菌属 *Bacillus*、泛菌属 *Pantoea*、肠杆菌属 *Enterobacter* 等[34]。

这些内生细菌不仅在植物内部生长，并且对寄主植物具有促进生长、控制病害、内生固氮等生物学作用。同时，研究发现植物内生细菌也是外源基因的良好载体，为外源基因导入植物提供了另一种方法和途径[35]。许多学者认为内生细菌是植物病害生物防治的天然资源菌，具有广泛的理论研究价值和开发应用前景[36]。

按照所起到的作用来分类，将植物内生细菌分为中性、有益、有害 3 种类型。中性内生细菌对寄主植株的生长发育无明显影响。有益内生细菌能促进寄主植物生长发育，提高寄主植物适应不利环境的能力。有害内生细菌则是对寄主植物起到有害作用，比如一些致病菌或潜在致病菌[37]。大部分植物内生细菌都属于中性内生细菌，只有少部分为有益内生细菌或有害内生细菌。

三、植物（毛竹）与内生菌的互作

研究发现，内生菌广泛分布于竹类植物体内，在竹类植物的根、鞭、杆、叶等器官中均分离鉴定出丰富的内生菌。竹类植物与内生菌之间存在着复杂的相互作用关系，竹类植物为内生菌提供了适宜的生存环境和可利用的营养成分，满足其生存需要，而内生菌通过代谢活动，或凭借一定功能作用对宿主体造成一定影响[38]。有益的植物内生菌能促进寄主的生长，增加宿主的抵抗力，促进次生代谢产物的产生等。竹类植物内生菌的生物学功能研究主要包括促进生长、抗病、药用等方面。

内生菌与植物互作关系的一个重要体现就是内生菌能够促进宿主的生长，内生真菌、内生细菌和内生放线菌能通过产生植物激素、对土壤中营养元素的溶解、固氮作用等不同方式促进植物的生长[39]。植物内生菌能够产生丰富的次级代谢产物，同时在与寄主长期协同进化中还可以产生与植物次生代谢物相似的物质，并能够促进宿主活性代谢物的积累，对药物开发有重要意义[28]。

中国竹类病害种类较多，尤其是竹类真菌病害，已经成为制约竹产业生产的重要因素之一。利用内生菌进行植物病害生物防治是近年来的研究热点之一，研究者已经从竹类植物中分离到大量具有病原拮抗作用的内生菌[40]。

我国的竹类资源十分丰富，但目前有关竹类植物的内生菌相关的研究目前较少，多集中在内生菌的分离鉴定、有益菌的筛选等方面，对竹类植物中内生菌的相互作用机制的研究较少。竹类植物的内生菌资源仍处于待开发状态。竹类植物内生菌与竹林生态系统有着紧密的联系，相关方面的研究对人工调控竹林生态系统方面具有一定意义。

参考文献

[1] PETER A H M B,ROELAND L B,ROGIER F D,et al.The rhizosphere revisited:root microbiomics[J].Frontiers in Plant Science,2013,4:165.

[2] YAKOV K,BAHAR S R.Rhizosphere size and shape:Temporal dynamics and spatial stationarity[J].Soil Biology and Biochemistry,2019,135:343-360.

[3] 肖爽，刘连涛，张永江，等.植物微根系原位观测方法研究进展[J].植物营养与肥料学报,2020,26(2):370-385.

[4] ZHANG Y,XU J,RIERA N,et al.Huanglongbing impairs the rhizosphere-to-rhizoplane enrichment process of the citrus root-associatedmicrobiome[J].Microbiome,2017,5(1):97.

[5] BAOGANG Z,JUN Z,YAO L,et al.Co-occurrence patterns of soybean rhizospheremicrobiome at a continental scale[J].Soil Biology and Biochemistry,2018,118:178-186.

[6] MENDES R,GARBEVA P,RAAIJMAKERS JM.The rhizospheremicrobiome:significance of plant beneficial,plant pathogenic,and human pathogenic microorganisms[J].FEMS Microbiology Reviews,2013,37(5):634-663.

[7] 邵秋雨，董醇波，韩燕峰，等.植物根际微生物组的研究进展[J].植物营养与肥料学报,2021,27(01):144-152.

[8] PHILIPPE H,A.G B,DORIS V,et al.Rhizosphere:biophysics,biogeochemistry and ecological relevance[J].Plant and Soil,2009,321(1/2):117-152.

[9] BERENDSEN R L,PIETERSE C M J,BAKKER P A H M.The rhizosphere microbiome and plant health[J].Trends in Plant Science,2012,17(8):478-486.

[10] STÉPHANE C,CHRISTOPHE C,ANGELA S.Plant growth-promoting bacteria in the rhizo- and endosphere of plants:Their role,colonization,mechanisms involved and prospects for utilization[J].Soil Biology and Biochemistry,2009,42(5):669-678.

[11] SHIRLEYMATT,AVOSCANLAURE,BERNAUDERIC,et al.Comparison of iron acquisition from Fe–pyoverdine by strategy I and strategy II plants[J].Botany,2011,89(10):731-735.

[12] ZEHAVA Y,MOSHE S,YITZHAK H,et al.Remedy of chlorosis induced by iron deficiency in plants with the fungal siderophore rhizoferrin[J].Journal of Plant Nutrition,2000,23(11-12):1991-2006.

[13] DRUZHININA I S,SEIDL-SEIBOTH V,HERRERA-ESTRELLA A,et al.Trichoderma:the genomics of opportunistic success[J].Nature Reviews.Microbiology,2011,9(10):749-759.

[14] ZAMIOUDIS C,PIETERSEcm J.modulation of host immunity by beneficialmicrobes[J].Molecular Plant-Microbe Interactions,2012,25(2):139-150.

[15] 吴秉奇,梁永江,丁延芹,等.两株烟草根际拮抗菌的生防和促生效果研究[J].中国烟草科学,2013,34(01):66-71.

[16] SHIMON M,TSIPORA T,BERNARD R G.Plant growth-promoting bacteria that confer resistance to water stress in tomatoes and peppers[J].Plant Science,2003,166(2):525-530.

[17] UPADHYAY S K,SINGH D P,SAIKIA R.Genetic diversity of plant growth promoting rhizobacteria isolated from rhizospheric soil of wheat under saline condition[J].Current Microbiology,2009,59(5):489-496.

[18] VANDANA K,REETA G.Solubilization of inorganic phosphate and plant growth promotion by cold tolerantmutants of Pseudomonas fluorescens[J].Microbiological Research,2003,158(2):163-168.

[19] RAUDALES R E,STONE E,MCSPADDEN G B B.Seed treatment with 2,4-diacetylphloroglucinol-producing pseudomonads improves crop health in low-pH soils by altering patterns of nutrient uptake[J].Phytopathology,2009,99(5):506-511.

[20] HARSH P B,TIFFANY L W,LAURA G P,et al.The role of root exudates in rhizosphere interactions with plants and other organisms[J].Annual Review of Plant Biology,2006,57:233-266.

[21] YUAN J,ZHAO J,WEN T,et al.Root exudates drive the soil-borne legacy of aboveground pathogen infection[J].Microbiome,2018,6(1):156.

[22] LAREEN A,BURTON F,SCHÄFER P.Plant root-microbe communication in shaping root microbiomes[J].Plant Molecular Biology,2016,90(6):575-587.

[23] BERG G.Plant-microbe interactions promoting plant growth and health:perspectives for controlled use of microorganisms in agriculture[J].Applied Microbiology and Biotechnology,2009,84(1):11-18.

[24] ZHALNINA K,LOUIE K B,HAO Z,et al.Dynamic root exudate chemistry and microbial substrate preferences drive patterns in rhizosphere microbial community assembly[J].Nature Microbiology,2018,3(4):470-480.

[25] 邓墨渊,王伯初,杨再昌,等.分子生物学技术在植物内生菌分类鉴定中的应用[J].氨基酸和生物资源,2006(03):9-14.

[26] 王志伟,纪燕玲,陈永敢.植物内生菌研究及其科学意义[J].微生物学通报,2015,42(2):349-363.

[27] JOHN AM,JOSEPH W K.Survey of indigenous bacterial endophytes from cotton and sweet corn[J].Plant and

Soil,1995,173(2):337-342.

[28] 陈龙 , 梁子宁 , 朱华 . 植物内生菌研究进展 [J]. 生物技术通报 ,2015,31(8):30-34.

[29] 靳锦 , 赵庆 , 张晓梅 , 等 . 植物内生菌活性代谢产物最新研究进展 [J]. 微生物学杂志 ,2018,38(3):103-113.

[30] PETROVIC T, BURGESS L W,COWIE I,et al.Diversity and fertility of *Fusarium sacchari* from wild rice(Oryza australiensis) in Northern Australia,and pathogenicity tests with wild rice,rice,sorghum and maize[J].European Journal of Plant Pathology,2013,136(4):773-788.

[31] 姚领爱 , 胡之璧 , 王莉莉 , 等 . 植物内生菌与宿主关系研究进展 [J]. 生态环境学报 ,2010,19(7):1750-1754.

[32] 徐亚军 . 植物内生菌资源多样性研究进展 [J]. 广东农业科学 ,2011,38(24):149-152.

[33] 杨镇 , 曹君 . 植物内生菌及其次级代谢产物的研究进展 [J]. 微生物学杂志 ,2016,36(4):1-6.

[34] 石晶盈 , 陈维信 , 刘爱媛 . 植物内生菌及其防治植物病害的研究进展 [J]. 生态学报 ,2006(7):2395-2401.

[35] 何红 , 邱思鑫 , 胡方平 , 等 . 植物内生细菌生物学作用研究进展 [J].2004(3):40-45.

[36] STURZ A,NOWAK J,CHRISTIE B.Bacterial endophytes:Potential role in developing sustainable systems of crop production[J].Critical Reviews in Plant Sciences,2000,19(1):1-30.

[37] 卢昕 , 黄贵修 . 植物内生细菌生防作用研究进展 [J]. 华南热带农业大学学报 ,2007(4):28-33.

[38] 王晓静 , 李潞滨 , 王涛 . 竹类植物内生菌研究进展 [J]. 竹子学报 ,2020,39(4):34-39.

[39] 韩烁 . 毛竹根部可培养细菌种群多样性及其促生功能 [D]. 保定 : 河北大学 ,2010.

[40] 杨豆 , 王清海 , 万松泽 , 等 .2 株毛竹枯梢病拮抗细菌筛选及其促生功能 [J]. 林业科学研究 ,2020,33(6):139-147.

第五章 毛竹笋生长期根际土壤细菌及内生细菌群落结构和多样性

第一节 毛竹样品采集及 16S rRNA 测序

毛竹笋在地下阶段生长慢、时间长，跨越两个年份，从夏末秋初，壮龄竹鞭部分肥壮侧芽开始萌发分化为笋芽；进而笋芽逐渐膨大，笋尖弯曲向上，在初冬形成冬笋；待春季气温回升，继续生长出土，成为春笋[1,2]。研究表明，微生物与植物之间的互作影响植物的生长发育[3-6]。植物内生菌能够提高植物对营养物质的运输能力和利用率，土壤微生物对土壤养分循环起到重要的作用[7,8]。当前有研究表明毛竹微生物组随着空间和时间的变化而变化，且能有效影响土壤氮含量，从而影响毛竹生长发育[9]。因此，研究毛竹生长过程中微生物组群落结构的变化具有重要意义。

本研究以毛竹萌发后的笋芽、未出土冬笋、出土春笋以及相对应的鞭根、根际土壤及林间土壤为研究对象，通过 Illumina NovaSeq 高通量测序技术研究毛竹笋生长过程中根际土壤细菌及内生细菌群落结构差异和多样性。为进一步研究毛竹养分吸收与微生物群落结构的关联性具有重要意义，同时为毛竹丰产栽培提供重要理论基础。

一、样本采集

采样地点设在中国福建省三明市永安市西洋镇三畲村毛竹林基地，该地区属亚热带季风气候，地理坐标为东经 117° 46′，北纬 25° 89′。根据毛竹生长特性，在当年 9 月、12 月及次年 3 月分别采集毛竹笋芽、未出土冬笋和出土春笋及其相应的鞭根和根际土壤，每组样本设三个重复。即毛竹笋芽萌发期的鞭根（M1B）、根际土壤（M1C）、笋芽（M1D）；毛竹冬笋形成期的未出土冬笋的鞭根（M2B）、根际土壤（M2C）、未出土冬笋（M2D）；毛竹春笋出土期的鞭根（M3B）、根际土壤（M3C）、出土春笋（M3D）及毛竹林间土壤（CKC）。每种样本采集平行样 3 个，共采集样本 30 个。

选取鞭根根际土壤时，沿毛竹竹鞭挖开，顺竹鞭选取连在鞭根上粒径小于 1cm 土壤作为根际土壤，并采集 3 月份毛竹林间土壤作为对照。样本采集后立即放入无菌样本袋中，24h 内放入 −20℃保存。

二、基因组 DNA 提取和 16S rRNA 高通量测序

采用天根 DNA 提取试剂盒提取样本的基因组 DNA，采用上游引物 799F（5′ -AACMG

GATTAGATACCCKG-3′）和 1193R（5′-ACGTCATCCCCACCTTCC-3′）对各样本 16S rRNA 基因 V5 ～ V7 可变区进行扩增。PCR 体系：4 μL 5×Buffer；2 μL dNTPs（2.5 mmol/L）；引物（5 μmol/L）各 0.8 μL；0.4 μL DNA 聚合酶；0.2 μL BSA；10 ng 基因组 DNA；ddH$_2$O 补足 20 μL。PCR 扩增条件：95 ℃ 3 min 预变性；95 ℃ 30 s 变性，56 ℃ 30 s 退火，72 ℃ 45 s 延伸，30 个循环；72 ℃ 10 min 稳定延伸。质检合格的文库利用 Illumina NovaSeq 测序平台，利用双末端测序（Paired-End）的方法，构建小片段文库进行测序（北京诺禾致源科技股份有限公司）。

三、数据分析

测序得到的原始数据处理后得到有效数据，在 97 % 相似水平下进行分类操作单元（OTUs，operational taxonomic units）聚类和物种信息分析。利用 R 语言工具制作样本稀释曲线[10]；利用 R 语言工具统计后作出 Venn 图；采用 mothur 软件计算 Alpha 多样性指数 Chao 1、Shannon 指数等，并采用 Wilxocon 秩和检验进行 Alpha 多样性的组间差异分析；利用 R 语言 PCoA 统计分析和作图；利用 Qiime 计算 Beta 多样性距离矩阵，然后用 R 语言作图绘制样本层次聚类树；基于数据库中 OTUs 的 tree 和 OTUs 上的基因信息进行 PICRUSt 分析，预测菌群代谢功能[11]。

第二节　毛竹笋生长期根际土壤细菌及内生细菌群落结构和多样性分析结果

一、测序结果分析

为揭示毛竹笋不同生长期根际土壤细菌及内生细菌群落多样性，基于细菌 16S rRNA 基因 V5-V7 高通量测序[12]，分别采集毛竹萌发后的笋芽、未出土冬笋、出土春笋以及相对应的鞭根、根际土壤以及毛竹林间土壤（表 5-1），即毛竹笋芽萌发期的鞭根（M1B）、根际土壤（M1C）、笋芽（M1D）；毛竹冬笋形成期的未出土冬笋的鞭根（M2B）、根际土壤（M2C）、未出土冬笋（M2D）；毛竹春笋出土期的鞭根（M3B）、根际土壤（M3C）、出土春笋（M3D）及林间土壤（CKC）。

表 5-1　样本编号代码

毛竹笋生长时期	样本	编号
	鞭根	M1B
笋芽萌发期	根际土壤	M1C
	笋芽	M1D
	鞭根	M2B
冬笋形成期	根际土壤	M2C
	未出土冬笋	M2D

续表

毛竹笋生长时期	样本	编号
	鞭根	M3B
春笋出土期	根际土壤	M3C
	春笋	M3D
对照	毛竹林间土壤	CKC

30 个样本细菌 16S rRNA 基因高通量测序共获得 2 666 191 对双端序列（Reads），经 Reads 拼接过滤后得到 2 437 466 条高质量序列（Clean tags），每个样本中高质量序列 Clean tags 数为 64 222～93 220 条，质控后的序列依据 97 % 的序列相似性聚类获得细菌分类操作单元数 4 249 个。通过构建稀释曲线，结果表明土壤细菌群落的多样性远远高于根内生细菌群落，大多数根内生样本在 400～900 OTUs 左右饱和，土壤样本在 1 200 OTUs 左右达到饱和，图 5-1 显示各组稀释曲线随着测序量的增大逐渐平缓，观测物种数趋于稳定，表明测序深度足以可靠地描述毛竹和土壤样本的细菌微生物组。

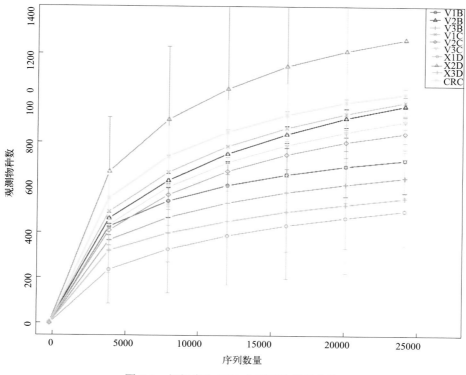

图 5-1 相似度为 97% 水平下的稀释曲线

30 个样本共鉴定出细菌 32 门、52 纲、121 目、251 科、593 属。从图 5-2 看出，鞭根样本 M1B、M2B 和 M3B 有 704 种共有 OTUs，各有 348、404、189 种特有 OTUs；根际土壤样本 M1C、M2C、M3C 和林间土壤样本 CKC 有 763 种共有 OTUs，各有 282、130、193、511 种特有 OTUs；毛竹笋样本 M1D、M2D 和 M3D 共有 421 种共有 OTUs，各有 341、1780、474 种特有 OTUs。

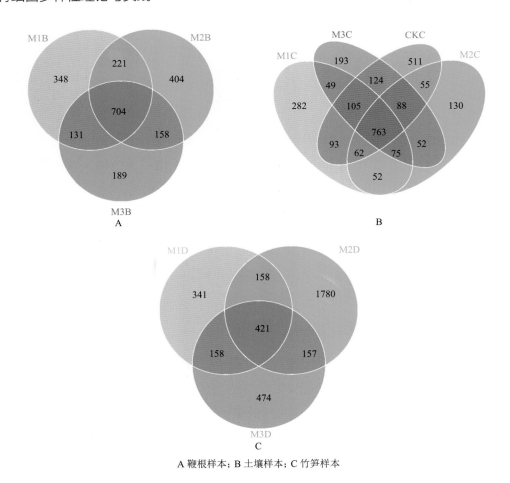

A 鞭根样本；B 土壤样本；C 竹笋样本

图 5-2　毛竹笋不同生长期 OTUs 数量与分布比较

从毛竹笋不同生长期的鞭根、土壤和竹笋样本 OTUs 数目可以看出，冬笋形成期鞭根样本 M2B（1487）＞笋芽萌发期鞭根 M1B（1404）＞春笋出土期鞭根 M3B（1182）；林间土壤 CKC（1801）＞笋芽萌发期根际土壤 M1C（1481）＞春笋出土期根际土壤 M3C（1449）＞冬笋形成期土壤 M2C（1277）；未出土冬笋 M2D（2516）＞春笋 M3D（1210）＞笋芽 M1D（1078）。

二、细菌群落组成分析

为进一步研究毛竹笋生长期根际土壤细菌和内生细菌群落中特定分类群的变化，我们比较了不同水平上根际土壤细菌和内生细菌的相对丰度。

在门水平上，样本细菌主要包括变形菌门 Proteobacteria、酸杆菌门 Acidobacteria、蓝菌门 Cyanobacteria、放线菌门 Actinobacteria、厚壁菌门 Firmicutes、拟杆菌门 Bacteroidetes、梭杆菌门 Fusobacteria、芽单胞菌门 Gemmatimonadetes、疣微菌门 Verrucomicrobia、绿弯菌门 Chloroflexi。从图 5-3 可以看出，鞭根和竹笋样本细菌群落中优势菌门为变形菌门，土壤样本中优势菌门为酸杆菌门。毛竹笋不同生长期鞭根之间和土壤样本之间的细菌群落组成差异不大，但竹笋样本间存在显著差异。毛竹从萌发后的笋芽、未出土冬笋到出土春笋的生长过程中，在竹笋样本细菌群落组成中，变形菌门相对丰度呈先下降再上升趋势，放线菌门和拟杆菌门的占比呈上升趋势。笋芽样本中蓝菌门占比12.07%，远高于未出土冬笋（0.12%）和出土春笋（0.06%），但厚壁菌门占比（0.96%）远低于未出土冬笋（17.76%）和出土春笋（13.37%）。说明这些特异的细菌群落在毛竹笋不同生长期的相对丰富度存在一定的差异性。

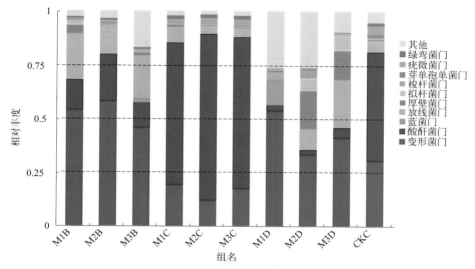

图 5-3　样本细菌群落在门水平的相对丰度

在纲水平上，样本细菌主要包括α-变形菌纲 Alphaproteobacteria、酸杆菌纲 Acidobacteria、γ-变形菌纲 Gammaproteobacteria、芽孢杆菌纲 Bacilli、拟杆菌纲 Bacteroidia、梭菌纲 Clostridia、变形菌纲 Deltaproteobacteria、梭杆菌纲 Fusobacteria。从图 5-4 可以看出，随着毛竹笋的生长，鞭根样本中γ-变形菌纲的相对丰度降低，α-变形菌纲和酸杆菌纲的相对丰度呈先上升后下降趋势。笋芽萌发期的鞭根 M1B 中芽孢杆菌纲和拟杆菌纲的相对丰度高于生长后期的 M2B 和 M3B。毛竹根际土壤样本在酸杆菌纲的相对丰度高于林间土壤 CKC，而γ-变形菌纲的相对丰度低于 CKC。不同生长期的毛竹笋样本在细菌群落组成上有较大差异，笋芽样本 M1D 在α-变形菌纲的相对丰度明显高于未出土冬笋 M2D 和春笋 M3D；γ-变形菌纲、芽孢杆菌纲和拟杆菌纲在毛竹笋细菌群落中的占比随毛竹笋生长而上升，且笋芽 M1D 的占比最低；未出土冬笋 M2D 在梭菌纲、变形菌纲和梭杆菌纲的相对丰度明显高于另外两组毛竹笋样本。

在目水平上，样本细菌主要包括柄杆菌目 Caulobacterales、根瘤菌目 Rhizobiales、Frankiales、梭菌目 Clostridiales、酸杆菌目 Acidobacteriales、拟杆菌目 Bacteroidales、Corynebacteriales、乳杆菌目 Lactobacillales。从图 5-5 可以看出，毛竹鞭根样本之间的细菌群落组成差异不大；笋芽萌发期根际土壤 M1C 在 Frankiales、酸杆菌目的相对丰度大于其它三组土壤样本；毛竹笋芽 M1D 在柄杆菌目和根瘤菌目的相对丰度明显大于未出土冬笋 M2D 和春笋 M3D，而拟杆菌目 Corynebacteriales 和乳杆菌目随着毛竹笋的生长，在细菌群落中的占比逐步提高。

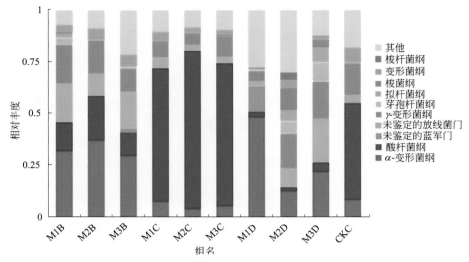

图 5-4　样本细菌群落在纲水平的相对丰度

在科水平上，样本细菌主要包括柄杆菌科 Caulobacteraceae、根瘤菌科 Rhizobiaceae、黄色杆菌科 Xanthobacteraceae、酸热菌科 Acidothermaceae、伯克氏菌科 Burkholderiaceae、亚硝化单胞菌科 Nitrosomonadaceae、普雷沃氏菌科 Prevotellaceae、链球菌科 Streptococcaceae。从图 5-6 可以看出，毛竹鞭根样本之间和土壤样本之间的细菌群落组成差异不大，但林间土壤 CKC 细菌群落组成中硝化单胞菌科的相对丰度明显高于毛竹根际土壤样本；毛竹笋样本中笋芽 M1D 中柄杆菌科和根瘤菌科的相对丰度明显较高，春笋 M3D 中则是普雷沃氏菌科和链球菌科的相对丰度较高；伯克氏菌科在毛竹笋细菌群落组成中的占比随着毛竹笋的生长而不断增高，黄色杆菌科和酸热菌科的占比则是在未出土冬笋期下降，随后在春笋出土期大幅上升。

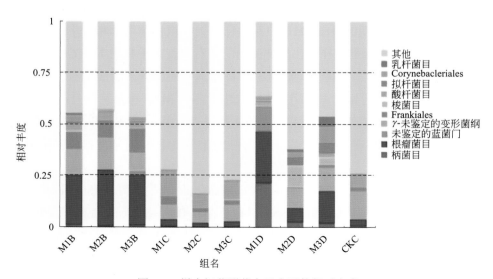

图 5-5　样本细菌群落在目水平的相对丰度

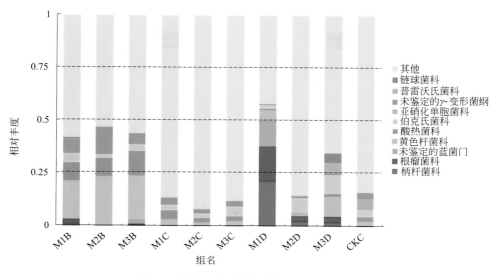

图 5-6　样本细菌群落在科水平的相对丰度

在属水平上，样本细菌主要包括短波单胞菌属 *Brevundimonas*、苍白杆菌属 *Ochrobactrum*、嗜酸栖热菌属 *Acidothermus*、慢生根瘤菌属 *Bradyrhizobiu*、酸杆菌属 *Acidibacter*、链球菌属 *Streptococcus*、鲸杆菌属 *Cetobacterium*。从图 5-7 可以看出，毛竹鞭根样本以嗜酸栖热菌属、慢生根瘤菌属和酸杆菌属为优势菌属，土壤样本以嗜酸栖热菌属和酸杆菌属为优势菌属。毛竹笋样本中笋芽 M1D 以短波单胞菌属和苍白杆菌属为优势菌属，与未出土冬笋 M2D 和春笋 M3D 相比差异较大；而 M2D 在鲸杆菌属（2.78%）和 M3D 在链球菌属（4.28%）丰富度较高。样本中细菌群落丰富度的变化，表明了根际土壤和植物内生的细菌群落与毛竹笋生长发育有一定的联系。

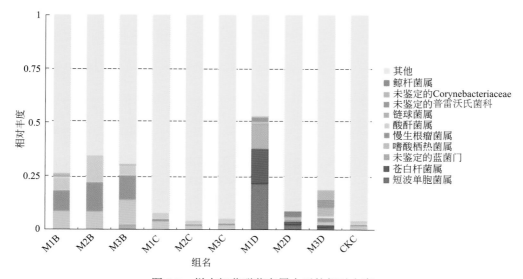

图 5-7　样本细菌群落在属水平的相对丰度

三、细菌群落 Alpha 多样性分析

从表 5-2 可以看出各组样本基于 OTUs 数的 Alpha 多样性指数，观测物种数可近似为实际观测样本的 OTUs 数；香农指数和 ACE 指数表示样本细菌群落的多样性与丰富度；谱系多样性指数反映了样本细菌群落的系统发育多样性；文库覆盖率显示测序的深度及合理性。

通过 wilcox 秩和检验分析组间 Alpha 多样性指数差异是否显著。从图 5-8 可以看出，鞭根样本间在 ACE 指数上比较，M2B 与 M1B 差异显著，与 M3B 差异极显著，M1B 与 M3B 差异不显著；在香农指数和谱系多样性指数上差异不显著。土壤样本间在香农指数、ACE 指数和谱系多样性指数上均没有显著差异。毛竹笋样本间在香农指数和 ACE 指数上比较，M1D 与 M2D、M3D 差异显著，M2D 与 M3D 差异不显著，在谱系多样性指数上比较差异均不显著。

表 5-2　样本的 Alpha 多样性指数

样本	观测物种数	香农指数	ACE	谱系多样性指数	文库覆盖率 /%
M1B	1404	6.84	841.908	67.11	99.4
M2B	1487	6.58	1284.398	69.08	98.7
M3B	1182	6.12	795.502	60.89	99.4
M1C	1481	6.51	1251.041	69.26	98.9
M2C	1277	5.39	1001.241	78.77	99.2
M3C	1449	5.89	1133.333	102.16	98.9
M1D	1078	3.84	678.483	163.56	99.3
M2D	2516	7.40	1456.576	174.76	98.8
M3D	1210	6.64	797.294	139.11	99.4
CKC	1801	6.79	1162.370	83.81	99.2

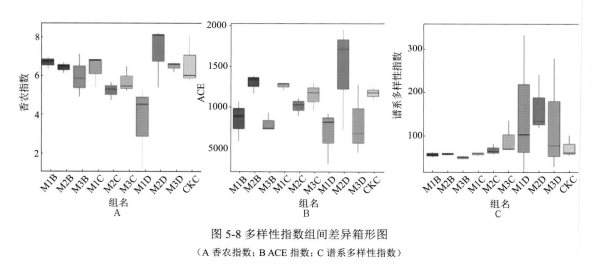

图 5-8 多样性指数组间差异箱形图

（A 香农指数；B ACE 指数；C 谱系多样性指数）

四、细菌群落 Beta 多样性分析

为了比较毛竹笋不同生长期根际土壤细菌和内生细菌群落结构的影响，确定主要的影响因素，对 30 个样本测序结果进行基于 Unweighted Unifrac（非加权统一）距离的 PCoA 分析和 UPGMA 聚类分析，如图 5-9、图 5-10 所示，毛竹根际土壤样本 M1C、M2C 和 M3C 距离

较接近，而林间土壤样本 CKC 则有一定偏离。同时 UPGMA 聚类树显示林间土壤样本 CKC
与毛竹根际土壤样本有一定区分。鞭根样本 M1B、M2B 和 M3B 在 PCoA 分析上趋于聚集，
且 UPGMA 聚类树表明三个样本间区分不明显。但是毛竹春笋 M3D 则与笋芽 M1D 及未出
土冬笋 M2D 距离较远，且 M3D 与 M1D 和 M2D 在 UPGMA 聚类树上分属两个不同的组。

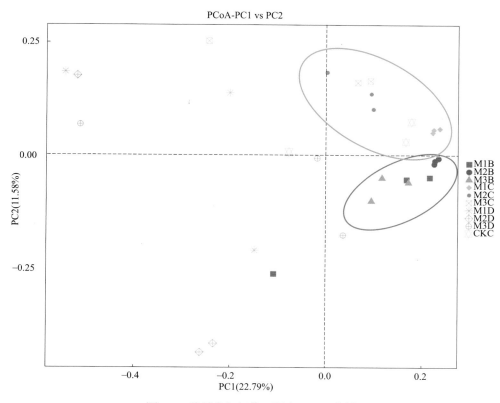

图 5-9　基于非加权统一距离 PCoA 分析

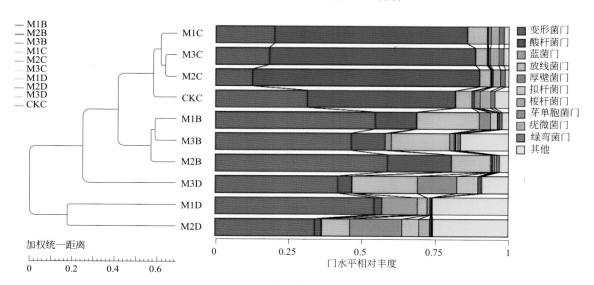

图 5-10　基于加权统一距离的 UPGMA 聚类树

五、样本细菌功能预测

为进一步了解特异细菌群落的功能，我们通过 PICRUSt 分析元基因组功能预测，根据选取丰度排名前 35 的功能及它们在每个样品中的丰度信息绘制热图，并从功能差异层面进行聚类。如图 5-11 所示，毛竹根际土壤细菌和内生细菌在代谢、细胞过程、生物系统等方面有着明显的差异。在毛竹生长过程中，毛竹笋样本细菌基因信息处理和环境信息处理功能作用明显增强，鞭根样本细菌生物系统和人类疾病功能作用增强；毛竹根际土壤样本与林间土壤样本比较，细菌在代谢、生物系统和环境信息处理方面功能较强。表明可能存在某些特异的细菌影响毛竹的生长发育过程。

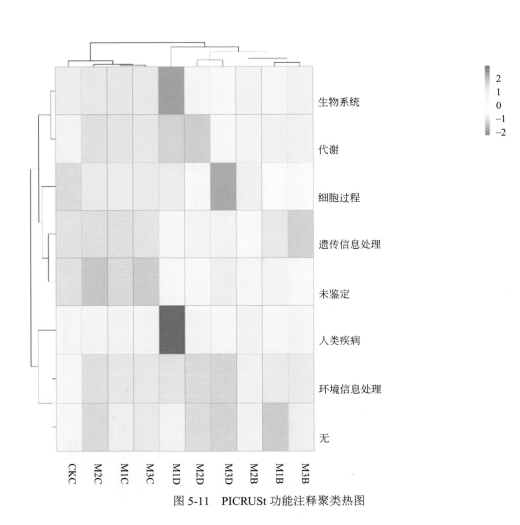

图 5-11　PICRUSt 功能注释聚类热图

六、小结

（一）毛竹组织及根际土壤对细菌菌群的影响

根际土壤样本之间 OTUs 数目差异不大，但均小于林间土壤样本，说明细菌种群数量从土壤到根内圈逐渐减少，毛竹根际本身产生的分泌物对微生物有一定选择性，会限制某些细菌进入根内圈 [3]；只有一部分细菌种群可以在根部保持共生关系，从而导致根际土壤的 OTUs 数目的下降 [13,14]。

毛竹春笋出土期的鞭根 OTUs 及特有 OTUs 数目均少于笋芽萌发期和冬笋形成期，毛竹未出土冬笋样本的 OTUs 及特有 OTUs 数目明显多于笋芽和春笋，而笋芽萌发期和冬笋形成期之间 OTUs 差异不大。春笋样本 M3D 和笋芽样本 M1D 的 OTUs 数目最少，说明毛竹笋不同生长期对内生细菌的影响不同，笋芽和春笋样本对菌群有筛选或者过滤作用从而导致内生细菌 OTUs 数目的下降。

从 Alpha 多样性指数上看，根际土壤细菌的多样性和丰富度受毛竹笋生长影响不大，毛竹冬笋形成期的鞭根 M2B 内生细菌多样性和丰富度有一定提高，毛竹笋芽 M1D 内生细菌多样性和丰富度显著低于未出土冬笋 M2D 和春笋 M3D。Beta 多样性分析显示，毛竹笋不同生长期鞭根样本和土壤样本差异不明显，但毛竹根际土壤与林间土壤有一定，这与禾本科的根际微生物研究结果一致 [15～17]。毛竹春笋 M3D 与笋芽 M1D 及未出土冬笋 M2D 相差较大，在 UPGMA 聚类树上属于不同的组。表明随着毛竹竹笋的生长，毛竹根部的根状结构和分泌物的沉积逐步促进了根部对某些细菌定殖的化学接受性，从鞭芽发育到冬笋的过程中内生细菌逐渐产生了独特的、高度丰富的、特有化的微生物种群 [8,18]。

（二）细菌群落的化学性质与毛竹的关系

所有样本检测出的细菌主要为 6 个门，分别是变形菌门、酸杆菌门、蓝菌门、放线菌门、厚壁菌门和拟杆菌门。首先，在毛竹笋和鞭根样本中优势菌门为变形菌门，而在根际土壤和林间土壤样本中优势菌门为酸杆菌门。表明在门水平上，毛竹组织和土壤可能分别选择相应的优势菌。如酸杆菌门细菌可以适应和利用根际的碳源环境，抢占生态位，使其数量迅速增加，因此它在土壤样本中占优势地位 [19,20]。其次，毛竹笋样本的内生细菌群落组成有着较大差异，随着毛竹笋的生长，放线菌门和拟杆菌门不断上升，而变形菌门先下降后上升，原因是变形菌的丰度与植株的营养条件成正比，它能在细菌群落的建立中起关键作用 [21,22]。同时毛竹在笋芽萌发期，笋芽样本细菌群落组成中蓝菌门占比达到 12.07%，为第二大优势菌门，但是厚壁菌门占比仅有 0.96%，远远低于未出土冬笋和春笋。因此可见，细菌定殖是一个动态过程，植物能选择合适的细菌（在毛竹中，优势菌是变形菌门、放线菌门和拟杆菌门），慢慢地占据植物组织的定殖生态位 [23,24]。

在属水平上，毛竹笋不同生长期鞭根和土壤细菌群落结构差异不大，鞭根以嗜酸栖热菌属、慢生根瘤菌属和酸杆菌属为优势菌属，土壤以嗜酸栖热菌属和酸杆菌属为优势菌属。而毛竹笋芽样本细菌群落组成以短波单胞菌属和苍白杆菌属为优势菌属，与毛竹未出土冬笋和春笋相比差异较大，未出土冬笋的优势菌属为短波单胞菌属和鲸杆菌属，春笋优势菌属为链球菌属。这些细菌属的丰度变化可能会影响不同时期植物的营养和能量摄入，尤其是对土壤养分的摄入[25]。因此，对这些微生物群落结构及其在毛竹生态系统中的作用还需要进行更详细的研究。

（三）功能菌对土壤及毛竹的影响

土壤微生物群落结构及土壤养分的变化影响植物对这些养分的吸收，同时内生细菌在植物内部通过新陈代谢影响植物的生长。在毛竹笋和鞭根样本细菌群落中占比最大的为变形菌门，变形菌门有利于增加土壤中的有效磷、有效钾、总磷含量。而在土壤样本中占比最大的是酸杆菌门，酸杆菌属在毛竹笋不同生长期鞭根样本和土壤样本里均为优势菌属，它们有利于增加碱解氮含量[26]。随着毛竹笋的生长，放线菌门的占比不断上升，有益于增加土壤中的总磷含量[27]。拟杆菌在毛竹笋细菌群落中的占比随毛竹笋生长发育而上升，拟杆菌负责降解复杂的有机物，特别是多糖和蛋白质，并在有机物降解中发挥有益的作用[28]。在细菌功能预测方面，随着毛竹生长，鞭根内生细菌有关生物系统和人类疾病的功能性作用逐渐增强；植物组织中细菌的遗传信息处理和环境信息处理功能作用明显增强；毛竹根际土壤与林间土壤相比，在代谢、生物系统和环境信息处理方面功能较强。说明可以根据种植地需要选择种植某些树木或植物或不同的施肥方式来"管理"土壤细菌群落，从而改变和改善林地的土壤养分和结构[29,30]。

参考文献

[1] 陈操,金爱武,朱强根.毛竹无性系种群空间分布格局及其分形特征[J].竹子研究汇刊,2016,35(1):51-57.

[2] 周本智,傅懋毅.竹林地下鞭根系统研究进展[J].林业科学研究,2004(4):533-540.

[3] CHAPARRO J M,BADRI D V,VIVANCO J M.Rhizosphere microbiome assemblage is affected by plant development[J].The ISME Journal,2014,8(4):790-803.

[4] LEBEIS S L.The potential for give and take in plant-microbiome relationships[J].Frontiers Plant in Science,2014,5:287.

[5] JACQUELINE M C,AMYM S,DANIEL KM,et al.Manipulating the soil microbiome to increase soil health and plant fertility[J].Journal of the International Society of Soil Science,2012,48(5):489-499.

[6] MA D C O,MA D C R,BERNARD R G,et al.Microbiome engineering to improve biocontrol and plant growth-promoting mechanisms[J].Microbiological Research,2018,208:25-31.

[7] RODRIGOM,MARCO K,IRENE D B,et al.Deciphering the rhizospheremicrobiome for disease-suppressive bacteria[J].Science,2011,332(6033):1097-1100.

[8] DAVIDE B,KLAUS S,STIJN S,et al.Structure and functions of the bacterialmicrobiota of plants[J].Annual Review of Plant Biology,2013,64(1):807-838.

[9] LU T,KEM,LAVOIEM,et al.Rhizosphere microorganisms can influence the timing of plant flowering[J].

Microbiome,2018,6(1):231.

[10] LIN X C,CHOW T Y,CHEN H H,et al.Understanding bamboo flowering based on large-scale analysis of expressed sequence tags[J].Genetics and Molecular Research,2010,9(2):1085-1093.

[11] ISAGI Y,SHIMADA K,KUSHIMA H,et al.Clonal structure and flowering traits of a bamboo[*Phyllostachys pubescens* (Mazel) Ohwi] stand grown from a simultaneous flowering as revealed by AFLP analysis[J].Molecular Ecology,2004,13(7):2017-2021.

[12] LIU F,YUAN Z,ZHANG X,et al.Characteristics and diversity of endophytic bacteria inmoso bamboo (*Phyllostachys edulis*) based on 16S rDNA sequencing[J].Archives of Microbiology,2017,199(9):1259-1266.

[13] HARSH P B,Tiffany L W,Laura G P,Et Al.the role of root exudates in rhizosphere interactions with plants and other organisms[J].Annual Review of Plant Biology,2006,57:233-266.

[14] BARBARA R,WIEBKE B,CLAUDIA S B,et al.Roots shaping their microbiome:global hotspots for microbial activity[J].Annual Review of Phytopathology,2015,53:403-424.

[15] XUAN D T,GUONG V T,ROSLING A,et al.Different crop rotation systems as drivers of change in soil bacterial community structure and yield of rice,*Oryza sativa*[J].Biology and Fertility of Soils,2012,48(2):217-225.

[16] XIANGZHEN L,JUNPENG R,YUEJIAN M,et al.Dynamics of the bacterial community structure in the rhizosphere of a maize cultivar[J].Soil Biology and Biochemistry,2014,68:392-401.

[17] YUHUA S,YANSHUO P,LI X,et al.Assembly of rhizosphere microbial communities in *Artemisia annua*:recruitment of plant growth-promoting microorganisms and inter‐kingdom interactions between bacteria and fungi[J].Plant and Soil,2021:127-139.

[18] BERENDSEN R L,PIETERSECM J,BAKKER P A H M.The rhizosphere microbiome and plant health[J].Trends in Plant Science,2012,17(8):478-486.

[19] KUNKUN F,PAMELA W,JACK A G,et al.Wheat rhizosphere harbors a less complex and more stable microbial co-occurrence pattern than bulk soil[J].Soil Biology and Biochemistry,2018,125:251-260.

[20] LUGTENBERG B,KAMILOVA F.Plant-growth-promoting rhizobacteria[J].Annual Review of Microbiology,2009,63:541-556.

[21] OROZCO-MOSQUEDA M,ROCHA-GRANADOS M,GLICK B R,et al.Microbiome engineering to improve biocontrol and plant growth-promotingmechanisms[J].Microbiological Research,2018,208:25-31.

[22] COMPANT S,CLÉMENT C,SESSITSCH A.Plant growth-promoting bacteria in the rhizo- and endosphere of plants:Their role,colonization,mechanisms involved and prospects for utilization[J].Soil Biology and Biochemistry,2010,42(5):669-678.

[23] PABLO R H,LEO S V O,JAN D V E.Properties of bacterial endophytes and their proposed role in plant growth[J].Trends in Microbiology,2008,16(10):463-471.

[24] LEBEIS S L.The potential for give and take in plant-microbiome relationships[J].Frontiers in Plant Science,2014,5:287.

[25] SESSITSCH A,HARDOIM P,DÖRING J,et al.Functional characteristics of an endophyte community colonizing rice roots as revealed by me tagenomic analysis[J].Molecular Plant-Microbe Interactions,2012,25(1):28-36.

[26] SCHLAEPPI K,BULGARELLI D.The plant microbiome at work[J].Molecular Plant Microbe Interactions,2015,28(3):212-217.

[27] WALKER T S,BAIS H P,GROTEWOLD E,et al.Root exudation and rhizosphere biology[J].Plant Physiology,2003,132(1):44-51.

[28] MULLER D B,VOGEL C,BAI Y,et al.The Plant microbiota:systems-level insights and perspectives[J].Annual Review of

Genetics,2016,50:211-234.

[29] JIAN S,QIANG Z,JIA Z,et al.Pyrosequencing technology reveals the impact of different manure doses on the bacterial community in apple rhizosphere soil[J].Applied Soil Ecology,2014,78:28-36.

[30] CHAPARRO J M,SHEFLIN A M,MANTER D K,et al.Manipulating the soilmicrobiome to increase soil health and plant fertility[J].Biology and Fertility of Soils,2012,48(5):489-499.

第六章　毛竹周年生长特性（大小年）对根际细菌和内生细菌群落结构及多样性的影响

第一节　毛竹样品采集及 16S rRNA 测序

　　毛竹一年大量发笋长竹，一年生鞭换叶，交替进行，每两年为一周期，形成了毛竹的一个重要节律性特征，如此周而复始，形成了毛竹林生长的大小年周期循环[1]。大小年毛竹林，往往只靠大年出笋成竹，小年不出笋，或者很少出笋，两者隔年交替出现，严重影响毛竹单产的进一步提高[2]。微生物组是目前研究的热点，许多研究表明，植物的大小年与微生物组关系密切，植物不同生长发育阶段，微生物群落结构会发生变化，不同的微环境条件塑造了不同的微生物群落[3]。

　　根际是指受植物根系活动影响，在各方面性质上不同于林间土壤的靠近植物根系的土壤区域，是植物和土壤生态系统物质交换的界面，也是富集土壤微生物的区域[4]。植物根系对微生物具有选择性[5]，根际微生物群落组成和结构在受到环境等因素影响的同时，不同体系内的微生物也对植物生长有着独特作用[6]，如帮助运输养分、增强植物抗逆性、促进生长等[7]。而土壤微生物是植物养分循环过程的组成部分，也是土壤分解系统的主要成分[8]。土壤微生物种类和数量直接影响土壤的生物化学活性及土壤养分的组成与转化，从而影响土壤养分的有效性和肥力状况[9]。

　　本研究以 Ⅰ、Ⅱ、Ⅳ度的大、小年毛竹的竹鞭、鞭根、根际土壤和林间土壤为研究对象，通过 Illumina 高通量测序技术研究大、小年毛竹根际土壤细菌和内生细菌群落的结构差异和多样性特征，为进一步研究毛竹林大小年和微生物组的关联性提供理论基础。

一、样本采集

　　采样地点设在中国福建省三明市永安市西洋镇三畲村毛竹林基地，该地区属亚热带季风气候，地理座标为东经 117° 46′，北纬 25° 89′。在坡度、朝向一致的大、小年样地中，分别选取 Ⅰ度（1 年生）、Ⅱ度（2 ～ 3 年生）、Ⅳ度（6 ～ 7 年生）毛竹的竹鞭、鞭根和根际土壤，并以林间土壤作为对照。选取根际土壤时，沿毛竹竹鞭挖开，顺竹鞭选取连在鞭根上粒径小于 1 cm 土壤作为根际土壤，并采集毛竹林间土壤作为对照。样本采集后立即放入无菌样本袋中，24 h 内放入 −20 ℃ 保存。

编号规则为：大年竹用ON表示，小年竹用OF表示；Ⅰ度竹用1表示，Ⅱ度竹用2表示，Ⅳ度竹用4表示，林间土壤则表示为CK；A5表示竹鞭样本，B5表示鞭根样本，C5表示根际土壤样本。具体样本编码如表6-1所示。

表 6-1 样本编号代码

样本	毛竹类型	编号
竹鞭	大年竹Ⅰ	ON-1-A5
	小年竹Ⅰ	OF-1-A5
	大年竹Ⅱ	ON-2-A5
	小年竹Ⅱ	OF-2-A5
	大年竹Ⅳ	ON-4-A5
	小年竹Ⅳ	OF-4-A5
鞭根	大年竹Ⅰ	ON-1-B5
	小年竹Ⅰ	OF-1-B5
	大年竹Ⅱ	ON-2-B5
	小年竹Ⅱ	OF-2-B5
	大年竹Ⅳ	ON-4-B5
	小年竹Ⅳ	OF-4-B5
根际土壤	大年竹Ⅰ	ON-1-C5
	小年竹Ⅰ	OF-1-C5
	大年竹Ⅱ	ON-2-C5
	小年竹Ⅱ	OF-2-C5
	大年竹Ⅳ	ON-4-C5
	小年竹Ⅳ	OF-4-C5
林间土壤	大年竹	ON-CK-C5
	小年竹	OF-CK-C5

二、基因组 DNA 提取和 16S rRNA 高通量测序

采用天根 DNA 提取试剂盒提取样本的基因组 DNA，采用上游引物 799F（5′-AACMG GATTAGATACCCKG-3′）和 1193R（5′-ACGTCATCCCCACCTTC C-3′）对各样本 16S rRNA 基因 V5～V7 可变区进行扩增。PCR 体系：4 μL 5×Buffer；2 μL dNTPs（2.5 mmol/L）；引物（5 μmol/L）各 0.8 μL；0.4 μL DNA 聚合酶；0.2 μL BSA；10 ng 基因组 DNA；ddH$_2$O 补足 20 μL。PCR 扩增条件：95 ℃ 3 min 预变性；95 ℃ 30 s 变性，56 ℃ 30 s 退火，72 ℃ 45 s 延伸，30 个循环；72 ℃ 10 min 稳定延伸。质检合格的文库利用 Illumina NovaSeq 测序平台，利用双末端测序（paired-end）的方法，构建小片段文库进行测序（北京诺禾致源科技股份有限公司）。

三、数据分析

测序得到的原始数据处理后得到有效数据，在 97 % 相似水平下进行 OTUs 聚类和物种信息分析。利用 R 语言工具绘制样本稀释曲线；利用 R 语言工具统计后绘制 Venn 图；采用

Mothur 软件计算 Alpha 多样性指数，并采用 Wilxocon 秩和检验进行 Alpha 多样性的组间差异分析；利用 R 语言进行 NMDS 统计分析和作图；利用 R 语言 PCoA 统计分析和作图；利用 Qiime 计算 Beta 多样性距离矩阵，然后用 R 语言作图画样本层次聚类树；基于数据库中 OTUs 的 tree 和 OTUs 上的基因信息进行 PICRUSt 分析，预测菌群代谢功能。

第二节　毛竹根际细菌和内生细菌群落结构及多样性测定结果分析

一、测序结果分析

对各组样本细菌 16S rRNA 基因进行高通量测序后，共得到 5 037 118 条有效序列。样本测序深度在 99.42 %～99.92 % 之间。质控后的序列依据 97 % 的序列相似性聚类，获得细菌 OTU 数 5 802 个。通过构建稀释曲线，结果表明根际土壤细菌群落的多样性高于林间土壤细菌群落，鞭根细菌群落的多样性高于竹鞭细菌群落。大多数竹鞭样本在 400～1 000 OTUs 饱和，鞭根样本在 1 200～1 400 OTUs 饱和，根际土壤样本在 1 000～1 400 OTUs 达到饱和，林间土壤样本在 750 OTUs 达到饱和。图 6-1 显示各组稀释曲线随着测序量的增大而逐渐平缓，观测物种数趋于稳定，表明测序深度足以可靠地描述与这些毛竹和土壤样本相关的细菌微生物组。

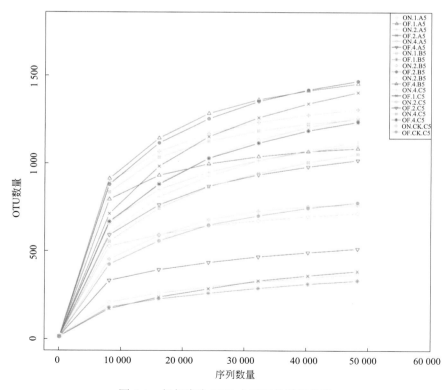

图 6-1　相似度为 97% 水平下的稀释曲线

大、小年毛竹各样本共鉴定出细菌 31 门、49 纲、108 目、212 科、472 属。从图 6-2a 可以看出，Ⅰ、Ⅱ、Ⅳ度大、小年竹鞭样本 ON.1.A5、OF.1.A5、ON.2.A5、OF.2.A5、ON.4.A5、OF.4.A5 有 108 种共有 OTUs，各有 61、424、440、42、215、67 种特有 OTU。从图 6-2b 可以看出，Ⅰ、Ⅱ、Ⅳ度大、小年鞭根样本 ON.1.B5、OF.1.B5、ON.2.B5、OF.2.B5、ON.4.B5、OF.4.B5 有 170 种共有 OTUs，各有 212、9、272、396、652、536 种特有 OTUs。从图 6-2 可以看出，Ⅰ、Ⅱ、Ⅳ度大、小年根际土壤样本及林间土壤样本 ON.1.C5、OF.1.C5、ON.2.C5、OF.2.C5、ON.4.C5、OF.4.C5、ON.CK.C5、OFF.CK.C5 有 269 种共有 OTUs，各有 176、382、287、133、162、312、192、104 种特有 OTUs。从各样本 OTUs 数目可以看出，毛竹鞭根特有 OTU 数目随着毛竹生长而增加，毛竹根际土壤特有 OTUs 数目要普遍多于林间土壤样本。

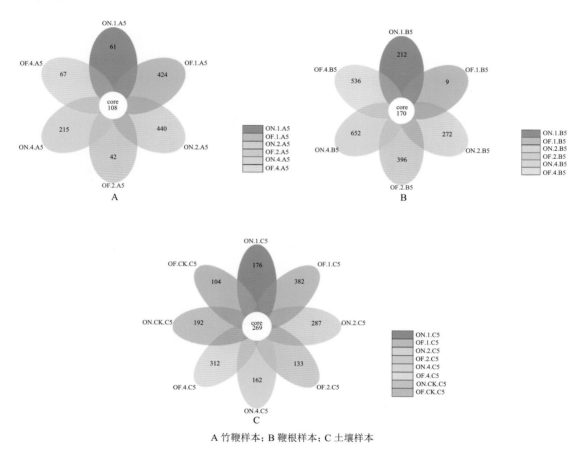

A 竹鞭样本；B 鞭根样本；C 土壤样本

图 6-2　各样本 OTU 数量与分布比较

二、细菌群落组成分析

为进一步研究大、小年毛竹根际土壤细菌和内生细菌群落中特定分类群的变化，我们比较了不同水平上根际土壤细菌和内生细菌的相对丰度。

在门水平上，从图 6-3 可以看出，竹鞭和鞭根样本中优势菌门为变形菌门，而土壤样本的优势菌门为酸杆菌门。大、小年毛竹竹鞭样本之间比较，Ⅰ度、Ⅱ度样本在门水平的细菌群落组成差异较小，而Ⅳ度毛竹的大年和小年竹鞭样本之间表现出一定差异。Ⅰ度大年竹鞭在放线菌门的丰富度为 38.04%，大于Ⅰ度小年竹鞭的 22.25%；Ⅱ度大年竹鞭在放线菌门和拟杆菌门的丰富度为 20.33% 和 6.46%，大于Ⅱ度小年竹鞭的 12.42% 和 1.07%；Ⅳ度大年竹鞭在放线菌门和酸杆菌门的丰富度为 21.54% 和 17.44%，大于Ⅳ度小年竹鞭的 12.86% 和 2.57%；而Ⅳ度小年竹鞭在蓝藻菌门有较高占比为 15.26%，远大于Ⅳ度大年竹鞭的 0.09%。大年毛竹鞭根在酸杆菌门和变形菌门的丰富度大于小年毛竹鞭根样本，而在厚壁菌门和拟杆菌门的丰富度小于小年毛竹鞭根样本。Ⅱ度毛竹大、小年鞭根样本则在酸杆菌门的占比上表现出差异，林间土壤和各组根际土壤相比有一定差异，前者在绿弯菌门的丰富度较高。

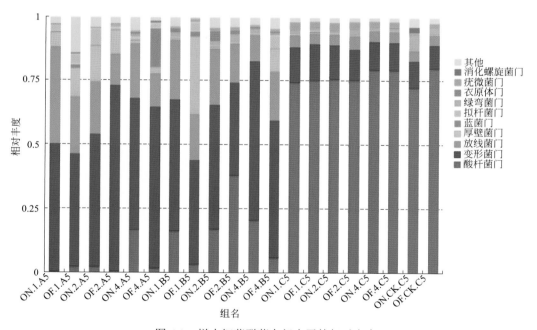

图 6-3 样本细菌群落在门水平的相对丰度

在属水平上，大、小年毛竹的竹鞭、鞭根和根际土壤样本细菌主要包括葡萄球菌属 Staphylococcus、考克氏菌属 Kocuria、慢生根瘤菌属 Bradyrhizobium、甲基杆菌属 Methylobacterium、鞘氨醇单胞菌属 Sphingomonas、罗尔斯通菌属 Ralstonia、气单胞菌属 Aeromonas。从图 6-4 可以看出，大年毛竹鞭根样本在慢生根瘤菌属的丰富度大于小年毛竹鞭根样本。各组大、小年毛竹土壤样本之间相比，在属水平的细菌群落组成上差异不大。

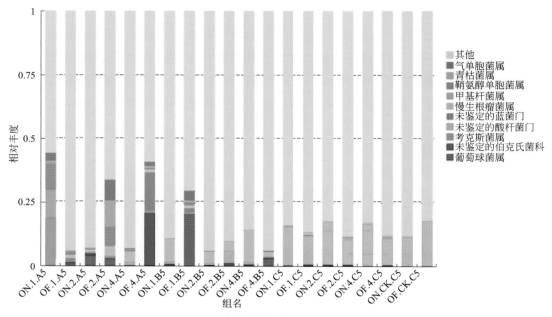

图 6-4　样本细菌群落在属水平的相对丰度

三、细菌群落 Alpha 多样性分析

大、小年毛竹的竹鞭、鞭根和土壤样本基于 OTUs 数的 Alpha 多样性指数如表 6-2 所示，Ⅱ 度和Ⅳ度的毛竹竹鞭大年样本的物种多样性大于小年样本，而Ⅰ度毛竹竹鞭的大年样本的物种多样性小于小年样本。毛竹根际土壤细菌的多样性和丰富度均要高于林间土壤样本。

表 6-2　各组样本的 Alpha 多样性指数

样本	观测物种数	丰富度指数	香农指数	谱系多样性指数	文库覆盖率 /%
ON.1.A5	364	487.04	5.81	72.57	99.8
OF.1.A5	1078	1121.45	7.85	395.73	99.8
ON.2.A5	1095	1222.29	7.20	176.93	99.6
OF.2.A5	381	533.38	5.44	76.42	99.7
ON.4.A5	707	792.52	7.31	112.86	99.8
OF.4.A5	507	606.92	6.04	66.16	99.8
ON.1.B5	1243	1312.37	7.76	99.04	99.7
OF.1.B5	327	443.36	5.56	38.95	99.8
ON.2.B5	1300	1399.94	7.86	113.51	99.7
OF.2.B5	1462	1635.72	7.57	145.07	99.5
ON.4.B5	1790	2110.07	7.49	158.80	99.1
OF.4.B5	1447	1561.34	7.77	334.92	99.6
ON.1.C5	1113	1277.20	5.88	94.14	99.5
OF.1.C5	1397	1626.97	5.97	155.08	99.3
ON.2.C5	1253	1460.24	5.92	194.70	99.4
OF.2.C5	1011	1129.53	5.89	115.28	99.6

续表

样本	观测物种数	丰富度指数	香农指数	谱系多样性指数	文库覆盖率 /%
ON.4.C5	1045	1227.57	5.47	95.29	99.5
OF.4.C5	1229	1409.54	5.54	109.60	99.5
ON.CK.C5	756	756.00	5.78	95.30	100.0
OF.CK.C5	769	877.08	5.08	67.33	99.7

四、细菌群落 Beta 多样性分析

对各组样本进行 NMDS 分析（图 6-5），并同时构建样本聚类树（图 6-6）。可以看出，大、小年毛竹的竹鞭样本之间距离较远，说明二者之间存在差异，即不同竹龄的大、小年毛竹竹鞭的细菌群落组成结构存在差异。大、小年毛竹的鞭根样本间趋向于聚集但并不紧密，说明样本间有一定差距但差距较小。大、小年毛竹的根际土壤样本紧密聚集，说明各样本群落组成较为相似，而与林间土壤样本存在一定距离，说明毛竹根部对土壤的细菌群落组成有一定选择作用。从图 6-5 可以看出，样本聚类树显示大年毛竹竹鞭和鞭根样本与小年毛竹竹鞭和鞭根样本之间呈现不同程度的区分。大、小年毛竹的根际土壤样本之间区分不明显，而根际土壤样本与林间土壤样本有一定区分。

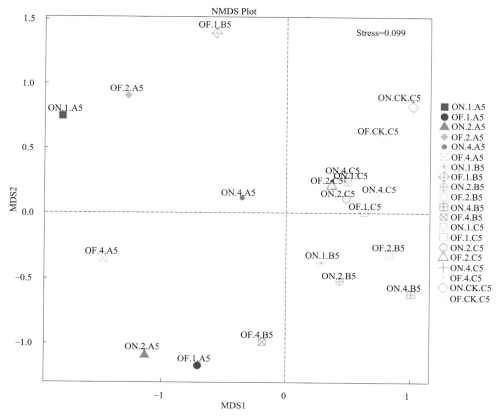

图 6-5　各组样本细菌 NMDS 分析

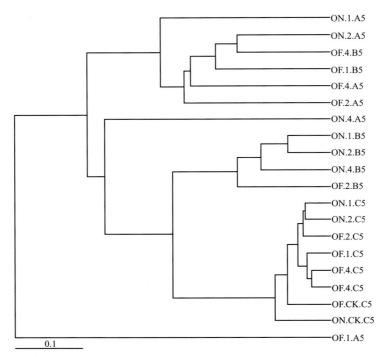

图 6-6　基于 Weighted Unifrac 距离的样本聚类树

五、小结

鞭竹系统是毛竹林孕笋、孕鞭的关键，鞭竹系统吸收和贮存养分的能力决定毛竹林的产量和质量，因此鞭竹系统的生长节律影响毛竹林的生长规律[10]。同时，鞭竹系统孕笋和孕鞭的能力与鞭龄有很高的相关性，在毛竹林中，立竹基本生长于壮鞭和老鞭上[11]。本研究以Ⅰ度、Ⅱ度、Ⅳ度的大年和小年毛竹的竹鞭、鞭根和根际土壤为研究对象，通过 Illumina 高通量测序技术研究不同竹龄的大、小年毛竹根际土壤细菌和内生细菌群落的结构差异和多样性。

（一）毛竹竹鞭、鞭根和根际土壤中细菌群落的变化

从 OTUs 数量与分布显示，毛竹鞭根内生细菌的特有 OTUs 数目随着毛竹生长而增加，鞭根内生细菌共有的 OTUs 数目显著多于竹鞭共有的 OTUs 数目。毛竹根际土壤特有 OTUs 数目要普遍多于林间土壤，小年Ⅰ度竹根鞭土壤的特有 OTUs 最多，小年竹林间土壤的特有 OTUs 数目最少。说明不同竹龄的毛竹对细菌的影响不同，随着鞭根的生长产生一定的有机质为细菌创造了有利的生存环境，使细菌富集[12-14]。

Alpha 多样性指数显示，毛竹根际土壤细菌的多样性与丰富度都要高于林间土壤，说明毛竹鞭根根际为土壤细菌创造了有利的生存环境。Beta 多样性分析显示，根际土壤样本与林间土壤样本有一定区分，这与禾本科的根际微生物研究结果一致[15-17]。大、小年毛竹的根际土壤样本聚集紧密，而与林间土壤样本存在一定距离，表明随着毛竹的生长，毛竹根部分泌物逐步沉积促进了根部对某些细菌定殖的化学接受性，在根际土壤逐渐产生了高度丰富的、特有化的微生物种群[18,19]。

（二）大、小年毛竹竹鞭和鞭根内生细菌群落的主要差异规律及作用

在门水平上，大年竹鞭样本在放线菌门的丰富度均高于小年竹鞭样本。Henning 等[20] 研究表明，放线菌门在碳循环中起重要作用，其与有机质降解和利用相关，说明大年毛竹竹鞭在碳元素相关营养物质的消耗可能要多于小年毛竹竹鞭。在纲和目水平上，大年竹鞭和鞭根样本与小年竹鞭和鞭根样本相比，主要优势菌群为弗兰克氏菌目和 α- 变形菌纲下属的根瘤菌目。多项研究证明，根瘤菌目具有固氮功能，参与生态系统中氮的修复[21,22]，变形菌的丰度也与植株的营养条件成正比，它能在细菌群落的建立中起关键作用[23,24]。同时弗兰克氏菌是一类能够与木本植物共生结瘤固氮的放线菌[25]，其可促进植株在逆境下对氮元素的吸收[26]。这两类菌群共同构成大年毛竹对氮元素利用的主要菌群。而在科水平上，小年毛竹竹鞭和鞭根样本细菌在伯克氏菌科的丰富度都要高于大年毛竹竹鞭和鞭根样本。伯克氏菌被认为是一种植物促生菌，其在生物固氮和促进植物生长方面发挥重要作用[27]。所以本研究推测大年毛竹和小年毛竹的竹鞭和鞭根在养分吸收方面的主要菌群不同。

（三）大、小年毛竹竹鞭和鞭根内细菌群落组成的差异

从本研究的数据分析可以看出，大年和小年毛竹的竹鞭和鞭根样本细菌群落组成存在差异，且Ⅰ度、Ⅱ度和Ⅳ度毛竹在差异上也有所不同。说明细菌定殖是一个动态过程，毛竹在不同时期能选择合适的细菌占据毛竹组织的定殖生态位[28]。但本研究具有一定的局限性，大年和小年毛竹的竹鞭和鞭根样本细菌群落差异受竹龄影响的具体规律还有待进一步研究。

本研究对Ⅰ度、Ⅱ度、Ⅳ度大、小年毛竹的竹鞭、鞭根和根际土壤细菌群落组成进行了分析，比较了不同水平上细菌群落的相对丰度，找到一定差异规律，分析了差异菌群的相关作用，并推测大、小年毛竹的竹鞭和鞭根在养分吸收方面的主要菌群不同。本研究有助于研究毛竹林大年和小年的竹鞭和鞭根细菌群落及根际土壤细菌的差异特征，为进一步研究毛竹林大小年和细菌群落的关联性提供理论基础。但毛竹细菌群落和养分吸收之间的具体关系，以及所呈现出的毛竹竹龄方面影响规律有待进一步研究。

参考文献

[1] LONGWEI L,NAN L,DENGSHENG L,et al.Mapping Moso bamboo forest and its on-year and off-year distribution in a subtropical region using time-series Sentinel-2 and Landsat 8 data[J].Remote Sensing of Environment,2019,231:111265.

[2] RAHULM S,DIBYAJYOTI P,JAE-YEAN K.Exploration of plant-microbe interactions for sustainable agriculture in CRISPR Era[J].Microorganisms,2019,7(8):269.

[3] MA B,WANG H,DSOUZAM,et al.Geographic patterns of co-occurrence network topological features for soil microbiota at continental scale in eastern China[J].The ISME Journal,2016,10(8):1891-1901.

[4] 吴林坤 , 林向民 , 林文雄 . 根系分泌物介导下植物 - 土壤 - 微生物互作关系研究进展与展望 [J]. 植物生态学报 ,2014,38(03):298-310.

[5] ANTON H,MICHAEL S,DIEDERIK V T,et al.Plant-driven selection of microbes[J].Plant and Soil,2009,321(1/2):230-243.

[6] RYAN R P,GERMAINE K,FRANKS A,et al.Bacterial endophytes:recent developments and applications[J].FEMS Microbiology

Letters,2008,278(1):1-9.

[7] BEN L,FAINA K.Plant-growth-promoting rhizobacteria[J].Annual Review of Microbiology,2009,63(1):541-556.

[8] 齐晓娟.羊蹄根际土壤微生物研究[D].长春：吉林大学,2013.

[9] 吕剑薇.不同海拔长白山牛皮杜鹃根际与非根际土壤微生物群落结构[D].长春：吉林大学,2011.

[10] 熊国辉,张朝晖,楼浙辉,等.毛竹林鞭竹系统——"竹树"研究[J].江西林业科技,2007(4):21-26.

[11] 童亮,李平衡,周国模,等.竹林鞭根系统研究综述[J].浙江农林大学学报,2019(1):183-192.

[12] BAIS H P,WEIR T L,PERRY L G,et al.The role of root exudates in rhizosphere interactions with plants and other organisms[J].Annual Review of Plant Biology,2006,57:233-266.

[13] REINHOLD-HUREK B,BUNGER W,BURBANO C S,et al.Roots shaping their microbiome:global hotspots for microbial activity[J].Annual Review of Phytopathology,2015,53:403-424.

[14] COLEMAN-DERR D,DESGARENNES D,FONSECA-GARCIA C,et al.Plant compartment and biogeography affect microbiome composition in cultivated and native Agave species[J].New Phytologist,2016,209(2):798-811.

[15] XUAN D T,GUONG V T,ROSLING A,et al.Different crop rotation systems as drivers of change in soil bacterial community structure and yield of rice,Oryza sativa[J].Biology and Fertility of Soils,2012,48(2):217-225.

[16] XIANGZHEN L,JUNPENG R,YUEJIANM,et al.Dynamics of the bacterial community structure in the rhizosphere of amaize cultivar[J].Soil Biology and Biochemistry,2014,68:392-401.

[17] SHI Y,PAN Y,XIANG L,et al.Assembly of rhizosphere microbial communities in Artemisia annua:recruitment of plant growth - promoting microorganisms and inter - kingdom interactions between bacteria and fungi[J].Plant and Soil,2022,470(1):127-139.

[18] BERENDSEN R L,PIETERSECM J,BAKKER P A HM.The rhizosphere microbiome and plant health[J].Trends in Plant Science,2012,17(8):478-486.

[19] DAVIDE B,KLAUS S,STIJN S,et al.Structure and functions of the bacterial Microbiota of plants[J].Annual Review of Plant Biology,2013,64(1):807-838.

[20] HENNING SM,YANG J,SHAO P,et al.Health benefit of vegetable/fruit juice-based diet:Role of microbiome[J].Scientific Reports,2017,7(1):2167.

[21] PENG G,ZHANG W,LUO H,et al.*Enterobacter oryzae* sp.nov.,a nitrogen-fixing bacterium isolated from the wild rice species Oryza latifolia[J].International Journal of Systematic and Evolutionary Microbiology,2009,59(7):2646.

[22] IAIN Y.Biology of the Nitrogen Cycle[J].Experimental Agriculture,2008,44(1):69-86.

[23] OROZCO-MOSQUEDAM,ROCHA-GRANADOSM,GLICK B R,et al.Microbiome engineering to improve biocontrol and plant growth-promoting mechanisms[J].Microbiological Research,2018,208:25-31.

[24] COMPANT S,CLÉMENT C,SESSITSCH A.Plant growth-promoting bacteria in the rhizo- and endosphere of plants:Their role,colonization,mechanisms involved and prospects for utilization[J].Soil Biology and Biochemistry,2010,42(5):669-678.

[25] 张爱梅,殷一然,孙坤.沙棘属植物弗兰克氏菌研究进展[J].微生物学通报,2020,47(11):3933-3944.

[26] DIAGNE N,ARUMUGAM K,NGOMM,et al.Use of Frankia and actinorhizal plants for degraded lands reclamation[J].BioMed Research International,2013,94 (28):8258-8266.

[27] 黄瑞林,张娜,孙波,等.典型农田根际土壤伯克霍尔德氏菌群落结构及其多样性[J].土壤学报,2020,57(04):975-985.

[28] PABLO R H,LEO S V O,JAN D V E.Properties of bacterial endophytes and their proposed role in plant growth[J].Trends in Microbiology,2008,16(10):463-471.

第七章 丰、低产毛竹林细菌群落结构和多样性的高通量测序分析

第一节 毛竹样品采集及 16S rRNA 测序

竹类植物广泛分布在亚洲、非洲和拉丁美洲。据统计，全世界竹类植物超过 1200 种，约占森林面积的 3.2%。毛竹是竹类中经济价值最高且分布最广的竹种，其生长快、产量高，不仅是重要的竹材原料，还可生产竹笋等竹副产品[1-3]。毛竹林产量高低直接影响毛竹林的经济效益[4]，因此研究丰产与低产毛竹林的差异以及毛竹丰产林的形成机制，对于毛竹低产林改造、提高毛竹林经济效益意义重大。研究表明，微生物组在植物的生长发育中起到重要作用[5-7]，根际微生物群落结构变化影响着植物的生长发育[8-11]，不同植物根际微生物群落结构具有独特性与代表性[12,13]。因此，研究丰产与低产毛竹林毛竹内生及根际微生物群落对毛竹林丰产栽培具有重要意义。

本研究以丰产毛竹林和低产毛竹林中毛竹竹鞭、鞭根、竹杆、竹叶和土壤为研究对象，通过 Illumina 高通量测序技术研究丰、低产毛竹林毛竹内生及根际细菌群落结构差异和多样性特征，为毛竹林丰产栽培与细菌微生物组的关联性研究奠定基础。

一、样本采集

采样地点分别设在中国福建省三明市永安市西洋镇三畲村和三明市将乐县黄潭镇吴村的毛竹林基地，该地区属亚热带季风气候，地理坐标分别为东经 117° 46′，北纬 25° 89′ 和东经 117° 28′，北纬 26° 43′。在坡度、朝向一致的丰产与低产毛竹林样地，分别采集 II 度毛竹的竹鞭、鞭根、竹杆、竹叶、根际土壤以及非根际土壤，每组处理 3 个重复。采集样本后将其装入无菌样本袋，并在 24 h 内带回实验室于 −20 ℃ 下保存。样本编号如表 7-1 所示。

表 7-1 丰产与低产毛竹林样本编码

项目	永安		将乐	
	丰产	低产	丰产	低产
竹鞭	YAF.A	YAD.A	JLF.A	JLD.A
鞭根	YAF.B	YAD.B	JLF.B	JLD.B
竹杆	YAF.C	TAD.C	JLF.C	JLD.C
竹叶	YAF.D	YAD.D	JLF.D	JLD.D
根际土壤	YAF.E	YAD.E	JLF.E	JLD.E
非根际土壤	YAF.F	YAD.F	JLF.F	JLD.F

　　毛竹丰产林：指公顷毛竹林立竹密度在 3000 株以上，经营密度 2250 株以上，平均胸径 9cm 以上；每度（每两年）竹材产量在 12 t 以上，竹笋产量在 3.5 t 以上。毛竹低产林：指公顷毛竹林立竹密度在 1800 株以下，经营密度 1650 株以下，平均胸径 8 cm 以下；每度（每两年）竹材产量在 4.5 t 以下，竹笋产量在 1 t 以下。（注：数据参考 2011 年 10 月 28 日福建省质量技术监督局发布的《毛竹林丰产培育技术规程》）

二、基因组 DNA 提取和 16S rRNA 高通量测序

　　使用天根试剂盒并按照说明书的步骤提取样本基因组 DNA。采用琼脂糖电泳检测基因组 DNA 的浓度和纯度，将检测合格的 DNA 于 −20℃ 保存备用。提取样本基因组 DNA 后，根据保守区设计得到引物。用针对高变 V5-V7 区域的引物扩增细菌 16S rRNA 基因。引物为 799F（5′-AACMGGATTAGATACCCKG-3′）和 1391R（5′-GACGGGCGGTGWGTRCA-3′）。在引物末端加上测序接头，进行 PCR 扩增并对其产物进行纯化、定量和均一化形成测序文库，建好的文库先进行文库质检，质检合格的文库利用 Illumina NovaSeq 测序平台，利用双末端测序的方法，构建小片段文库进行测序（北京诺禾致源科技股份有限公司）。

三、数据分析

　　对测序得到的原始数据进行处理，得到有效数据，在 97 % 相似水平下进行 OTUs 聚类和物种信息分析[12]。利用 R 语言工具制作样本稀释曲线；利用 R 语言工具统计后作出 Venn 图[14]和物种相对丰度柱形图[15]；采用 Mothur[16]软件计算 Alpha 多样性指数 Chao 1、Shannon 指数等，并采用 Wilxocon 秩和检验进行 Alpha 多样性的组间差异分析；使用 R 语言进行 PCA 统计分析和作图；用 LEfSe 分析[17]（LDA > 4，$p < 0.05$）确定不同组间从门到属水平丰度显著差异的细菌类群；基于数据库中 OTUs 的树和 OTUs 上的基因信息进行 PICRUSt 分析，预测菌群代谢功能[18]。

第二节　丰、低产毛竹林毛竹根际细菌和内生细菌群落结构和多样性分析

一、测序结果分析

　　永安和将乐两地丰、低产毛竹林的 72 个样本经高通量测序后共得到 5 745 495 条有效序列，平均长度 377 bp，样本测序覆盖度均在 99.8 % 以上，每组处理的重复之间测序结果较为一致。从图 7-1 可以看出，随着测序量的增大，各组稀释曲线斜率降低，趋于平缓且进入平台期，说明增加测序量只能够产生少量新的 OTUs。综上所述，本次测序数据量合理，能基本反映样本情况。

二、细菌群落组成分析

72 个样本共鉴定出细菌 57 门、132 纲、285 目、459 科、781 属。从图 7-2、图 7-3 可以看出，永安丰、低产毛竹林竹鞭、鞭根、竹杆和竹叶样本有 475 个共有 OTUs，土壤样本有 964 个共有 OTUs。将乐丰、低产毛竹林竹鞭、鞭根、竹杆和竹叶样本有 278 种共有 OTUs，土壤样本有 1171 种共有 OTUs。可以看出土壤样本的共有 OTUs 数目是毛竹组织样本 OTUs 的 2～4 倍，表明毛竹土壤样本的细菌种类和多样性大于毛竹组织。同时发现丰产毛竹林鞭根和根际土壤样本的特有 OTUs 数目要明显小于低产毛竹林样本，说明丰产毛竹林鞭根和根际土壤的细菌种类和多样性小于低产毛竹林。

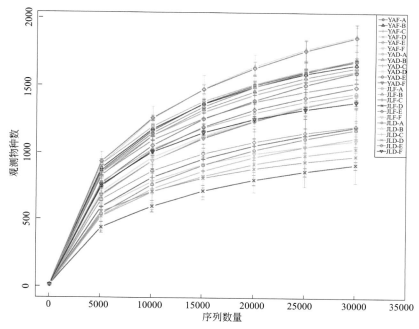

图 7-1　两地丰产与低产毛竹林样本在相似度为 97% 水平下的稀释曲线

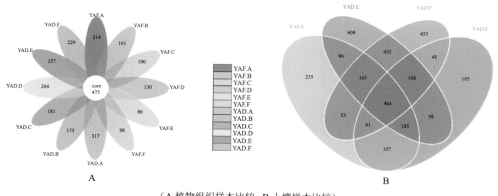

（A 植物组织样本比较；B 土壤样本比较）

图 7-2　永安丰产与低产毛竹林样本的 OTUs 数量与分布

对测得序列进行 97% 的相似水平下的 OTU 分类，通过统计分析后得到细菌群落相对丰度柱状图。两地丰、低产毛竹林样本细菌，在门分类水平上，主要包括变形菌门 Proteobacteria、酸杆菌门 Acidobacteria、拟杆菌门 Bacteroidetes、厚壁菌门 Firmicutes、放线菌门 Actinobacteria、衣原体门 Chlamydiae、蓝藻门 Cyanobacteria、绿弯菌门 Chloroflexi、蛭弧菌门 Bdellovibrionota。

在纲分类水平上，主要包括 γ- 变形菌纲 Gammaproteobacteria、α- 变形菌纲 Alphaproteobacteria、酸杆菌纲 Acidobacteria、拟杆菌纲 Bacteroidia、杆菌纲 Bacilli、蓝藻纲 Cyanobacteria。

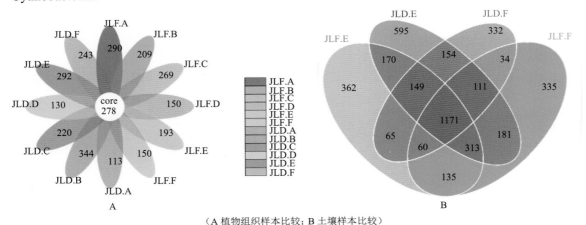

（A 植物组织样本比较；B 土壤样本比较）

图 7-3　将乐丰产与低产毛竹林样本的 OTUs 数量与分布

在目分类水平上，主要包括假单胞菌目 Pseudomonadales、根瘤菌目 Rhizobiales、伯克氏菌目 Burkholderiales、黄杆菌目 Flavobacteriales、乳杆菌目 Lactobacillales、衣原体目 Chlamydiales、酸杆菌目 Acidobacteriales、微球菌目 Micrococcales、肠杆菌目 Enterobacterales。

在科分类水平上，主要包括假单胞菌科 Pseudomonadaceae、拜叶林克氏菌科 Beijerinckiaceae、伯克氏菌科 Burkholderiaceae、蟑螂杆状体科 Blattabacteriaceae、链球菌科 Streptococcaceae、黄杆菌科 Xanthobacteraceae、乳杆菌科 Lactobacillaceae、分枝杆菌科 Mycobacteriaceae、微球菌科 Micrococcaceae。

在属分类水平上，主要包括假单胞菌属 *Pseudomonas*、1174-901-12、劳尔氏菌属 *Ralstonia*、链球菌属 *Streptococcus*、慢生根瘤菌属 *Bradyrhizobium*、贪铜菌属 *Cupriavidus*、*Burkholderia-Caballeronia-Paraburkholderia*、*Methylobacterium-Methylorubrum*、*Methylocella*。

为了进一步了解丰、低产毛竹林细菌群落结构，我们在各级分类水平上进行了分析。从图 7-4A 可以看出，在门水平上，丰产毛竹林鞭根和竹杆样本在放线菌门的相对丰度高于低产毛竹林，土壤样本在酸杆菌门的相对丰度高于低产毛竹林，在变形菌门的相对丰度低于低产毛竹林土壤样本。从图 7-4B 可以看出，在纲水平上，两地毛竹林样本表现出的共同特征为丰产毛竹林的竹鞭样本在 α- 变形菌纲的相对丰度高于低产毛竹林；低产毛竹林竹叶和土壤样本在 γ- 变形菌纲的相对丰度高于丰产毛竹林竹叶和土壤样本；丰产毛竹林土壤样本在酸杆菌纲的相对丰度高于低产毛竹林土壤样本。根据图 7-4C，在目水平上，两地的丰产与低产毛竹林的竹鞭样本表现出相同差异，丰产毛竹林竹鞭样本在根瘤菌目和伯克氏菌目的相对丰度高于低产毛竹林竹鞭样本。根据图 7-4D，可以看出丰产毛竹林竹鞭样本在伯克氏菌科和黄杆菌科的相对丰度都要高于低产毛竹林竹鞭样本；丰产毛竹林鞭根样本在拜叶林克氏菌科的相对丰度高于低产毛竹林鞭根样本。如图 7-4E 所示，在属水平上，两地丰产毛竹林竹鞭样本在慢生根瘤菌属的相对丰度均高于低产毛竹林竹鞭样本。综上所述，在各级分类水平上，永安与将乐两地丰产与低产毛竹林的竹鞭、鞭根和土壤样本细菌群落组成均表现出一致的差异性，表明毛竹林鞭竹系统的细菌群落结构与毛竹林丰产与低产存在一定的相关性。

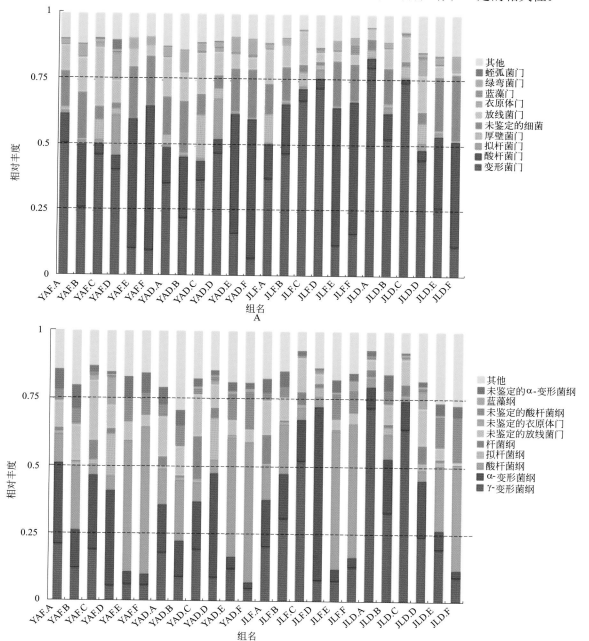

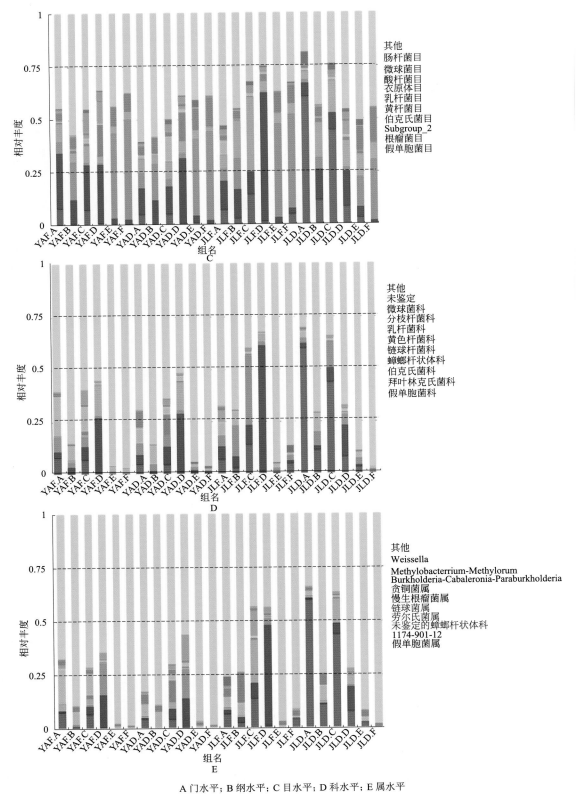

A 门水平；B 纲水平；C 目水平；D 科水平；E 属水平

图 7-4　两地丰产与低产毛竹林样本细菌群落在各水平的相对丰度

三、细菌群落 Alpha 多样性分析

丰、低产毛竹林样本基于 OTUs 数的 Alpha 多样性指数如表 7-2 所示，观测物种数可以近似表示样本中的 OTUs 数；chao1 指数可以表示物种数量的多少；香农指数和辛普森指数均都能反映样本细菌群落的多样性；文库覆盖率表示测序的深度以及覆盖率。

从图 7-5 可以看出，永安丰产毛竹林样本与低产毛竹林样本相比，低产毛竹林的鞭根、竹叶和土壤样本在 Chao1 指数上要显著高于丰产毛竹林样本；而在香农指数和辛普森指数上，永安丰产毛竹林样本和低产毛竹林样本相差不明显。将乐丰产毛竹林样本与低产毛竹林样本相比，低产毛竹林的鞭根和土壤样本在 Chao1 指数上要显著高于丰产毛竹林样本；而在香农指数和辛普森指数上，将乐丰产毛竹林样本的竹鞭和竹杆样本显著高于低产毛竹林样本。

两地丰、低产毛竹林样本的共同特征表现为，低产毛竹林样本的鞭根和土壤样本在 Chao1 指数上显著高于丰产毛竹林样本，说明低产毛竹在鞭根和土壤的细菌物种数量要大于丰产毛竹，推测是丰产毛竹在根际富集了特殊功能菌，其占据了生态位，导致细菌物种数量降低。

表 7-2　两地丰产与低产毛竹林样本的 Alpha 多样性指数

分组	观测物种数	丰富度指数	香农指数	辛普森指数	文库覆盖率 /%
JLD.A	1174	1487.231	4.913	0.796	98.7
JLD.B	1866	2344.769	8.121	0.987	98.2
JLD.C	1111	1483.577	5.233	0.821	98.8
JLD.D	970	1103.428	7.231	0.98	99.3
JLD.E	1855	2379.313	8.441	0.991	98.2
JLD.F	1377	1536.287	7.974	0.99	99.1
JLF.A	1444	1665.214	7.821	0.982	98.9
JLF.B	1631	1855.143	7.954	0.987	98.7
JLF.C	1191	1441.058	6.068	0.924	98.9
JLF.D	907	1144.085	5.767	0.941	99.1
JLF.E	1488	1852.242	7.326	0.973	98.6
JLF.F	1426	1835.672	6.865	0.963	98.5
YAD.A	1688	2096.953	8.333	0.987	98.5
YAD.B	1690	2147.602	8.116	0.988	98.4
YAD.C	1606	1910.072	8.015	0.977	98.6
YAD.D	1427	1844.063	7.013	0.939	98.5
YAD.E	1597	2092.826	7.373	0.964	98.3
YAD.F	1425	1895.586	7.07	0.957	98.4
YAF.A	1679	2002.769	7.641	0.966	98.6
YAF.B	1654	1863.965	8.285	0.99	98.8
YAF.C	1521	1717.452	7.924	0.979	98.9
YAF.D	1029	1249.738	6.229	0.943	99.1
YAF.E	1198	1353.665	7.136	0.972	99.1
YAF.F	1092	1218.028	6.684	0.959	99.2

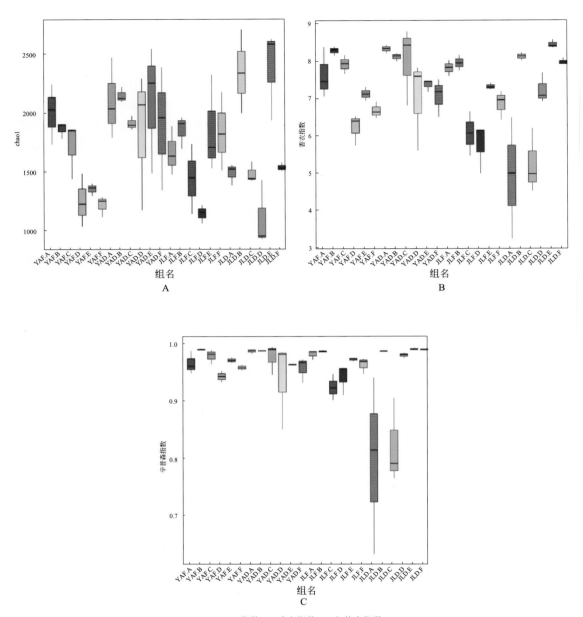

A Chao1 指数；B 香农指数；C 辛普森指数

图 7-5　两地丰产与低产毛竹林样本的多样性指数组间差异箱形图

四、细菌群落 Beta 多样性分析

对各组样本进行 PCA 分析如图 7-6 所示，样本群落组成越相似则样本点距离越近，样本点距离反应样本间差异，同时构建样本聚类树（图 7-7）。可以看出，同组内 3 次重复样本较为聚集，说明本次实验选取样本受环境影响误差较小，能较好反映所选样本。

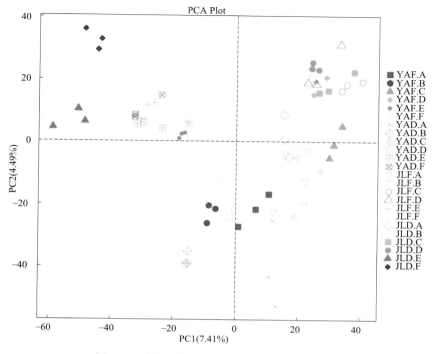

图 7-6　两地丰产与低产毛竹林样本 PCA 分析

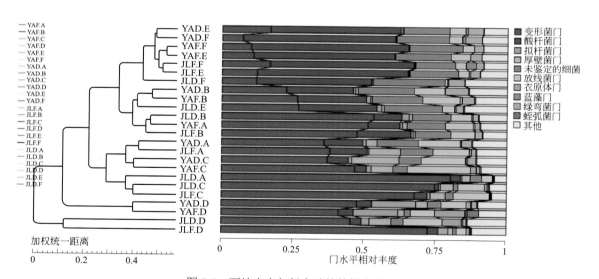

图 7-7　两地丰产与低产毛竹林样本聚类树

　　可以看出永安与将乐两地的丰产竹鞭和鞭根样本较为靠近，表明两地丰产竹鞭和鞭根样本细菌群落组成接近，而两地的低产竹鞭和鞭根样本则表现出不同方向的偏离。两地的竹杆样本之间表现出地区差异，同一样地丰、低产竹杆样本较为靠近，说明竹杆细菌群落组成可能受丰、低产影响较小，主要受地区环境差异影响。而 4 组竹叶样本均聚集在一起，说明两地丰、低产的竹叶细菌群落组成差异不大。而两地丰、低产毛竹林土壤样本表现出一定差异，表明丰、低产毛竹林土壤细菌群落组成差异较大。

五、细菌功能预测

对两地丰产与低产毛竹林样本进行功能预测分析，根据样品在数据库中的功能注释及丰度信息绘制热图，并从功能差异层面进行聚类（图7-8）。样本细菌群落对应功能分别为生物系统、代谢、遗传信息处理、细胞过程、环境信息处理、人类疾病。

可以看出两地丰产与低产毛竹林在细菌群落对应功能层面上，竹杆和竹叶样本表现出一定差异，但不具有明显差异和规律性。推测其差异有一定偶然性，可能是环境或其他因素导致，不是造成毛竹林丰产与低产的主要影响因素。而丰、低产毛竹林土壤样本则表现出两地共有的明显差异，且具有一定规律性。丰产毛竹林土壤样本的细菌群落对应功能在生物系统、代谢、遗传信息处理和细胞过程上的丰度均高于低产毛竹林土壤样本；同时两地丰产与低产的毛竹林竹鞭样本也表现出显著差异，但规律性不明显。综上所述，丰、低产毛竹林细菌群落功能的差异主要表现在竹鞭和土壤上。

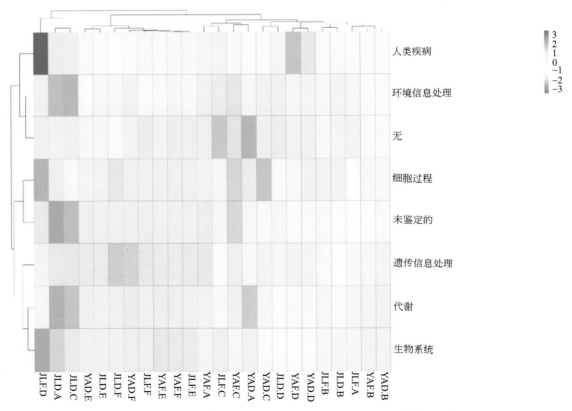

图7-8　两地丰产与低产毛竹林样本 PICRUSt 功能注释聚类热图

六、小结

地下鞭根系统是毛竹生长的基础，毛竹依赖它来吸收土壤中的营养成分，供给地上部分，同时通过竹鞭调节竹株之间的养分平衡 [3,19]。顾小平等 [20] 报道了毛竹根际联合固氮的研究结果，首次提出竹类植物根际存在着联合固氮体系。黄伯惠 [21] 发现毛竹竹鞭内营养元素随着生长发育期不同呈现动态的变化。因此，从生态系统的角度看，竹林地下鞭根系统是竹林生态系统内物质循环和能量流动的重要通道，在系统的生物地球化学循环过程中扮演着重要角色。

（一）丰、低产毛竹林毛竹细菌群落差异的主要规律

本研究主要集中在内生和根际细菌群落组成的协同作用是否对毛竹林的丰产产生影响。研究发现：

（1）土壤样本共有的 OTUs 数目是毛竹样本的 2 ～ 4 倍，说明土壤样本细菌群落丰富度高且两地丰产和低产的土壤细菌微生物群落的聚集性具有一定的共性，该现象与杨树 [22]、番茄 [23,24] 等物种的现象一致。

（2）两地丰产与低产毛竹林样本之间的差异主要集中在毛竹鞭根和土壤样本上，如：丰产毛竹林的鞭根和根际土壤样本的特有 OTUs 数目要明显小于低产毛竹林的相对应样本，而竹杆和竹叶样本的细菌群落组成差异都未呈现出和毛竹林丰产与低产的相关规律。

（3）丰产毛竹林的鞭根和根际土壤的细菌种类和多样性小于低产毛竹林，推测是丰产毛竹林根际分泌物和黏液衍生的营养物质先吸引了有机体富集到根际环境中，但相关的细菌必须高度竞争才能成功地定殖 [25-27]，从而选择富集特殊功能菌，导致细菌种类下降 [13]。

根部是植物生长发育和繁殖的重要组织，是植物主要的营养和水分的吸收组织 [28,29]，我们的研究表明了毛竹丰产与低产与根际土壤和鞭根系统的细菌群落组成相关。

（二）细菌群落功能与组成差异

丰产毛竹林与低产毛竹林样本在各级分类水平上的细菌群落组成存在一定差异，可以发现在门水平上，丰产毛竹林的鞭根样本在放线菌门的相对丰度高于低产毛竹林。研究表明，放线菌门属于富营养型类群，在碳循环中起重要作用 [30]，主要参与有机质分解 [31,32]。丰产毛竹林土壤样本在酸杆菌门的相对丰度高于低产毛竹林土壤样本，而酸杆菌门细菌是土壤微生物的重要成员，在土壤物质循环和生态环境构建过程中起到非常重要的作用 [33]。

在目水平上，丰产毛竹林竹鞭样本在根瘤菌目和伯克氏菌目的相对丰度高于低产毛竹林竹鞭样本。根瘤菌目具有固氮功能 [22]，参与生态系统中氮的修复 [23]；伯克氏菌被认为是一种植物促生菌 [34]，其在生物固氮和促进植物生长方面发挥重要作用 [24]。在属水平上，两地丰产毛竹林竹鞭样本在慢生根瘤菌属的相对丰度高于低产毛竹林竹鞭样本，慢生根瘤菌是一类广泛分布于土壤中的固氮菌 [35]，其还被报道具有解磷作用。

综上所述，植物根系对根际微生物具有选择性 [25]，根际微生物群落组成和结构受到根系的影响，不同的微生物对植物生长也有着独特作用 [26,36]，如帮助运输养分、增强植物抗逆性、促进生长等 [27]。从检测数据可看出，丰产毛竹林的地下鞭根系统的细菌群落在利用碳、氮、磷等营养元素的能力强于低产毛竹林的地下鞭根系统，因此在促进植物生长、增强抗逆性等方面有一定优势。

（三）为未分类种类提供研究方向

本研究发现，未鉴定到门水平的细菌占总序列的 3.12 %～24.45 %，其中将乐地区低产林非根际土壤样本中未鉴定到门水平的细菌相对丰度为 24.45 %，将乐地区丰产林竹叶样本中未鉴定到门水平的细菌最少，仅为 3.12 %。另外，放线菌门有 2.39 %～23.59 % 为未鉴定到纲水平的细菌，其中永安地区丰产林竹杆样本内的未能鉴定到纲细菌达到 23.59 %。这也从一定程度上反映出与植物相关的放线菌研究较少而引起的。相反，变形菌纲 Gammaproteobacteria、α- 变形菌纲 Alphaproteobacteria、酸杆菌纲 Acidobacteria。这些与作物相关的土壤和根际等微生物研究较多，注释的物种多，而未分类物种就越少。可见，随着测序技术发展将会发现更多的未分类物种，能更准确地揭示微生物的群落组成。但是，这些未知微生物的准确分类地位和功能仍然需要结合培养技术进行进一步研究，并会随着大数据的深入分析和细菌的广泛调查和研究而被逐渐认识[37]。

本研究表明丰产与低产毛竹林在细菌群落组成上的差异及规律，并发现毛竹竹鞭、鞭根和土壤组成的鞭根系统的细菌群落组成和毛竹丰产与低产有一定相关性，尤其是放线菌、酸杆菌、根瘤菌这三类菌为丰产林所共有的高丰度细菌。本研究为将来合成微生物调控毛竹林的丰产提供依据。

参考文献

[1] HOGARTH N J,BELACHER B.The contribution of bamboo to household income and rural livelihoods in a poor and mountainous county in Guangxi,China[J].International Forestry Review,2013,15(1):71-81.

[2] GE W,ZHANG Y,CHENG Z,et al.Main regulatory pathways,key genes and microRNAs involved in flower formation and development ofmoso bamboo (Phyllostachys edulis)[J].Plant biotechnology journal,2017,15(1):82-96.

[3] PINGHENG L,GUOMO Z,HUAQIANG D,et al.Current and potential carbon stocks in Moso bamboo forests in China[J]. Journal of Environmental Management,2015,156:89-96.

[4] 彭丹莉，柳丹，晏闻博，等 . 基于丰产目的下毛竹生长调控技术研究进展 [J]. 浙江林业科技 ,2015,35(1):85-89.

[5] RAHULM S,DIBYAJYOTI P,JAE-YEAN K.Exploration of plant-microbe interactions for sustainable agriculture in CRISPR era[J].Microorganisms,2019,7(8):660-701.

[6] TING O,WEI-FANG X,FEI W,et al.A Microbiome study reveals seasonal variation in endophytic bacteria among different mulberry cultivars[J].Computational and Structural Biotechnology Journal,2019,17(C):1091-1100.

[7] DANIEL B M,CHRISTINE V,YANG B,et al.The plant microbiota:systems-level insights and perspectives[J].Annual Review of Genetics,2016,50(1):211-234.

[8] 吴林坤，林向民，林文雄 . 根系分泌物介导下植物 - 土壤 - 微生物互作关系研究进展与展望 [J]. 植物生态学报 ,2014,38(3):298-310.

[9] YU T C,LI Z,SHENG Y H.Plant-microbe interactions facing environmental challenge[J].Cell Host & Microbe,2019,26(2):183-192.

[10] NICO E,STEFAN S,ALEXANDRE J.Bacterial diversity stabilizes community productivity[J].PLoS ONE,2017,7(3):e34517.

[11] CHEN D,SUN W,XIANG S,et al.High-throughput sequencing analysis of the composition and diversity of the bacterial community in cinnamomum camphora Soil[J].Microorganisms,2021,10(1):317-324.

[12] PATERSON E,GEBBING T,ABEL C,et al.Rhizodeposition shapes rhizosphere microbial community structure in organic soil[J].New Phytologist,2006,173(3):600-610.

[13] REN X M,GUO S J,TIAN W,et al.Effects of plant growth-promoting bacteria(PGPB)inoculation on the growth,antioxidant activity,Cu uptake,and bacterial community structure of rape (*Brassica napus* L.) grown in Cu-contaminated agricultural Soil[J].Frontiers in Microbiology,2019,10:1455.

[14] JI P,RHOADS W J,EDWARDSM A,et al.Impact of water heater temperature setting and water use frequency on the building plumbing microbiome[J].The ISME Journal,2017,11(6):1318-1330.

[15] QIAN L,LONGTENG Z,YONGKANG L.Changes inmicrobial communities and quality attributes of white muscle and dark muscle from common carp (*Cyprinus carpio*) during chilled and freeze-chilled storage[J].Food Microbiology,2018,73:237-244.

[16] SCHLOSS P D,WESTCOTT S L,RYABIN T,et al.Introducing mothur:open-source,platform-independent,community-supported software for describing and comparing microbial communities[J].Applied and Environmental Microbiology,2009,75(23):7537-7541.

[17] SEGATA N,IZARD J,WALDRON L,et al.Metagenomic biomarker discovery and explanation[J].Genome Biology,2011,12(6):60.

[18] DOUGLAS GM,MAFFEI V J,ZANEVELD J R,et al.PICRUSt2 for prediction of metagenome functions[J].Nature Biotechnology,2020,38(6):685-688.

[19] 周本智, 傅懋毅. 竹林地下鞭根系统研究进展 [J]. 林业科学研究 ,2004(4):533-540.

[20] 顾小平, 吴晓丽. 毛竹及浙江淡竹根际联合固氮的研究 [J]. 林业科学研究 ,1994(6):618-623.

[21] 黄伯惠. 毛竹矿质营养元素动态的研究 [J]. 竹子研究汇刊 ,1983(1):87-111.

[22] DAVIDE B,KLAUS S,STIJN S,et al.Structure and functions of the bacterial microbiota of plants[J].Annual Review of Plant Biology,2013,64(1):1952-1962.

[23] HARIPRASAD P,VENKAIESWARAN G,NIRANJANAS R.Diversity of cultivable rhizobacteria across tomato growing regions of Karnataka[J].Biological Control,2014,72:9-16.

[24] FERNANDO M R,MARINA M,FERNANDO L P.The communities of tomato leaf endophytic bacteria,analyzed by 16S‐ribosomal gene pyrosequencing[J].FEMS Microbiology Letters,2014,351(2):187-194.

[25] LUGTENBERG B J,DEKKERS L C.What makes Pseudomonas bacteria rhizosphere competent?[J].Environmental Microbiology,1999,1(1):9-13.

[26] BEN L,FAINA K.Plant-growth-promoting rhizobacteria[J].Annual Review of Microbiology,2009,63(1):554-556.

[27] WALKER T S,BAIS H P,GROTEWOLD E,et al.Root exudation and rhizosphere biology[J].Plant Physiology,2003,132(1):44-51.

[28] SHAIKHUL E,ABDULM A,ANANYA E,et al.Isolation and identification of plant growth promoting rhizobacteria from cucumber rhizosphere and their effect on plant growth promotion and disease suppression[J].Frontiers in Microbiology,2016,6:1360.

[29] RODRIGO M,MARCO K,IRENE D B,et al.Deciphering the rhizosphere microbiome for disease-suppressive bacteria[J]. Science,2011,332(6033):1097-1100.

[30] ABDELGAWAD H,ABUELSOUD W,MADANYMM Y,et al.Actinomycetes enrich soil rhizosphere and improve seed quality as well as productivity of legumes by boosting nitrogen availability and metabolism[J].Biomolecules,2020,10(12):1675.

[31] 王光华,刘俊杰,于镇华,等.土壤酸杆菌门细菌生态学研究进展[J].生物技术通报,2016,32(02):14-20.

[32] JACQUELINEM C,AMYM S,DANIEL KM,et al.manipulating the soil microbiome to increase soil health and plant fertility[J]. Journal of the International Society of Soil Science,2012,48(5):489-499.

[33] BRAM BECKERS,MICHIEL O P DE BEECK,NELE WEYENS,et al.Structural variability and niche differentiation in the rhizosphere and endosphere bacterial microbiome of field-grown poplar trees[J].Microbiome,2017,5(1):25.

[34] RICARDO S,JESÚS T,MARIA J L,et al.Diversity,phylogeny and plant growth promotion *traits* of nodule associated bacteria isolated from *Lotus parviflorus*[J].Microorganisms,2020,8(4):499.

[35] BRUTO M,PRIGENT-COMBARET C,MULLER D,et al.Analysis of genes contributing to plant-beneficial functions in plant growth-promoting rhizobacteria and related proteobacteria[J].Scientific Reports,2014,4:6261.

[36] LING N,WANG T,KUZYAKOV Y.Rhizosphere bacteriome structure and functions[J].Nature Communications,2022,13(1):836.

[37] BRAJESH K S,PETERM,ANDREW S W,et al.Unravelling rhizosphere–microbial interactions:opportunities and limitations[J]. Trends in Microbiology,2004,12(8):386-393.

第八章　微生物菌剂对毛竹根际细菌和内生细菌群落结构及多样性的影响

第一节　毛竹样品采集及 16S rRNA 测序

　　毛竹（*Phyllostachys edulis*）是中国南方重要的森林资源，具有很高的经济价值和生态价值[1]。毛竹林生长存在大小年现象，即一年大量发笋长竹，一年生鞭换叶，交替进行的周期循环[2]。毛竹林的大小年现象严重影响了毛竹林的经济效益[3]。多项研究表明，植物的根际富集了数量庞大且种类繁多的微生物，且植物与微生物之间存在复杂的相互作用[4]。在长期的进化过程中，植物对微生物群落进行选择形成了特定的微生物群落，即微生物组。微生物组在植物的生长发育、抗病、抗逆中扮演着重要的角色[5]。研究表明，植物微生物群落结构会发生变化，不同的微环境条件塑造了不同的微生物群落[6]。微生物菌剂的研究和应用是近年来应用微生物学的一个重要内容，将多种具有不同功能和互生或共生关系的微生物以适当的比例组合或混合培养所配制的复合微生物菌剂广泛应用于种植、养殖、环保等领域[7]。而目前将微生物菌剂施用于毛竹林，其微生物组受微生物菌剂影响程度和变化趋势的相关方面研究有待进一步探索。

　　本研究以毛竹的竹鞭、鞭根、根际土壤和非根际土壤为研究对象，通过 Illumina 高通量测序技术研究毛竹根际细菌和内生细菌群落受到微生物菌剂影响下的结构差异和变化趋势，为合成微生物调控植物微生物组群落结构提供理论基础。

一、样本采集

　　采样地点设在中国福建省三明市永安市西洋镇三畲村毛竹林基地，该地区属亚热带季风气候，地理坐标为东经 117° 46′，北纬 25° 89′。在选定的毛竹林样地中，在每株毛竹根部 10 cm 左右的位置深挖 10～20 cm，采用灌根的方式施入 50 ml 促生微生物菌剂。在促生微生物菌剂施用前、施用后 3 个月、6 个月分别采集毛竹的竹鞭、鞭根、根际土壤和非根际土壤。竹鞭选取距离毛竹根部 50 cm 以内带有鞭芽的部分；鞭根选取竹鞭上根部材料；根际土壤选取与根部粘附的小于 1 cm 的土壤；选取距根系 30 cm 左右的土壤作为非根际土壤样本。每组样本设 3 个重复，样本采集后立即放入无菌样本袋中，并在 24 h 内储存在 -20 ℃下保存备用。

各组样本编号规则为：竹鞭样本用 A 表示，鞭根样本用 B 表示，根际土壤样本用 E 表示，非根际土壤样本用 F 表示，如表 8-1 所示。

表 8-1　毛竹样本编号规则

样本	未施用促生微生物菌剂	促生微生物菌剂施用 3 个月	促生微生物菌剂施用 6 个月
竹鞭	YA_A0	YA_A1	YA_A2
鞭根	YA_B0	YA_B1	YA_B2
根际土壤	YA_E0	YA_E1	YA_E2
非根际土壤	YA_F0	YA_F1	YA_F2

二、基因组 DNA 提取和 16S rRNA 高通量测序

采用天根 DNA 提取试剂盒提取样本的基因组 DNA，采用引物 799F（5′-AACMGG ATTAGATA CCCKG-3′）和 1193R（5′-ACGTCATCCCCACCTTC C-3′）对各样本 16S rRNA 基因 V5 ～ V7 可变区进行扩增[8]。

PCR 体系：4 μL 5×Buffer；2 μL dNTPs（2.5 mmol/L）；引物（5 μmol/L）各 0.8 μL；0.4 μL DNA 聚合酶；0.2 μL BSA；10 ng 基因组 DNA；ddH$_2$O 补足 20 μL。

PCR 扩增条件：95 ℃ 3 min 预变性；95 ℃ 30 s 变性，56 ℃ 30 s 退火，72 ℃ 45 s 延伸，30 个循环；72 ℃ 10 min 稳定延伸。

质检合格的文库利用 Illumina NovaSeq 测序平台，利用双末端测序（Paired-End）的方法，构建小片段文库进行测序（上海美吉生物医药科技有限公司）。

三、数据分析

测序得到的原始数据处理后得到有效数据，在 97 % 相似水平下进行 OTUs 聚类和物种信息分析[9]。利用 R 语言工具绘制样本稀释曲线[10]；利用 R 语言工具统计后绘制 Venn 图；采用 Mothur[11] 软件计算 Alpha 多样性指数 Chao 1、Shannon 指数等，并采用 R 语言进行 Alpha 多样性的组间差异分析；利用 R 语言进行 PCoA 统计分析和作图；用 R 语言作样本层次聚类树图、Ternary 三元相图、细菌群落组成 Bar 图和进行组间差异显著性检验。

第二节　微生物菌剂对毛竹根际细菌和内生细菌群落结构及多样性测定分析

一、物种注释与评估

（一）OTUs 分析与稀释曲线分析

36 个样本经过高通量测序分析后共得到 7 948 668 条优化序列，平均长度为 375 bp，质控后的序列依据 97 % 的序列相似性聚类获得细菌 OTUs 数 26 336 个。各组样本共鉴定出细

菌 29 门、96 纲、229 目、444 科、974 属。从图 8-1 可以看出，36 个样本稀释曲线随测序量增大而逐渐趋于平缓，观测物种数逐渐稳定，说明本次测序数据合理，对样本微生物群落的检测比率接近饱和，能够可靠地描述样本相关的细菌微生物组[12]。

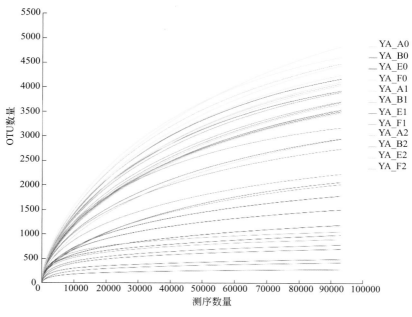

图 8-1　毛竹样本在相似度为 97% 水平下的稀释曲线

（二）Alpha 多样性分析

基于 OTU 数的 Alpha 多样性指数如表 8-2 所示，Sobs 指数可以用来表示样本中的 OTU 数；ACE 指数和 Chao1 指数与观测物种数关联，可以表示物种数量的多少；香农指数能反映样本细菌群落的多样性。上述 Alpha 多样性指数越大，则说明样本的物种多样性越高。

表 8-2　毛竹样本 Alpha 多样性指数表

样本	Sobs	香农指数	Ace	Chao1
YA.A0	666	2.49	809.12	810.39
YA.A1	616	2.46	896.81	780.08
YA.A2	1740	4.19	2062.4	1974.84
YA.B0	1521	4.15	1976.15	1943.35
YA.B1	2355	4.72	3056.87	2899.85
YA.B2	2873	4.63	3758.75	3465.06
YA.E0	3893	5.09	4916.47	4543.86
YA.E1	3792	5.03	5036.51	4653.37
YA.E2	3719	4.91	4927.48	4500.09
YA.F0	4653	5.21	6105.51	5544.89
YA.F1	3724	4.82	4896.2	4504.55
YA.F2	4158	4.95	5368.75	4922.21

从图 8-2 可以看出毛竹的竹鞭、鞭根、根际土壤和非根际土壤样本的 sobs 指数、ACE 指数、Chao1 指数和香农指数呈现的变化趋势相似，竹鞭和鞭根的多样性指数随着处理时间而增大，非根际土壤样本随时间呈现出一定程度波动变化。

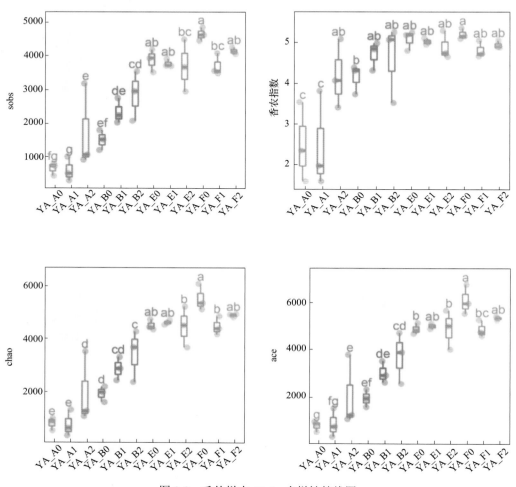

图 8-2　毛竹样本 Alpha 多样性箱线图

二、物种组成分析

（一）物种韦恩（Venn）图分析

Venn 图可用于统计多组或多个样本中所共有和特有的 OTUs 数目，可以比较直观的展现不同环境样本中 OTUs 组成相似性及重叠情况 [13]。从图 8-3 可以看出，毛竹竹鞭和鞭根样本的 OTUs 数目随微生物菌剂施用时间增加而增加，根际土壤样本的 OTUs 数目受微生物菌剂施用时间的影响较小，非根际土壤样本的 OTUs 数目随时间变化呈先降后升趋势。毛竹竹鞭和鞭根样本的 0、1 号与 2 号样本的共有 OTUs 数目要大于 0 与 1 号样本的共有 OTUs 数目，说明 0、1 号与 2 号样本的 OTU 组成相似性要大于 0 与 1 号样本，推测微生物菌剂施用六个月后，毛竹竹鞭和鞭根样本 OTUs 组成有一定恢复趋势。

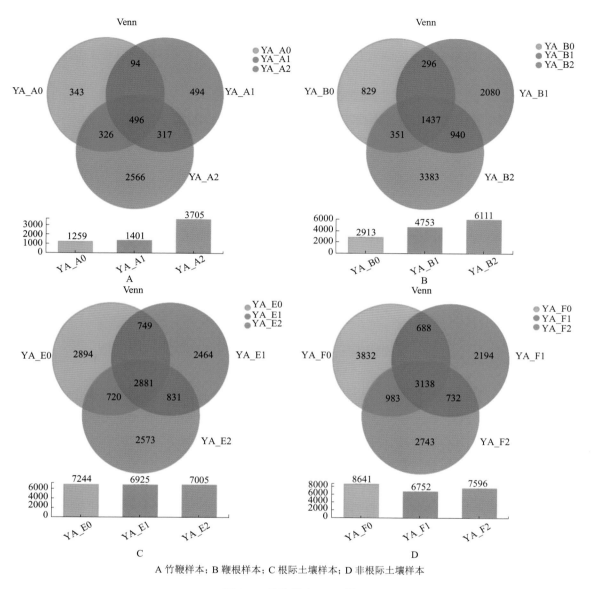

A 竹鞭样本；B 鞭根样本；C 根际土壤样本；D 非根际土壤样本

图 8-3　毛竹样本 Venn 图

（二）群落组成分析

为进一步研究毛竹竹鞭、鞭根、根际土壤和非根际土壤样本细菌群落中特定分类群的变化，我们比较了不同水平上细菌群落的相对丰度。

在门水平上，毛竹竹鞭、鞭根、根际土壤和非根际土壤样本细菌主要包括变形菌门 Proteobacteria、酸杆菌门 Acidobacteria、放线菌门 Actinobacteria、绿弯菌门 Chloroflexi、厚壁菌门 Firmicutes、黏菌门 Myxococcota、拟杆菌门 Bacteroidetes。从图 8-4 可以看出，竹鞭和鞭根样本中细菌群落优势菌门为变形菌门，而在根际土壤样本和非根际土壤样本中，变形菌门和酸杆菌门的相对丰度相近。在不同时间采集的毛竹竹鞭、鞭根、根际土壤和非根际土壤样本中比较，随着促生微生物菌剂施用时间的增加，竹鞭和鞭根样本在变形菌门的相对丰度逐渐下降。而根际土壤样本和非根际土壤样本的细菌群落组成随时间有一定程度的波动变化，在变形菌门的相对丰度先降后升，在酸杆菌门的相对丰度先升后降，但总体差距不大。

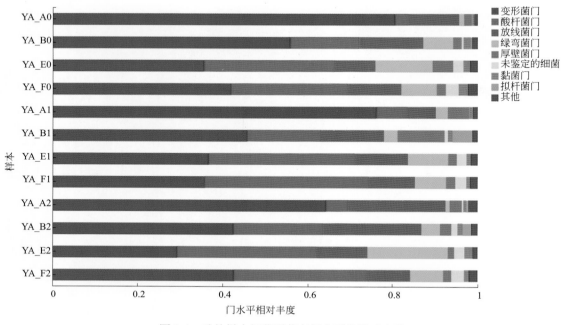

图 8-4　毛竹样本细菌群落在门水平的相对丰度

在属水平上，毛竹竹鞭、鞭根、根际土壤和非根际土壤样本细菌主要包括热酸菌属 *Acidothermus*、慢生根瘤菌属 *Bradyrhizobium*、*Candidatus-Solibacter*、*Burkholderia-Caballeronia-Paraburkholderia*、海杆菌属 *Marinobacter*、盐单胞菌 *Halomonas*。从图 8-5 可以看出，在不同时间采集的毛竹竹鞭、鞭根、根际土壤和非根际土壤样本中比较，竹鞭样本中细菌群落占比最大的为未鉴定的产碱杆菌科。YA_A0 竹鞭样本在慢生根瘤菌属的相对丰度（32.17%）要远大于 YA_A1 竹鞭样本（2.18%）与 YA_A2 竹鞭样本（3.19%）。鞭根样本中未鉴定的产碱杆菌科的相对丰度随促生微生物菌剂施用时间增加而降低，海杆菌属的相对丰度随促生微生物菌剂施用时间增加而增加。而根际土壤样本和非根际土壤样本的细菌群落组成在属水平上随时间有一定程度的波动变化，但差距不大。

（三）Ternary 三元相图分析

Ternary 三元相图可视化展示优势物种在三个不同的分组（样本）中的组成和分布比例的情况。图中相同颜色的圆形代表来自于同一个属，圆形面积的大小代表丰度的大小[14]。

从图 8-6a 可以看出竹鞭的 YA_A0 竹鞭样本在慢生根瘤菌属的丰度较高；从图 8-6b 可以看出 YA_B2 鞭根样本在热酸菌属、海杆菌属的丰度较高；从图 8-6c 可以看出根际土壤的 YA_C2 竹鞭样本在热酸菌属的丰度较高。

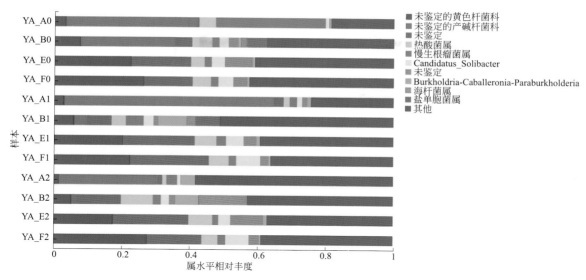

图 8-5 毛竹样本细菌群落在属水平的相对丰度

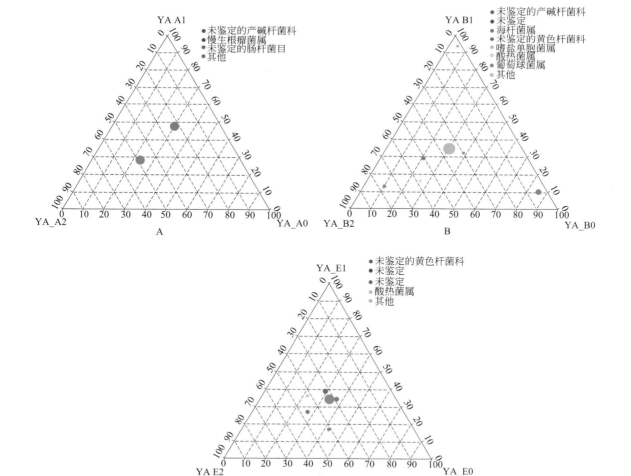

图 8-6 毛竹样本 Ternary 三元相图

三、样本比较分析

（一）样本层级聚类分析

对距离矩阵进行层级聚类（hierarchical clustering）可以清楚地得出样本分支的距离关系，根据不同的距离阈值可将样本划分为凝聚的小组[15]。

样本层级聚类结果表明，按照细菌可以将样本划分为三个显著不同的类群，表明永安毛竹的植物组织样本和土壤样本细菌群落组成有明显不同，并且同一类型的 0、1、2 号样本群落组成在小的类群上也有所不同（图 8-7）。

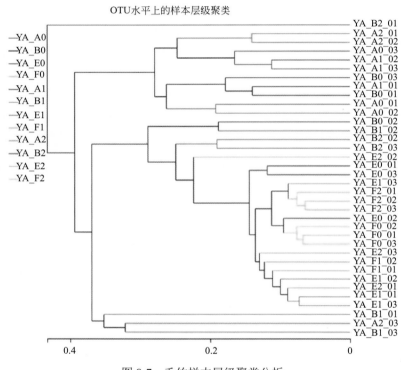

图 8-7　毛竹样本层级聚类分析

（二）PCoA 分析

PCoA 分析是一种非约束性的数据降维分析方法。结果相当于样本距离矩阵的一个旋转，不改变样本点之间的相互位置，而是改变了坐标系统[16]。

不同颜色的椭圆表示了各组样本的置信区间。从图 8-8 可以看出，促生微生物菌剂的施用对于毛竹的竹鞭和根际土壤细菌群落组成的影响要大于鞭根样本。同时竹鞭和根际土壤 0 号样本的置信区间与 1 号样本的置信区间没有重合，但 0 号与 1、2 号样本的置信区间都有一定程度的重合。说明细菌群落组成受微生物菌剂影响较大，但随着时间的增加，细菌群落组成有一定恢复的趋势，这与本研究在 OTUs 数目的 Venn 图的分析结果相同。

四、物种差异分析

基于样本中群落丰度数据，运用严格的统计学方法检测毛竹竹鞭、鞭根、根际土壤样本不同组微生物群落中表现出的丰度差异的物种，进行假设性检验，评估观察到的差异的显著性，分析结果如图 8-9 所示。

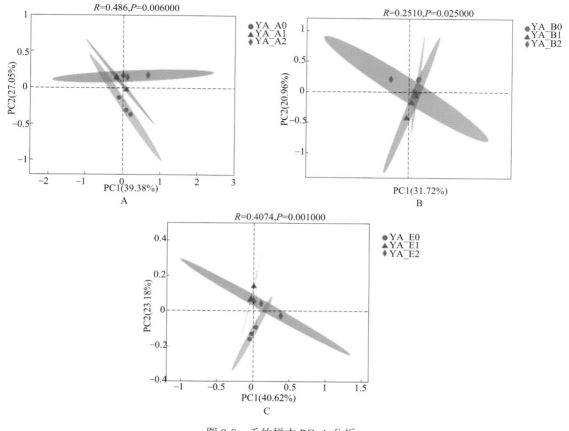

图 8-8　毛竹样本 PCoA 分析

可以看出永安毛竹鞭的 2 号样本在类诺卡氏属 *Nocardioides*、纤维菌属 *Cellulomonas*、微杆菌属 *Microbacterium*、复合菌群 *Rhizobium-Neorhizobium-Pararhizobium-Rhizobium*、中慢生根瘤菌属 *Mesorhizobium* 的丰度要显著大于 0 号与 1 号样本。永安毛竹鞭根样本的 0 号样本在未鉴定的产碱杆菌科的丰度显著大于 1 号与 2 号样本。永安根际土壤样本在康奈斯氏杆菌属的丰度先增后减，在未鉴定的黏液菌科的丰度先减再增，2 号样本在 *Chujaibacter* 的丰度显著大于 0 号与 1 号样本。

五、小结

毛竹是中国南方重要的森林资源，有着很高的经济价值和生态价值。通过微生物菌剂的处理，研究毛竹细菌群落组成结构受到微生物菌剂的影响程度和变化趋势，有助于研究毛竹的抗逆性以及人工调控的可行性。因此本研究以毛竹竹鞭、鞭根、根际土壤和非根际土壤为研究对象，通过 Illumina 高通量测序技术研究毛竹根际细菌和内生细菌群落受到微生物菌剂影响下的结构差异和变化趋势。

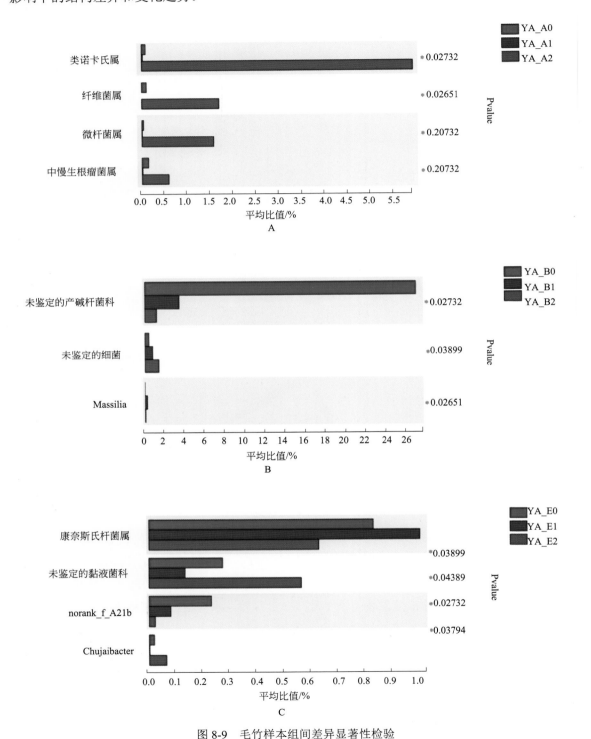

图 8-9　毛竹样本组间差异显著性检验

　　毛竹竹鞭、鞭根、根际土壤和非根际土壤样本的各项多样性指数在微生物菌剂施用后呈现的变化趋势相似，竹鞭和鞭根的多样性指数随着处理时间而增大，非根际土壤样本随时间也呈现出一定程度波动变化。而毛竹不同组织样本中，多样性指数大小关系为土壤样本＞鞭根样本＞竹鞭样本。说明微生物菌剂的处理，对毛竹的竹鞭、鞭根组织的微生物组在 Alpha 多样性指数影响较大，对毛竹的根际土壤的微生物组影响较小。

　　毛竹竹鞭和鞭根样本的 OTUs 数目随促生微生物菌剂施用时间增加而增加，根际土壤样本的 OTUs 数目受微生物菌剂施用时间的影响较小；毛竹鞭和鞭根组织 0、1 号与 2 号样本的 OTUs 组成相似性要大于 0 与 1 号样本。同时，在 PCoA 分析中，微生物菌剂施用对于毛竹的竹鞭和根际土壤细菌群落组成的影响要大于鞭根样本；0 号与 1 号样本的置信区间与 2 号样本都有一定程度的重合。说明微生物菌剂施用对毛竹的微生物组有一定程度影响，短时间内表现较为明显，但随着时间的增加，细菌群落组成有一定恢复的趋势。

　　毛竹竹鞭、鞭根、根际土壤和非根际土壤样本在门水平上的细菌主要包括变形菌门、酸杆菌门、放线菌门、绿弯菌门、厚壁菌门、黏菌门、拟杆菌门。竹鞭和鞭根样本中细菌群落组成占比最大的为变形菌门；根际土壤样本和非根际土壤样本中，优势菌群为变形菌门和酸杆菌门。随着处理后时间的增加，竹鞭和鞭根样本在变形菌门的相对丰度逐渐下降；而根际土壤样本和非根际土壤样本的细菌群落组成随时间变化不大。

　　通过组间差异显著性检验，可以看出毛竹竹鞭的 2 号样本在类诺卡氏属、纤维单胞菌属、微杆菌属、慢生根瘤菌属的丰度要显著大于 0 号与 1 号样本。永安根际土壤 2 号样本在 *Chujaibacter* 的丰度显著大于 0 号与 1 号样本。类诺卡氏属被报道在降解原油，污水治理，生物防护等方面起到一定作用[17]；纤维单胞菌属的一些菌株具有良好的纤维素降解能力，在环境中对促进碳素循环起到了积极作用[18]；微杆菌属是一种常见的烃类降解菌[19]；慢生根瘤菌属具有固氮功能，参与生态系统中氮的修复[20]。以上情况说明微生物菌剂施用可能增加了一些功能菌群在毛竹根际的丰度，为毛竹生长起到一定作用。

　　本研究为探索微生物调控在毛竹林改造上的应用及毛竹微生物组受微生物菌剂调控的可行性做出一定贡献，为深入研究毛竹林生长与微生物组的关联性提供理论依据。

参考文献

[1] PENG Z,LU Y,LI L,et al.The draft genome of the fast-growing non-timber forest species moso bamboo (*Phyllostachys heterocycla*)[J].Nature Genetics,2013,45(4):456-461.

[2] LONGWEI L,NAN L,DENGSHENG L,et al.Mapping moso bamboo forest and its on-year and off-year distribution in a subtropical region using time-series Sentinel-2 and Landsat 8 data[J].Remote Sensing of Environment,2019,231:111265.

[3] 彭丹莉, 柳丹, 晏闻博, 等. 基于丰产目的下毛竹生长调控技术研究进展 [J]. 浙江林业科技,2015,35(1):85-89.

[4] RAHULM S,DIBYAJYOTI P,JAE-YEAN K.Exploration of plant-microbe interactions for sustainable agriculture in CRISPR Era[J].Microorganisms,2019,7(8):269.

[5] DANIEL B M,CHRISTINE V,YANG B,et al.The plant microbiota:systems-level insights and perspectives[J].Annual Review of

Genetics,2016,50(1):211-234.

[6] MA B,WANG H,DSOUZA M,et al.Geographic patterns of co-occurrence network topological features for soilmicrobiota at continental scale in eastern China[J].The ISME Journal,2016,10(8):1891-1901.

[7] 文娅,赵国柱,周传斌,等.生态工程领域微生物菌剂研究进展[J].生态学报,2011,31(20):6287-6294.

[8] LIU C,ZHAO D,MA W,et al.Denitrifying sulfide removal process on high-salinity wastewaters in the presence of *Halomonas* sp[J].Applied Microbilogy and Biotechnology,2016,100(3):1421-1426.

[9] EDGAR R C.UPARSE:highly accurate OTU sequences from microbial amplicon reads[J].Nature Methods,2013,10(10):996.

[10] LIN X C,CHOW T Y,CHEN H H,et al.Understanding bamboo flowering based on large-scale analysis of expressed sequence tags[J].Genetics and Molecular Research,2010,9(2):1085-1093.

[11] SCHLOSS P D,WESTCOTT S L,RYABIN T,et al.Introducing mothur:open-source,platform-independent,community-supported software for describing and comparing microbial communities[J].Applied and Environmental Microbiology, 2009,75(23):7537-7541.

[12] YE J,JOSEPH S D,JIM,et al.Chemolithotrophic processes in the bacterial communities on the surface of mineral-enriched biochars[J].The ISME Journal,2017,11(5):1087-1101.

[13] JI P,RHOADS W J,EDWARDSM A,et al.Impact of water heater temperature setting and water use frequency on the building plumbing microbiome[J].The ISME Journal,2017,11(6):1318-1330.

[14] MITTER E K,DE FREITAS J R,GERMIDA J J.Bacterial Root microbiome of Plants Growing in Oil Sands Reclamation Covers[J].Frontiers in Microbiology,2017,8:1004-1019.

[15] JIN S,ZHAO D,CAI C,et al.Low-dose penicillin exposure in early life decreases Th17 and the susceptibility to DSS colitis in mice through gut microbiota modification[J].Scientific Reports,2017,7(1):43662.

[16] CALDERON K,SPOR A,BREUILM C,et al.Effectiveness of ecological rescue for altered soil microbial communities and functions[J].ISME Journal,2017,11(1):272-283.

[17] 杜慧竟,余利岩,张玉琴.类诺卡氏属放线菌的研究进展[J].微生物学报,2012,52(6):671-678.

[18] SCHWARZ W H.The cellulosome and cellulose degradation by anaerobic bacteria[J].Applied Microbiology and Biotechnology, 2001,56(5-6):634-649.

[19] 杨洋,邵宗泽.印度洋深海沉积物石油烃降解菌分离、鉴定与多样性分析[J].生物资源,2017,39(6):423-433.

[20] PENG G,ZHANG W,LUO H,et al.*Enterobacter oryzae* sp.nov.,a nitrogen-fixing bacterium isolated from the wild rice species *Oryza latifolia*[J].International Journal of Systematic and Evolutionary Microbiology,2009,59(7):2646-2646.

第九章 开花毛竹根际细菌、内生细菌结构特异性与生态位分化

第一节 概述

在植物的生长发育过程中,开花结果、繁衍子代是大多数植物的共同特性,毛竹自然也包括在内[1]。毛竹属于多年生禾本科植物,在其生命周期中只会进行一次结实,然后植株体便会迅速进入枯萎死亡状态,这也直接证明了毛竹开花并非特殊现象。仅仅因为相比于毛竹漫长的营养生长周期,其生殖生长所占比例很小,才会导致人们对此有盲目的认知。有研究表明,毛竹在准备开花之前会有以下几种现象:如毛竹植株体会出现违反正常植物生长状况的现象,竹笋萌发数量大幅度下降或停滞;竹叶细胞中叶绿素含量显著下降直至叶片无法进行光合作用而枯萎掉落或者叶片形态外观发生显著变化,形体缩小;竹子内部糖类物质含量大幅上升而 N 元素含量显著下降,内部 C/N 数值提升等。这在预示竹子开花方面具有一定的启示作用。郑郁善等[2]提及毛竹在经过营养生长时期过后,形成生殖生长的时间为古时的一甲子,约为现在的 60 年。陈嵘在对我国以及亚洲东部国家的竹子开花历史记载的研究中发现,在有记录的档案史料中,每次竹子的开花日期间隔都为 60 的整数倍,这也在一定程度上证明竹子 60 年一开花的说法。但历史并未详细记载竹子的种类,其竹林的生境条件也不一致,因此不能充分作为考证的依据。同样,在一些国外的研究中也指出,毛竹通常的开花结实生命周期也在 60 年左右,但国外数据所记录的开花时间间隔之间有较大差距。如 1982 年日本中东部地区所记录的 20 余株毛竹均开花,均为实生苗播种培育植株,与上一次的开花时间间隔近 70 年。

研究表明[3],季节变化对竹子的开花并无显著影响,然而,不同竹类的花期并不统一。从 3 月到 5 月,单个竹子品种从最初开花到丰收,而散生类的竹子从 4 月到 7 月在雨季后花期更为繁盛。总体来说,南方的竹子比北方的开花要早。

竹龄较大的植株体通常在春季时进行叶片的更换。在开花的时期,竹子的小枝前段会萌发出很小的花轴,花穗含有多枚花苞,其形态呈现扁形或长柱状、锥形以及总状、穗状花序有层次地逐步开花。也存在竹子种类所有花序同时完成开花过程,在叶片枯萎掉落之后,植株体随之死亡。部分竹子种类,会形成花叶共存的现象长达几年之久,并且花序仅仅存在于植株体的上部,单侧枝条或枝条的部分区域,植株体依然存活。

研究表明，竹子从幼年状态到成年状态均有开花行为。在已经开花的竹林中所萌发的幼龄竹体依旧可以开花，或部分进行枝条更新的竹子，其会停滞叶片的生长而进行花穗的萌发，这些会致使竹子可以更早地完成开花准备。而有些竹子会先在枝条上先生出叶片，进而在枝条的顶端着生花芽，致使该类竹子开花时期滞后。部分种类的竹子在当年进行正常生长，而在次年初春时期为萌发新叶时形成花穗。综上所述，竹子的开花不受到季节、植株体年龄以及部位的影响，即使受到外界不利元素的阻碍，也会在适宜的时机迅速完成开花。

在竹子的开花初期，一般只体现在个别竹子个体上，但在个体完成开花后，便会随着竹鞭的轨迹蔓延至全部或大部分竹林。而在竹林中大部分植株体完成开花后，又会有零星的个体进行开花，这个过程一般会持续几年时间。但也有证据表明，对于同一地区竹子种类来说，各个竹林在开花时期上也会有所不同，并且所持续的时间长短不等，部分品种可达数十年之久。例如广西昭平、蒙山等县的毛竹林自20世纪中期至末期这个时间中陆续进行开花；1970年以来，我国西南方地区的毛竹林开花较为繁盛，而我国中东部地区从20世纪中后期逐年开始开花；浙江西北部地区的早竹，经常零星开花，但未能形成可以繁殖的种子；1969—1977年，陕西商南县的斑竹林成片开花，结实率不高；1975—1983年，四川梁平县寿竹林成片开花，但没有产生与之对应数量的种子。

多数学者认为影响毛竹开花的因素是其植株体自身的发育条件和内部的生理生化过程，认为外界因素的影响效力为非主导因素，而毛竹开花的同步性指源自于相同竹鞭的植株体会在相近或同时开花的现象，这是毛竹开花内因论最有力的证明之一。近年来的深入研究发现，即使是零星发生开花现象的竹株个体依旧源自于相同竹鞭系上，其生境基本一致，无特殊情况，目前可靠的解释只有内因论。毛竹开花内因论并不能充分解释说明植株体个体开花现象不会传导至全部个体，有大量数据证明该现象经常发生，竹子的花期时长可持续数年，但不会影响竹林的正常生长发育，这与内因论的理论相违背。另一个与之相违背的现象是竹子花期的变化幅度过大。在内因论的概念中，由竹子内部生理生化指标控制花期，不会发生花期差异如此之大的现象。但研究此现象所需控制的条件较为复杂，首要条件是控制个体之间的差异。在已有的记录中，此现象并不指向相同植株体。截至目前，并没有连续、准确的记载竹子的开花时间，因此不能排除个体之间的形态生理差异。不仅如此，还需考虑竹子本身的基因突变和自然复壮的现象，在这些因素的加持下，花周期的摆动幅度过大也有一定的合理性。目前对于竹子的开花研究尚不明确，但存在以下几种导致竹子开花的假说[2]：

一、营养说

该学说认为，人为培育方法不当或自然营养条件不足以满足竹类植物正常生长条件时，就会引起竹林发生开花现象。在《农遗杂疏》[4]和《授时通考》[5]中都有确切记载："竹园必久，根多板结""或兆水信，或伤水涝"。《日本竹谱》[6]中也提及："鞭根交错，养分缺乏，引起开花"。有研究表明，在开花的毛竹植株体中所测得的C/N要远高于未开花的竹子。在生境条件适宜的情况下，竹子会优先进行营养生长，不断地扩展竹鞭的覆盖范围，产生更多的个体，始终维持竹林的快速扩展，以此减缓生殖生长的进行。

二、气候说

该学说认为，竹子所处的气候条件的不适宜也会引发开花现象的产生。Brandis 在其研究中提出空气中含水量的高低会很大程度地影响竹子开花的可能性。竹子个体达到生殖成熟时，不完全会进行生殖生长，外在的环境条件和土壤成分的构成都会在一定程度上推迟或提前引发竹子的开花。如干旱地区和土壤贫瘠的区域，植株的营养生长受到严重阻碍，一旦竹子个体具有生殖生长的能力，便会刺激植株体进行细胞的分化，形成花序。

三、人为干预以及自然灾害的影响

如人为过度开垦山林，减少了林地覆盖程度，导致水土流失的加剧，从而影响竹林的正常生长；自然灾害的发生，引起竹林的生境条件发生剧烈变化，导致竹林没有充足的时间适应其变化，导致其衰退；竹林人工经营技术水平的不同，也会引起竹林开花现象的发生。

研究表明，微生物与植物之间的相互作用能影响植物的生长发育，在植物抗逆[7,8]、养分吸收[9]和可持续生产[10,11]中扮演着重要的作用。具体来说，细菌微生物组能够提高植物对营养物质的运输能力，提高营养物质的利用率，增加植物在逆境中的耐受性，促进其抗逆性，从而影响植物的生长和产量[12,13]。此外，细菌微生物可以通过影响植物吸收氮的有效性来影响植物生长，通过分泌色氨酸来调控植物开花时间，表明土壤微生物组、土壤渗出物和植物生理学之间的相互作用可通过复杂的反馈机制动态地影响根际微生物和改变植物开花表型[14]。

毛竹是属于禾本科的一个重要经济物种，主要分布在亚太地区、美洲地区和非洲地区[15]。中国竹林的面积约为 601 万公顷，在中国的林业资源和森林生产中拥有非常重要的地位[16]。毛竹是属于多年生植物，拥有极其快速的生长速度，其开花会在毛竹生长的 10 年乃至百年才会发生[17,18]。不同于其他物种，毛竹的开花是无法控制和无法预测的，并且经常伴随着大范围的开花，毛竹会整片死亡，严重影响毛竹的产量，从而影响毛竹种植的经济效益。

尽管人们做了很多努力，表明存在多个影响竹子开花的假说，如周期说、环境说、综合说、刺激物说和开花立竹的自由基理论等[18-22]，但有关毛竹开花的生理、遗传机制目前尚不十分清楚。当前有研究表明毛竹微生物组随着空间和时间的变化而变化，且有效影响土壤氮含量，从而影响毛竹的生长和繁殖[14]。因此毛竹微生物组的变化可能会影响毛竹开花。

第二节　毛竹样品采集及 16S rRNA 高通量测序

本研究对开花和未开花的两地的 36 个毛竹的根际细菌和根、叶内生细菌群落进行了测定，评估了微生境对根际细菌和根、叶内生细菌群落的影响，并根据它们的分类预测了根际细菌和根、茎内生细菌群落的功能，鉴定了与毛竹开花相关的特定细菌类群，为通过根际和内生细菌的修饰来培育毛竹林提供了基础。

一、样本采集

采样地点设在中国广西桂林市（117°58′45″E～118°57′11″E；26°38′54″N～27°20′26″N），在 2019 年 6 月分别采集开花和未开花毛竹的竹鞭、鞭根、竹叶、根际土壤和空白土壤，每组样本设三个重复。毛竹根际土壤样本的采集：选取根际土壤时，沿毛竹基部挖开，顺竹鞭选取连在根上粒径小于 1 cm 土壤作为根际土壤。毛竹组织样本的采集：选取离毛竹根部 50 cm 以内带有鞭芽的部分。样本采集后立即放入无菌样本袋中，24 h 内放入 −20 ℃ 保存。

二、基因组 DNA 提取和 16S rRNA 高通量测序

样本基因组 DNA 的提取，使用天根（TIANGEN）试剂盒。并按照其说明书的步骤提取样本基因组 DNA。采用琼脂糖电泳检测基因组 DNA 的浓度和纯度，将检测合格的 DNA 于 −20 ℃ 保存备用。

提取样本基因组 DNA 后，根据保守区设计得到引物，在引物末端加上测序接头，进行 PCR 扩增并对其产物进行纯化、定量和均一化形成测序文库，建好的文库先进行文库质检，质检合格的文库利用 Illumina NovaSeq 测序平台，利用双末端测序的方法，构建小片段文库进行测序。

三、数据分析

测序得到的原始数据处理后得到有效数据，在 97 % 相似水平下进行 OTUs 聚类和物种信息分析。利用 R 语言工具绘制样本稀释曲线；利用 R 语言工具统计后绘制 Venn 图；采用 mothur 软件计算 Alpha 多样性知识 Chao 1、Shannon 指数等，并采用 Wilxocon 秩和检验进行 Alpha 多样性的组间差异分析，利用 R 语言 PCoA 统计分析和作图；利用 Qiime 计算 Beta 多样性距离矩阵，并用 R 语言作图绘制样本层次聚类树；基于数据库中 OTUs 的 tree 和 OTU 上的基因信息进行 PICRUSt 分析，预测菌群代谢功能。

第三节　开花毛竹根际细菌、内生细菌群落结构和多样性分析

一、Alpha 稀释曲线和 Alpha 多样性

为了进一步探究毛竹开花时间和细菌微生物组之间的关系，基于细菌 16S rRNA 基因 V5-V7 高通量测序，我们对开花和未开花的毛竹根际微生物和内生微生物进行分析，即取开花毛竹的竹鞭（FB.A）、鞭根（FB.B）、根际土壤（FB.C）、新叶（FB.D）、老叶组织（FB.E）和空白土壤（FCK.C），取未开花毛竹的竹鞭（NB.A）、鞭根（NB.B）、根际土壤（NB.

C）、新叶（NB.D）、老叶组织（NB.E）和空白土壤（NCK.C）。本实验共计采集样品 36 个，细菌 16S rRNA 基因测序共获得 3 076 450 对双端序列（Reads），经 Reads 拼接过滤后得到 3 013 256 条高质量序列（Clean tags），每个样本中高质量序列数为 57 977 ～ 98 163，质控后的序列依据 97% 的序列相似性聚类获得细菌 OTUs 数 5 442 个。通过构建稀释曲线，结果表明根际细菌群落的多样性远远高于内生细菌群落，大多数根内生样品在 750 ～ 1 300 OTUs 饱和，根际样品仅在 2 000 OTUs 左右达到饱和，从 alpha 多样性的统计差异分析也推断出相似的 OTUs 丰富度。为了进一步评估测序深度，我们基于 10 000 次迭代计算了微生物覆盖率。所有样品的微生物覆盖率在 98.0 % 至 99.6 % 中具有很高的可比性。此外，Shannon 指数在 FB.B-FB.D、FB.A-FCK.C、FB.E-NB.B 等两组间具有显著差异（$p < 0.05$），表明测序深度足以可靠地描述与这些毛竹和土壤样品相关的细菌微生物组。

　　为了比较不同开花状态和微生境下，对毛竹根际土壤微生物和毛竹内生细菌群落结构的影响，确定主要的影响因素，对 36 个样品测序结果进行基于欧式距离（Euclidean distances）的主成分分析。如图 9-1 所示，主成分 PC1 和 PC2 表示分别有 16.49 % 和 9.02 % 的重叠性，每个开花阶段和组织样品的三个生物学重复密切聚集，表明了 RNA-seq 数据具有高重复性和可靠性。PC1 主要从不同组织样品的阶段进行分类，PC2 从开花或者未开花上进行分类。此外，层次聚类（在 OTUs 和门类级别）显示未开花或开花的根际土壤和鞭根、老叶样品各自完全聚类，但竹鞭样品与根际土壤和老叶样品有明显区别，但未各自完全聚集，出现开花和未开花聚集在一起。

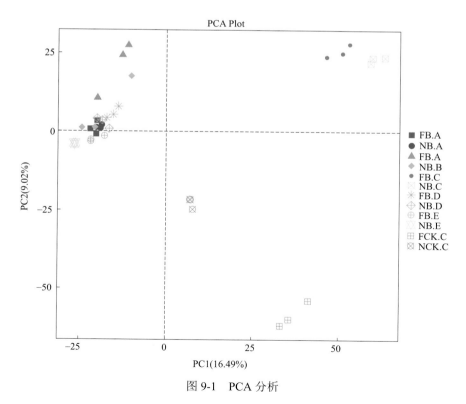

图 9-1　PCA 分析

二、细菌群落组成分析

为了进一步研究开花和不开花的毛竹根际微生物和内生细菌群落中的特定分类群的变化，我们比较了门水平上的根际微生物群落和内生微生物群落的相对丰度。通过物种注释，发现注释到界水平的比例为 99.96 %，门水平的比例为 92.39 %，纲水平的比例为 82.95 %，目水平的比例为 69.11 %，科水平的比例为 54.78 %，属水平的比例为 33.88 %，种水平的比例为 7.70 %。其中，在门水平占据主导地位的主要包括变形菌门（Proteobacteria）、酸杆菌门（Acidobacteria）和厚壁菌门（Firmicutes）。如图 9-2 所示，通过比较根际细菌群落丰度比例可知，相对于未开花毛竹，开花毛竹根际土壤中相对丰度较高的变形菌门丰富度上升，而已科河菌门（Rokubacteria）、匿杆菌门（Latescibacteria）和绿弯菌门（Chloroflexi）呈下降趋势。通过竹鞭内生细菌群落比例可知，相对于未开花毛竹，开花毛竹变形菌门丰富度下降，而厚壁菌门却明显上升。鞭根内生细菌的丰富度在开花和不开花两个时期未发现明显变化。在叶片中，开花的老叶在变形菌门、厚壁菌门和拟杆菌门（Bacteroidetes）均较未开花样本的相对丰富度上升，但在酸杆菌门的丰富度上却明显下降。此外，在新叶中，拟杆菌门在开花的毛竹中较未开花的毛竹中下降了，说明这些特异的细菌群落在毛竹开花的不同阶段丰富度是不一样的。

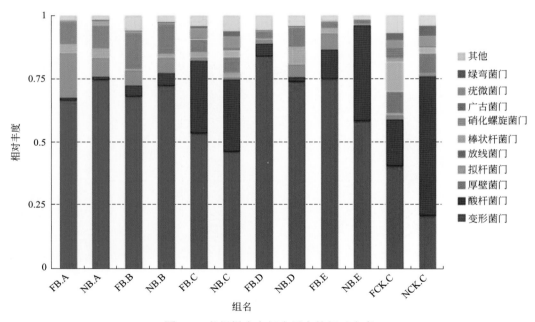

图 9-2　各组样本在门水平上的相对丰度

为了进一步了解这些特异的细菌群落的变化，我们研究了在属水平物种的系统进化关系通过多序列比对得到 top100 属的代表序列。如图 9-3 所示，在毛竹根际细菌群落中，*Geobacillus*、*Bacillus*、*Cupriavidus* 和 *Haliangium* 在毛竹开花后丰度升高；竹鞭内生细菌中 *Geobacillus*、*Aeribacillus*、*Bacillus* 丰度升高，但 *Comamonas* 丰度却下降了；鞭根中，*Alcaligenes*、*Serratia*、*Enterobacteriaceae*、*Aeribacillus* 在开花毛竹中的丰度下降，*Pseudolabrys* 和 *Bacillus* 的丰度却升高了；新叶中，*Beijerinckiaceae* 和 *Massilia* 在开花毛竹中的丰度增高明显，而 *Alcaligenes*、*Competibacter*、*Methylobacterium* 和 *Serratia* 在开花毛竹中的的丰度降低；老叶中的 *Beijerinckiaceae*、*Bryocella*、*Sphingomonas*、*Acidiphilium* 以及 *Terriglobus* 在开花毛竹中的丰度明显下降，这些菌属在开花和未开花毛竹样中丰度发生改变，表明了根际土壤和植物内生的细菌群落与毛竹的开花有着一定的联系。

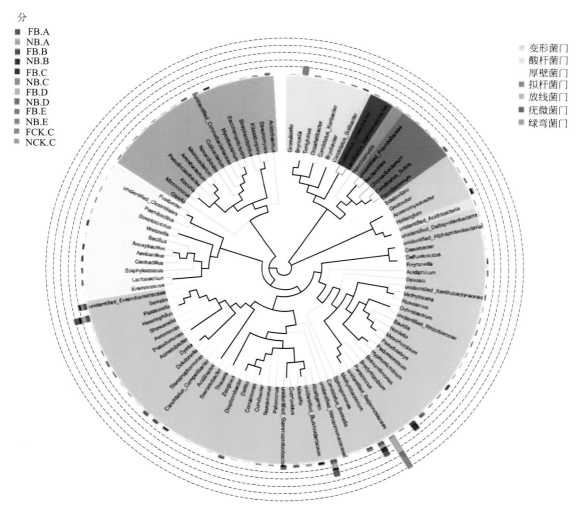

图 9-3　属水平系统进化关系

三、PICRUSt 分析

为了进一步了解特异细菌群落的功能，我们通过 PICRUSt 分析元基因组并进行功能预测，根据选取丰度排名前 35 的功能及它们在每个样品中的丰度信息绘制热图，并从功能差异层面进行聚类。如图 9-4 所示，不同开花阶段的毛竹样品中，不同组织和根际微生物在代谢、细胞过程、生物系统等方面有着显著差异，表明可能存在某些特异的细菌影响毛竹的生长发育过程，从而影响毛竹的开花。

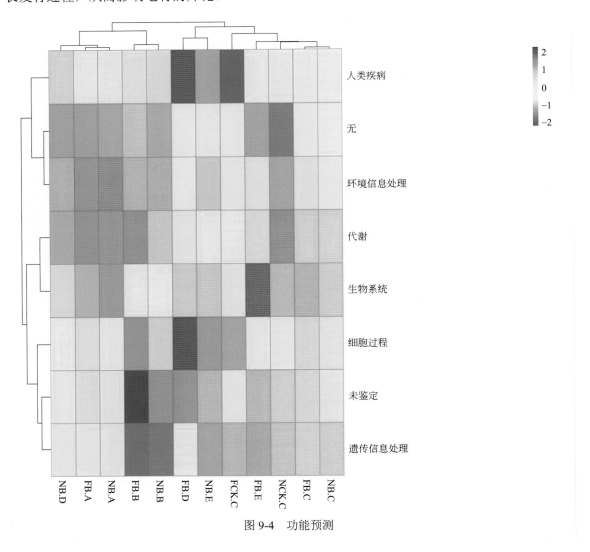

图 9-4　功能预测

四、小结

（一）Alpha 稀释曲线、Alpha 多样性和 PCoA 分析

我们通过比较毛竹根际土壤和内生组织的不同 OTUs 稀释曲线，发现根际土壤显示均匀的稀释曲线，且稀释曲线要比内生组织的样品要高的多，尤其是与叶片组织对比，显示出毛竹根际细菌群落具有高度的丰富度。这种富集的现象与杨树[23]、番茄[24,25] 等物种的现象一致，表明了根际细菌微生物群落的聚集性。此外，鞭根组织的 OTUs 所描绘的稀释曲线出现高度并不均匀的曲线，可能是由于毛竹鞭根的内生细菌的不均匀定殖引起的。其主要原因可能是由于根的分泌物和黏液衍生的营养物质吸引了无数的有机体到根际环境中，但植物相关

的细菌必须高度竞争才能成功地在根区定殖[26-29]。而这些毛竹鞭根组织不同年限之间的功能可能存在着不同的营养吸收和分泌衍生物的能力，根与内生定殖细菌存在着错综复杂的作用，从而导致了定殖在鞭根内的细菌群落存在差异性[30-35]。

此外，我们还清楚地观察到，与根际细菌群落相比，内生细菌群落结构有更多的变化（图9-3）。这个结果的出现可能是因为根际土壤样品与植物内生组织样品使用着两种不同的试剂盒，从而导致了内生细菌群落出现更多的变化。尽管如此，组间差异分析表明竹鞭、鞭根和根际的细菌群落之间的差异不显著，表明毛竹根际细菌群落以及竹鞭和鞭根的的内生细菌群落趋于一个更稳定的整体，而毛竹的叶片组织内部的细菌群落，有更多的变化。此外，为了比较各组的细菌群落结构，我们用主成分分析和层次聚类对所有样本进行聚类。如图9-1和9-3所示的那样，开花和不开花毛竹在根际和鞭根组织内的微生物存在差异性，Anosim分析也表明了这种差异的显著性。根区宿主的根状体沉积和根分泌物促进根际土壤和根平面的化学吸引和定殖，从而形成独特、高度丰富和多样的根际微生物群落[26]。而毛竹的鞭根组织是毛竹生长发育和繁殖的重要组织，鞭根组织是毛竹主要的营养和水分的吸收组织。实验表明开花和不开花毛竹在根际和鞭根细菌群落的差异，这可能与毛竹是否处于开花的状态有关。

（二）微生物生态位分化的驱动因素

进一步分析毛竹根际和内生优势细菌微生物，在门水平上，我们发现毛竹根际的主要优势细菌为变形菌门、酸杆菌门和厚壁菌门（图9-4），这些与之前报道的拟南芥[36]、玉米[37]、水稻[38]、杨树[23]、大豆[39]等发现的结果一致，表明了毛竹根际细菌群落的建立也遵循着微生物群落建立的一般规律。其中，根际细菌群落，变形菌门、酸杆菌门占主要部分，厚壁菌门次之，根际细菌群落中变形菌门和酸杆菌门的比例已被证明是土壤营养含量的一个指标，其中变形菌门与营养丰富的土壤有关，而酸杆菌门与营养贫乏的土壤有关[40-42]。这与拟南芥[36]、水稻[38]和杨树[23]等根际土壤的主要构成类似，且根际土壤中的相对丰度较空白土壤（FCK.C和NCK.C）更高，表明毛竹根系周围富集了细菌群落。这些细菌群落可能是毛竹特异的细菌，也可能是普遍存在的细菌群落。已有报道表明，土壤根系富集的微生物在植物的生长发育中扮演着非常重要的角色，其中包括植物的抗逆性、营养的吸收以及响应植物的周期性[8]。在门水平上，开花和未开花的毛竹根际主要富集的细菌群落中，变形菌门和酸杆菌门比例相似，开花毛竹根际中的厚壁菌门略多于未开花，而已科河菌门、匿杆菌门和绿弯菌门却显著减少。绿弯菌门是一类能在高温情况下将光能转化有机物的微生物[43]，这可能表明这些显著减少的细菌群落是毛竹对生物或非生物胁迫、不同的营养条件或植物的免疫反应等作出的响应。与毛竹的不同开花表型存在潜在的相互作用，对这些根际特异细菌的研究将有利于进一步理解与毛竹开花相关细菌的功能性。

此外，在门水平上，开花后的竹鞭内生细菌中，已科河菌门和硝化螺旋菌门丰度显著减少，鞭根拟杆菌门和疣微菌门（Verrucomicrobia）的丰富度较未开花也显著减少，毛竹的竹鞭和鞭根是毛竹繁殖和营养吸收的重要组织器官，内生细菌寄生在植物组织内，依赖植物提供的有机物质和其他衍生物而存活，其活动产生的代谢产物对植物的生长也起着重要的作用。已报道的研究表明，硝化螺旋菌门（Nitrospirae）是一类革兰氏阴性细菌。其中的硝化螺旋菌属（*Nitrospira*）作为硝化细菌（Nitrifier），可将亚硝酸盐氧化成硝酸盐[44]。拟杆菌门是一个庞大的门，从所谓的属到菌株的基因组，在每一个层次上都存在多样性，最近拟杆菌门被越来越多地被认为是降解如蛋白质和碳水化合物等一系列高分子量有机物的主要成员[45]，疣微菌门中的一些成员最近被发现能够氧化甲烷，并将甲烷作为碳和能源的唯一来源，对植物的碳转移有着重要的意义[46]。这些细菌门在开花毛竹和未开花毛竹的丰度存在显著的变化，可能有参与毛竹营养和能量摄取的作用，尤其是对土壤中的营养元素的摄取。

叶片是植物的营养器官之一，其功能是进行光合作用合成有机物，并有蒸腾作用，提供根系从外界吸收水和矿质营养的动力，而花的形成与变态叶息息相关。在门水平上，开花毛竹新叶的拟杆菌门和硝化螺旋菌门的丰度较未开花显著下降，表明存在开花和不开花毛竹叶片能量不平衡的现象。这与之前的研究开花毛竹叶片的光合效率和营养元素累积显著减少观点一致，说明存在可能的相互关联的机制。

最近大量的研究表明，拟杆菌门的黄杆菌纲，特别是黄杆菌属（*Flavobacterium*），在植物中代表着根和叶相关的微生物群落的一个重要组成部分，其主要能够分解有机物，部分还进行脱氮反应[45]。开花后的毛竹鞭根黄杆菌属的丰度较未开花的显著下降，表明在开花中的毛竹鞭根中并未有丰富的有机物让黄杆菌属进行分解，从而导致黄杆菌属的丰度降低。有关毛竹开花的假说有很多，其中营养说一直被人们研究，研究发现，开花后的毛竹内的有机物和矿质元素的含量下降，这与我们的从微生物角度的研究结果一致，其中黄杆菌属可能对毛竹开花有重要的影响。

芽孢杆菌属（*Bacillus*）具有固氮能力，在我们的结果中，开花毛竹根际土壤和植物组织内的芽孢杆菌属的丰度比未开花的明显得多（大于7倍），表明开花的毛竹可能获得更多可以利用的氮源。此外，寡养单胞菌属（*Stenotrophomonas*）是一种反硝酸菌[14,47]，在开花毛竹鞭根组织中丰度是未花毛竹的4倍左右，表明未开花毛竹可能将氮元素转化为不可利用的氮源。已有的报道表明植物利用氮的有效性与开花时间是紧密联系的，而植物对营养元素的吸收涉及复杂的生物过程。芽孢杆菌属和寡养单胞菌属等细菌的丰度的改变，将改变植物对氮的有效利用。我们的研究也发现了这两个重要的细菌在开花与不开花毛竹根际和组织中的丰度差异，表明毛竹开花与土壤细菌息息相关。

而我们的PICRUSt分析也表明毛竹在开花与不开花不同样品中的细菌功能分析涉及植物的代谢、生物系统和细胞过程，这更加验证了根际和植物组织内生细菌的改变与植物的生长发育状态是相关的，表明毛竹的开花和不开花状态的改变与细菌是息息相关的[8,34]。为了验证这些特异细菌的功能，我们将持续关注这些特异细菌的功能验证，这将有利于微生物对毛竹开花影响的功能性研究。

参考文献

[1] 刘代汉,陆祖军,李晓铁,等.桂林幼龄毛竹开花报道及机理初探[J].桂林师范高等专科学校学报,2015,29(3):141-144.

[2] 郑郁善,洪伟编.毛竹经营学[M].厦门:厦门大学出版社,1998:521.

[3] 周芳纯.竹林培育和利用[M].南京林业大学印刷厂,1998:317.

[4] 徐光启.农遗杂疏[M].上海:上海古籍出版社,1983.

[5] 温显贵.嘉庆增补重抄《四库全书》中《授时通考》述议[J].中国典籍与文化,2018(2):32-39.

[6] 片山道人.日本竹谱[M].东京:江南总农会,1875.

[7] RAMONA M,ELEONORA R,BESMA E,et al.A drought resistance-promoting microbiome is selected by root system under desert farming[J].PLoS ONE,2017,7(10):e48479.

[8] BEKENDSEN R L,PIETERSE CMJ,BAKKEK P A H M.The rhizosphere microbiome and plant health[J].Trends in Plant Science,2012,17(8):634-663.

[9] SHUSHENG Z,JORGEM V,DANIEL KM.Nitrogen fertilizer rate affects root exudation,the rhizosphere microbiome and nitrogen-use-efficiency of maize[J].Applied Soil Ecology,2016,107:324-333.

[10] NICHOLAS I,OLUBUKOLA B.Rhizosphere Microbiome Modulators:Contributions of Nitrogen Fixing Bacteria towards Sustainable Agriculture[J].International Journal of Environmental Research and Public Health,2018,15(4):574.

[11] QUIZA L,ST-ARNAUD M,YERGEAU E.Harnessing phytomicrobiome signaling for rhizosphere microbiome engineering[J].Frontiers in Plant Science,2015,6:507.

[12] RODRIGO M,MARCO K,IRENE D B,et al.Deciphering the Rhizosphere Microbiome for Disease-Suppressive Bacteria[J].Science,2011,332(6033):1097-1100.

[13] DAVIDE B,KLAUS S,STIJN S,et al.Structure and Functions of the Bacterial Microbiota of Plants[J].Annual Review of Plant Biology,2013,64(1) 1952-1962.

[14] LU T,KEM,LAVOIEM,et al.Rhizosphere microorganisms can influence the timing of plant flowering[J].Microbiome,2018,6(1):231.

[15] CANAVAN S,RICHARDSON D M,VISSER V,et al.The global distribution of bamboos:assessing correlates of introduction and invasion[J].AoB Plants,2016,9:78.

[16] FIDELA TM,CHENYANG X.Plantation Management and bamboo resource economics In China[J].Ciencia Y Tecnología,2014,7(1):1-11.

[17] LIN X C,CHOW T Y,CHEN H H,et al.Understanding bamboo flowering based on large-scale analysis of expressed sequence tags[J].Genetic s and Molecular Research,2010,9(2):1085-1093.

[18] PENG Z,LU Y,LI L,et al.The draft genome of the fast-growing non-timber forest species moso bamboo (*Phyllostachys heterocycla*)[J].Nature Genetics,2013,45(4):456-461.

[19] GIELIS J,GOETGHEBEUR P,DEBERGH P.Physiological aspects and experimental reversion of flowering in *Fargesia murieliae* (Poaceae,Bambusoideae)[J].Systematics and Geography of Plants,1999,68(1/2):147-158.

[20] ISAGI Y,SHIMADA K,KUSHIMA H,et al.Clonal structure and flowering traits of a bamboo[Phyllostachys pubescens (Mazel) Ohwi] stand grown from a simultaneous flowering as revealed by AFLP analysis[J].Molecular Ecology,2004,13(7):2017-2021.

[21] MASAMICHI T,HITOMI F,PITAYAKON L,et al.Soil nutrient status after bamboo flowering and death in a seasonal tropical forest in western Thailand[J].Ecological Research,2007,22(1):160-164.

[22] PRASUN B,SUKANYA C,SMRITIKANA D,et al.Bamboo flowering from the perspective of comparative genomics and transcriptomics[J].Frontiers in Plant Science,2016,7:1900.

[23] BECKERS B,OP D B M,WEYENS N,et al.Structural variability and niche differentiation in the rhizosphere and endosphere bacterial microbiome of field-grown poplar trees[J].Microbiome,2017,5(1):25.

[24] HARIPARASAD P,VENKATESWARAN G,NIANJANA S R.Diversity of cultivable rhizobacteria across tomato growing regions of Karnataka[J].Biological Control,2014,72:9-16.

[25] ROMERO F M,MARINA M,PIECKENSTAIN F L.The communities of tomato leaf endophytic bacteria,analyzed by 16S - ribosomal gene pyrosequencing[J].FEMS Microbiology Letters,2014,351(2):187-194.

[26] HARSH P B,TIFFANY L W,LAURA G P,et al.The role of root exudates in rhizosphere interactions with plants and other organisms[J].Annual Review of Plant Biology,2006,57:233-266.

[27] LUGTENBERG B J,DEKKERS L C.What makes Pseudomonas bacteria rhizosphere competent?[J].Environmental Microbiology,1999,1(1):9-13.

[28] BEN L,FAINA K.Plant-Growth-Promoting Rhizobacteria[J].Annual Review of Microbiology,2009,63(1):554-556.

[29] WALKER T S,BAIS H P,GROTEWOLD E,et al.Root exudation and rhizosphere biology[J].Plant Physiology,2003,132(1):44-51.

[30] STÉPHANE C,CHRISTOPHE C,ANGELA S.Plant growth-promoting bacteria in the rhizo- and endosphere of plants:their role,colonization,mechanisms involved and prospects for utilization[J].Soil Biology and Biochemistry,2009,42(5):669-678.

[31] BULGARELLI D,ROTT M,SCHLAEPPI K,et al.Revealing structure and assembly cues for Arabidopsis root-inhabiting bacterialmicrobiota[J].Nature,2012,488(7409):91-95.

[32] JONES J D G,DANGL J L.The plant immune system[J].Nature,2006,444(7117):323-329.

[33] PABLO R H,LEO S V O,JAN D V E.Properties of bacterial endophytes and their proposed role in plant growth[J].Trends in Microbiology,2008,16(10):463-471.

[34] TURNER T R,JAMES E K,POOLE P S.The plant microbiome[J].Genome Biology,2013,14(6):209.

[35] SCHLAEPPI K,BULGARELLI D.The plant microbiome at work[J].Molecular Plant-Microbe Interactions,2015,28(3):212-217.

[36] LUNDBERG D S,LEBEIS S L,PAREDES S H,et al.Defining the core *Arabidopsis thaliana* root microbiome[J]. Nature,2012,488(7409):86-90.

[37] XIANGZHEN L,JUNPENG R,YUEJIAN M,et al.Dynamics of the bacterial community structure in the rhizosphere of a maize cultivar[J].Soil Biology and Biochemistry,2014,68:392-401.

[38] XUAN D T,GUONG V T,ROSLING A,et al.Different crop rotation systems as drivers of change in soil bacterial community structure and yield of rice,*Oryza sativa*[J].Biology and Fertility of Soils,2012,48(2):217-225.

[39] XU Y,WANG G,JIN J,et al.Bacterial communities in soybean rhizosphere in response to soil type,soybean genotype,and their growth stage[J].Soil Biology & Biochemistry,2009,41(5):919-925.

[40] GOTTEL N R,CASTRO H F,KERLEY M,et al.Distinct microbial communities within the endosphere and rhizosphere of *Populus deltoides* roots across contrasting soil types[J].Applied and Environmental Microbiology,2011,77(17):5934-5944.

[41] CASTRO H F,CLASSEN A T,AUSTIN E E,et al.Soil microbial community responses tomultiple experimental climate change drivers[J].Applied and Environmental Microbiology,2010,76(4):999-1007.

[42] SMIT E,LEEFLANG P,GOMMANS S,et al.Diversity and seasonal fluctuations of the dominant members of the bacterial soil community in a wheat field as determined by cultivation and molecular methods[J].Applied and Environmental Microbiology, 2001,67(5):2284-2291.

[43] KRZMARZICK M J,CRARY B B,HARDING J J,et al.Natural niche for organohalide-respiring Chloroflexi[J].Applied and Environmental Microbiology,2012,78(2):393-401.

[44] LEFEVRE C T,FRANKEL R B,ABREU F,et al.Culture-independent characterization of a novel,uncultivated magnetotactic member of the Nitrospirae phylum[J].Environmental Microbiology,2011,13(2):538-549.

[45] THOMAS F,HEHEMANN J,REBUFFET E,et al.Environmental and gut bacteroidetes:the food connection[J].Frontiers in Microbiology,2011,2:93.

[46] GADDY T B,SCOTT T B,KATHRYN G E,et al.The under-recognized dominance of Verrucomicrobia in soil bacterial communities[J].Soil Biology and Biochemistry,2011,43(7):1450-1455.

[47] RIBERA A,RUIZ J,JIMINEZ D A M T,et al.Effect of an efflux pump inhibitor on the MIC of nalidixic acid for *Acinetobacter baumannii* and *Stenotrophomonasmaltophilia* clinical isolates[J].The Journal of Antimicrobial Chemotherapy, 2002,49(4):697-710.

第三篇
毛竹内生促生细菌研究

第十章 毛竹可培养内生细菌的分离与多样性

第一节 概述

植物内生微生物群落是指一类微生物种群的整个或部分生命周期在生理生化状况良好的植株体体内以及植物细胞中完成，并且未对植株体正常生长产生一定的致病影响[1]。其主要菌落类型包含细菌、真菌和放线菌。通过对内生微生物群落的深入研究发现，内生微生物群落在提高作物产量和质量上都有重要作用。20世纪末期，国外微生物研究者发现一种存在于短叶红豆杉植株体内的内生菌，它可以产生抑制人体癌细胞活性的次生代谢物[2]。从这一刻起，人们不断对内生微生物进行研究，初步认为内生微生物会与其所寄宿的宿主之间产生相互作用。截至目前，在内生微生物中发现的众多次生代谢产物以及内生菌本身，有效扩大了研究人员的探索领域，极大地鼓舞了人们研究植物-微生物组互作机理的热情。

此外，对内生菌的功能和产物研究正在逐步地深入进行。最近的研究表明，从植物内生细菌中分离提纯得到的次生代谢物也含有一定生物活性成分[3]。目前，内生细菌的研究已成为植物学、保护学、农牧、药理学等领域的热点课题，它具有巨大的研究潜力。在目前的研究结果中，因植株体内的内生微生物群落众多，在对单一或部分内生菌种群进行研究时，往往需要对采集的组织样本进行菌种的分离纯化。现阶段采用的方法有组织分离法[4]、平板分离方法[5]等。

一、组织块分离法

组织块分离法主要包含以下几个操作步骤[6]：

（1）植物组织样本采集标准以及预处理。在采集植株组织样本时，应以无明显病虫害，生长状况良好的部位为目标。采集好的组织样本应配合生物冰袋保存，并尽快送回实验室进行流水清洗（可加入一定的清洁剂）[7]，去除组织表面杂物和附着的部分微生物，保证组织的新鲜程度，也可以在经过清水冲洗后，用超声波进一步处理。

（2）植物组织样本消毒处理。在经过流水或超声波对植株组织样本表面清理之后，需要对试验材料进行化学药剂消毒处理，现阶段常用消毒试剂一般有95%分析纯的乙醇溶液、84消毒液、次氯酸钠溶液（有效氯含量在5%～10%以内），毒性很大的升汞溶液（0.1%～0.2%），但这类对人体有较大危害的化学试剂一般不推荐使用。可使用的清洁剂还有H_2O_2，

吐温 -20、吐温 -80，以上处理过后，都需要用超纯水清洗表面残留试剂。

（3）植株组织样本在培养基的接种和后期处理。在超净工作台上，将清理好的组织样本用灭菌后的滤纸或脱脂棉花除去多余的水分，再通过灭菌后的手术刀或剪刀将长的植物样本裁剪成合适均一的大小，将裁剪好的植物的形态学下端插入消毒后的培养基中，接种后的培养皿置于恒温恒定光照的培养室中培养。而对于草本或木本植物的器官组织而言，除了直接在培养皿中接种所采集的样本外，还可以采用匀浆法对目标组织进行微生物的分离，采集工作和消毒预处理同组织块法一致，将裁剪好的组织块，倒入灭菌过的研钵中，加入石英砂对样本充分研磨，之后将处理好的组织原浆均匀地涂抹在培养基上。利用微生物分离纯化技术反复分离和纯化植物体内遗留的微生物次生产物，可用于分析可能具有致病性或抗菌作用的代谢物。

二、平板分离法

平板分离法是一种传统的用于植物内生细菌研究的分离和分析方法。内生细菌可存在于大部分植物组织和器官中。一般来说，传统的平板分离法是较为常用的，简单易操作，但其缺陷在于不能有效分离那些无法独立存活的微生物种群。具体操作过程包括：采样材料表面清洗和消毒、样本研磨接种、菌群分离纯化，最后得到目标单一菌群。在接种操作中，可采用平板划线或稀释平涂布的方法进行菌种的分离纯化，所得到的单一菌群在低温下进行储存。

传统的分离植物内生细菌的方法是对采集样本进行初步清洗、消毒后，研磨植物组织，梯度稀释研磨出的原液，分离纯化菌群。传统的内生植物分离方法具有实用、快速、成本低等优点，但该微生物分离纯化方式缺陷也十分明显[8]。

一方面，一些内生细菌对生长环境和营养物质的需求极其严格，实验室很难维持其培养环境的稳定，导致无法进行人工培育，致使部分不可培养微生物被研究人员所忽视[9]。其次，传统的植物组织消毒方法和消毒时间导致内生菌种类和数量研究的准确性和精确度下降。同样，它对内源性细菌的数量和类型、内生细菌分泌的代谢产物以及抗生素的使用也有一定的影响[10]。再者，在对植物素材进行表面清洗和消毒的过程中，种种操作都会对植株体材料中生存的微生物群落产生一定的影响[11]，会干扰实验数据的精确度和微生物群落统计数量的下降，然后是初代菌种培养后，通过选择培养基的分离筛选作用分离纯化菌种的过程中，培养基所含的筛选化学物质也会对内生菌群产生不利的因素。

目前，研究人员通过新型的技术改变了传统的细菌以及真菌微生物的生存环境，它们的结构组成及其内生真菌和细菌之间产生的交互作用，也由此导致通过传统分离提纯微生物群落的方法会受到诸多因素的制约。在许多情况下，因为培养型研究方法的局限性，传统的分类方法不能区分同一物种内的相近或相似菌株。时至今日，伴随着高通量测序技术的快速发展，在分子生物学及其相关领域，在对植物微生物群落的检测中，利用 16S rDNA 测序的技术，避免采集样本的人工培养过程，减少对样本的损害。非培养型微生物检测研究不仅可以更加高效地检测样本的菌种含量，其精准度和同时间的检测量都远高于传统的培养型方法，有助于研究人员更加全面地探索内生微生物的构成与功能[12]。常见的检测方法有扩增 rDNA 限制性分析、限制性片段长度多态性、随机片段扩增多态性、变性梯度凝胶电泳、温度梯度凝胶电泳以及 cDNA 基因数据库的建立等。

第二节　毛竹可培养内生细菌的分离

　　毛竹（*Phyllostachys edulis*）是我国南方重要的森林资源。目前中国竹林面积约为世界竹林面积的 1/3，其中约 47% 是毛竹。植物内生细菌是指那些在其生活史的一定阶段或全部阶段生活于健康植物的各种组织和器官内部，并与植物建立了和谐联合关系的细菌[13-15]。有益的内生细菌不仅将植物作为栖息场所，而且对宿主有防病、促生、内生固氮等多方面的生物学作用，从而促进植物对恶劣环境的适应和保证宿主健康生长[16-21]。本研究选取中国福建省毛竹中心产区[22]中三个不同地域毛竹的根、鞭、杆、叶分别进行取样并分离内生细菌，以研究毛竹内生细菌的组成及多样性，为毛竹内生细菌的系统研究奠定基础。

一、样品采集

　　选取中国福建省毛竹中心产区武夷山（武夷山自然保护区）、将乐（将乐县龙栖山自然保护区）、长汀（长汀县四都镇圭田村）三个不同地域的 I 度毛竹。采集时间 2014 年 3 月上旬。各部位材料选取依据：根部选取距土表 30 cm 左右的材料；竹鞭选取离毛竹根部 50 cm 以内带有鞭芽的部分；杆部选取离地面 130 ~ 150 cm 左右毛竹竹杆；叶片随机选取。样品从植株分离后立即放入无菌样品袋中，低温保鲜，于 48 h 内进行内生细菌的分离。

二、培养基及主要试剂

　　内生菌分离和培养采用 NA 培养基：牛肉膏 3 g，蛋白胨 10 g，NaCl 5 g，琼脂 18 g，水 1000 mL，pH7.0 ~ 7.2。内生细菌 DNA 提取、16S rDNA 片段扩增所用的引物、Marker、dNTPs、Buffer、溶菌酶等试剂为生工生物工程（上海）股份有限公司产品，其余试剂均为国产分析纯。

三、内生细菌的分离

　　采回的样品用无菌水冲洗干净，在超净工作台内分别称取不同部位毛竹组织 1 g，先用 75 % 乙醇浸 5 min，再用有效氯浓度在 5 % 的次氯酸钠溶液浸 3 min，无菌水反复漂洗，并用无菌滤纸吸干后将样品表面与 NA 平板接触 3 ~ 5 min，同时取最后一次漂洗用的无菌水涂布于 NA 平板上[18]，28 ℃恒温培养。若平板上无菌落长出则证明样品表面消毒彻底，否则，该分离结果无效。用无菌剪刀将样品剪碎至无菌研钵中，加入灭菌石英砂及适量无菌水充分研磨至匀浆，按 10^{-2}、10^{-3}、10^{-4}、10^{-5} 梯度稀释后取 100 μl 稀释液涂布于 NA 平板上，各重复 3 次。

四、内生细菌在毛竹植株内的分布

分离的样品在 28 ℃恒温培养 2～3 d 至长出单菌落后，调查总菌落数，并根据菌落颜色、大小、流动性、边缘平整度等特征，挑取各部位具有代表性的单菌落，分别计数后保存于 NA 斜面备用。分离到的单菌落以字母和数字组合来命名：（1）植株样本：WYS 代表武夷山样本，JL 代表将乐样本，CT 代表长汀样本；（2）分离部位：A 代表根，B 代表竹鞭，C 代表杆，D 代表叶。

五、内生细菌的 16S rDNA 鉴定

将内生细菌菌株在 NA 液体培养基中培养 24 h，用细菌基因组提取试剂盒（生工生物工程（上海）股份有限公司）提取 DNA。16S rDNA 基因序列扩增采用通用引物 27F（5′-AGAGTTTGATCCTGGCTCAG-3′）和 1492R（5′-GGTTACCTTGTTACGACTT-3′）。

（1）反应体系：25 μL 反应液中包含 10×PCR 缓冲液 2.5 μL，基因组 DNA 0.5 μL，10 mmol dNTP 0.5 μL，20 μmol 引物 Pf 0.5 μL，20 umol 引物 Pr 0.5 μL，Taq 酶（5U·μL^{-1}）0.5 μL，ddH$_2$O 补足至 25 μL。以去离子水为空白对照。

（2）PCR 扩增条件：94 ℃预变性 4 min；94 ℃变性 30 s，52℃退火 45 s，72 ℃延伸 1.5 min，35 个循环；72 ℃最后延伸 8min。

PCR 扩增产物经 1%（W/V）的琼脂糖凝胶电泳检测并送至铂尚生物技术（上海）有限公司测序。测定后的 DNA 序列采用 http：//www.ncbi.nlm.nih.gov/Blast/ 中 Blast 软件进行序列同源序列检索，进行同源性分析，构建系统发育树，确定菌株的分类地位。

第三节 毛竹可培养内生细菌的多样性分析

一、内生细菌的分离

采用稀释平板法对武夷山、将乐、长汀三个地域毛竹的根、鞭、杆、叶进行内生细菌的分离。表面消毒后的样品与 NA 平板接触及用最后一次漂洗的无菌水涂板后，NA 平板经培养后均没有观察到细菌生长，说明表面消毒彻底，分离到的细菌均来自植株体内。分离结果如表 10-1 所示。在毛竹的根、鞭、杆、叶各个部位均分离出内生细菌，其中以根部和竹鞭部位的内生细菌最多，内生细菌数量为 $8.53×10^3$～$4.50×10^4$ cfu/g（鲜重），叶部内生细菌较少，仅为 $1.00×10^2$ cfu/g（鲜重）。

表 10-1　毛竹不同组织内生细菌种群数量　　　　　　cfu/g，鲜重

样品采样地点	毛竹内生细菌			
	根	鞭	杆	叶
武夷山	4.50×10^4	1.73×10^4	2.58×10^3	1.00×10^2
将乐	1.75×10^4	8.53×10^3	2.50×10^3	1.00×10^2
长汀	2.25×10^4	3.43×10^4	1.00×10^3	1.00×10^2

二、内生细菌的种群组成及分布

根据菌落颜色、大小、流动性、边缘平整度等特征，共从武夷山、将乐、长汀等三个地域毛竹的根、鞭、杆、叶组织中分离到内生细菌 82 株，如表 10-2 所示，其中武夷山样品中分离到 27 株：根部 9 株，竹鞭部位 8 株，杆部 8 株，叶部 2 株；将乐样品中分离到 24 株：根部 7 株，竹鞭部位 11 株，杆部 4 株，叶部 2 株；长汀样品中分离到 31 株：根部 14 株，竹鞭部位 15 株，杆部 1 株，叶部 1 株，如图 10-1 所示。其中菌落形态为白色、有光泽无流动性、单菌落为圆形或不规则状菌株最多，为 43 株，占总分离株数的 52.44%（如图 10-1、表 10-3、10-4 所示）。

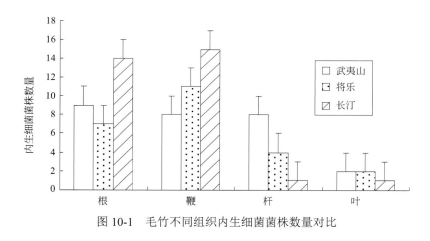

图 10-1　毛竹不同组织内生细菌菌株数量对比

表 10-2　不同区域毛竹可培养内生细菌的分离结果

采样地点	分离菌株数			
	根	鞭	杆	叶
武夷山	9	8	8	2
将乐	7	11	4	2
长汀	13	16	1	1

表 10-3　毛竹内生细菌菌落特征

菌株名	颜色	光泽度	流动性	菌落大小 /mm	菌落边缘
WYS-C01-1	淡黄透明	有	无	3-4	平整
WYS-A02	橙黄色	有	无	1-2	平整

菌株名	颜色	光泽度	流动性	菌落大小 /mm	菌落边缘
WYS-A01-1	白色	有	无	4-5	平整
WYS-A02-1	白色	有	无	4-5	平整
WYS-A02-2	白色	有	无	1-2	不平整
WYS-A03-1	白色	有	无	1-2	光滑，平整
WYS-A04	白色半透	有	无	4-5	不平整
WYS-A05	白色	有	无	1-2	平整
WYS-A06	淡黄	有	无	1-2	平整
WYS-A07	淡黄半透	有	无	1-2	光滑，平整
WYS-B02	淡黄	无	无	1-2	不平整
WYS-B03	淡黄	有	无	1-2	平整
WYS-B04	白色	有	有	4-5	平整
WYS-B04-1	白色	有	无	1-2	不平整
WYS-B05	白色	无	无	1-2	不平整
WYS-B08	淡黄	无	无	1-2	不平整
WYS-B09	白色	有	无	3-4	平整
WYS-B12	淡黄	无	无	3-4	平整
WYS-C01	白色	有	无	4-5	平整
WYS-C03	淡黄	有	无	1-2	平整
WYS-C05	白色	有	无	1-2	平整
WYS-C08	白色	有	无	4-5	光滑，平整
WYS-C09	黄色	无	无	1-2	不平整，粗糙
WYS-C10	白色	有	无	1-2	不平整
WYS-C14	白色	有	有	4-5	光滑平整
WYS-D01	白色	无	无	4-5	表面粗糙
WYS-D01-1	黄色	有	无	1-2	平整
JL-A02-2	白色	有	无	1-2	总体表面粗糙
JL-A03	白色半透	有	无	4-5	平整
JL-A04	红色	有	无	3-4	不平整，表面粗糙
JL-A05	白色	有	无	4-5	菌落较厚，表面光滑平整
JL-A07	白色	有	无	1-2	不平整
JL-A09	白色	有	无	1-2	不平整
JL-A14	橙黄色	有	无	4-5	平整
JL-B02	白色	有	无	1-2	不平整
JL-B03	淡黄半透	有	无	1-2	平整
JL-B05	白色	无	无	4-5	不平整
JL-B06	白色	无	无	4-5	不平整
JL-B08	白色	有	有	4-5	光滑平整
JL-B09	白色半透	有	无	4-5	平整
JL-B10	黄色	有	无	1-2	光滑平整
JL-B11	白色	有	无	1-2	光滑平整

续表

菌株名	颜色	光泽度	流动性	菌落大小 /mm	菌落边缘
JL-B15	白色	无	无	1-2	不平整
JL-B16	黄色	有	无	1-2	平整
JL-B17	黄色	有	无	1-2	平整
JL-C02-1	白色	有	无	1-2	平整
JL-C04	亮黄色	有	无	4-5	平整
JL-C05	白色	有	无	1-2	光滑平整
JL-C07	白色	有	无	1-2	透明平整
JL-D02	黄色	有	无	3-4	平整
JL-D03	黄色	无	无	4-5	菌落较厚，不平整
CT-A02	淡黄	有	无	1-2	平整
CT-A03	白色	有	无	4-5	表面光滑，边缘平整
CT-A04	黄色	有	无	1-2	平整
CT-A05	淡黄	有	无	1-2	平整
CT-A06	白色	有	无	4-5	平整
CT-A12	白色	有	无	4-5	平整
CT-A13	白色	有	无	4-5	平整
CT-A14	淡黄	有	无	4-5	平整
CT-A15	黄色	有	无	3-4	光滑平整
CT-A16	白色	有	有	4-5	光滑平整
CT-A17	淡黄	无	无	4-5	光滑平整
CT-A18	白色	有	无	1-2	不平整
CT-A19	黄色	有	无	4-5	平整
CT-B01	白色	有	无	3-4	平整
CT-B01-1	白色	有	无	1-2	不平整
CT-B03	白色	有	无	1-2	不平整
CT-B04-1	黄色	有	无	4-5	菌落较厚，平整
CT-B07	白色	有	有	4-5	平整
CT-B09-1	白色半透	有	无	3-4	平整
CT-B09-2	白色半透	有	无	4-5	平整
CT-B10	白色	有	无	4-5	不平整
CT-B11	白色	有	无	1-2	不平整
CT-B12	白色	有	无	4-5	平整
CT-B13-1	淡黄	有	无	1-2	平整
CT-B17	白色	有	无	4-5	平整
CT-B19	淡黄	有	无	4-5	平整
CT-B20	白色	无	无	4-5	平整
CT-B20-1	白色	有	无	4-5	不平整
CT-B21	淡黄透明	有	无	1-2	光滑平整
CT-C02	淡黄半透	有	无	1-2	平整
CT-D06	淡黄	有	无	1-2	平整

表 10-4　毛竹可培养内生细菌的主要菌落形态及在分离总株数中所占比例

菌落形态	分离株数	所占比例 /%
白色，有光泽无流动性，菌落圆形	22	26.83
白色，有光泽无流动性，菌落多不规则	21	25.61
白色半透明，有光泽无流动性	5	6.10
淡黄色不透明，有光泽无流动性，菌落圆形	13	15.85
淡黄色半透或透明，有光泽无流动性，菌落圆形	5	6.10
黄色不透明，有光泽无流动性	12	14.63
红色，有光泽无流动性，表面粗糙，边缘不平整	1	1.22
白色，表面粗糙	1	1.22
橙黄色，有光泽无流动性，菌落多不规则	2	2.44

三、内生细菌的 16S rDNA 序列分析

经过克隆测序获得了 82 种内生细菌的 16S rDNA 序列，通过 http：//www .ncbi.nlm. nih.gov/Blast/ 中 Blast 软件对 82 株内生细菌的 16S rDNA 测序结果进行相似性比对，鉴定细菌的种类。发现 82 株分离物与已知分类地位菌种的 16S rDNA 序列相似性都大于 98%，绝大部分分离物与核酸数据库中的已知菌株之间相似性达到了 99%～100%，如表 10-5 所示。

表 10-5　毛竹内生细菌的种类及分布

采样地点	属、种	菌株数目	序列相似性	各部位分离株数			
				根	鞭	杆	叶
武夷山	*Rhizobium sp.*	1	99%	0	1	0	0
	Pseudomonas sp.	1	99%	1	0	0	0
	Bacillus thuringiensis	1	100%	0	0	1	0
	Bacillus pichinotyi	2	98%	2	0	0	0
	Staphylococcus equorum	2	100%	0	0	2	0
将乐	*Staphylococcus warneri*	1	100%	0	1	0	0
	Micrococcus luteus	1	99%	0	0	1	0
	Micrococcus sp.	1	100%	0	0	0	1
	Microbacterium sp.	1	99%	1	0	0	0
	Ochrobactrum sp.	3	99%～100%	1	0	2	0
	Moraxella sp.	1	99%	1	0	0	0
	Burkholderia cepacia	1	99%	1	0	0	0
	Burkholderia sp.	1	100%	1	0	0	0
	Enterobacter sp.	2	99%	0	1	1	0
	Acinetobacter sp.	1	99%	1	0	0	0
	Arthrobacter sp.	4	99%～100%		3	1	0
	Streptomyces flavofuscus	1	100%	0	0	0	1

续表

采样地点	属、种	菌株数目	序列相似性	各部位分离株数			
				根	鞭	杆	叶
将乐	*Janibacter sp.*	2	99%	0	2	0	0
	Alcaligenes faecalis	2	100%	0	1	1	0
	Curtobacterium sp.	3	99%	0	3	0	0
	Brevibacillus sp.	1	99%	0	1	0	0
	Pseudomonas fluorescens	1	99%	1	0	0	0
	Arthrobacter dextranolyticus	1	100%	1	0	0	0
	Bacillus amyloliquefaciens	3	100%	1	2	0	0
	Bacillus cereus	1	100%	1	0	0	0
	Staphylococcus equorum	4	100%	1	1	2	0
	Microbacterium phyllosphaerae	1	99%	0	1	0	0
	Planomicrobium sp.	1	99%	1	0	0	0
	Leclercia sp.	2	99%	1	1	0	0
	Dermacoccus sp.	1	99%	0	0	0	1
	Labedella sp.	1	99%	0	1	0	0
	Pantoea sp.	1	99%	0	0	0	1
	Brachybacterium sp.	1	99%	0	0	1	0
	Burkholderia sp.	3	99%～100%	3	0	0	0
	Acinetobacter guillouiae	1	99%	1	0	0	0
	Alcaligenes sp.	4	99%	1	3	0	0
	Advenella kashmirensis	3	99%～100%	0	3	0	0
	Alcaligenes faecalis	2	100%	0	2	0	0
长汀	*Enterobacter sp.*	1	99%	0	1	0	0
	Brevibacterium aureum	2	99%	2	0	0	0
	Curtobacterium flaccumfaciens	2	99%	2	0	0	0
	Curtobacterium sp.	1	99%	1	0	0	0
	Pseudomonas sp.	4	99%	1	2	0	1
	Bacillus amyloliquefaciens	1	100%	1	0	0	0
	Bacillus thuringiensis	1	99%	1	0	0	0
	Bacillus sp.	1	100%	1	0	0	0
	Staphylococcus sciuri	3	99%～100%	0	3	0	0
	Leucobacter aridicollis	1	99%	0	1	0	0
	Leifsonia xyli	1	99%	0	0	1	0

从表 10-5 可以看出，从武夷山、将乐、长汀三个地域毛竹根、鞭、杆、叶组织中分离出的 82 株内生细菌，分属于 27 个属，共 42 个种。其中以产碱杆菌属（*Alcaligenes*）、芽孢杆菌属（*Bacillus*）、葡萄球菌属（*Staphylococcus*）、假单胞杆菌属（*Pseudomonas*）、短小杆菌属（*Curtobacterium*）、伯克氏菌属（*Burkholderia*）和节细菌属（*Arthrobacter*）为主，分

别占总分离菌株数的 13.41%、12.20%、12.20%、7.32%、7.32%、6.10%、6.10%。其中，武夷山样品分离出内生细菌为 14 属，18 种；将乐样品分离出内生细菌为 14 属，15 种；长汀样品分离出内生细菌为 11 属，16 种，如图 10-2 所示。

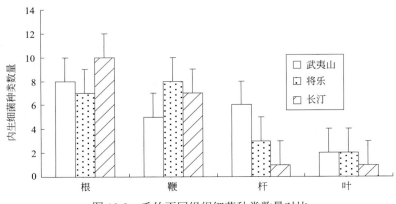

图 10-2   毛竹不同组织细菌种类数量对比

从表 10-5 可以看出，武夷山样品中内生细菌分别以芽孢杆菌属（*Bacillus*）、葡萄球菌属（*Staphylococcus*）、苍白杆菌属（*Ochrobactrum*）和节细菌属（*Arthrobacter*）为优势菌群；将乐样品中的内生细菌以芽孢杆菌属（*Bacillus*）、葡萄球菌属（*Staphylococcus*）和短小杆菌属（*Curtobacterium*）为优势菌群；而长汀样品中的内生细菌分别以产碱杆菌属（*Alcaligenes*）、假单胞杆菌属（*Pseudomonas*）、葡萄球菌属（*Staphylococcus*）和短小杆菌属（*Curtobacterium*）等为优势菌群。其中毛竹根部内生细菌以芽孢杆菌属（*Bacillus*）和伯克氏菌属（*Burkholderia*）为优势菌群；竹鞭部位内生细菌以产碱杆菌属（*Alcaligenes*）和葡萄球菌属（*Staphylococcus*）为优势菌群；竹杆部位内生细菌以葡萄球菌属（*Staphylococcus*）和苍白杆菌属（*Ochrobactrum*）为优势菌群。充分显示了毛竹内生细菌的多样性和群落结构特征，见图 10-3。

四、小结

本研究初步了解了毛竹根、鞭、杆、叶等不同部位内生细菌的多样性和群落结构特征。采用纯培养的办法分别从武夷山、将乐、长汀等三个地域毛竹的根、鞭、杆、叶部位分离出 82 株内生细菌，分属于 27 个属，42 个种。优势菌群分别为产碱杆菌属（*Alcaligenes*）、芽孢杆菌属（*Bacillus*）、葡萄球菌属（*Staphylococcus*）。说明毛竹具有多样性极其丰富的内生细菌菌种资源，应进一步发掘、研究并加以利用。

针对不同地域、不同部位毛竹内生细菌的群落结构的差异性，可能受到林地状况、经营状况、气候差异、栽培条件等外界因素不同程度的影响，还需进一步研究。本书对毛竹叶片及长汀杆部样品仅分离出少量的内生细菌，造成这种差异可能与取样地点、样品表面消毒方式、培养基的选择等有关，目前尚无统一的定量分析方法，还需通过更为广泛的取样，才能分离到更多的种类。同时也有必要利用非培养方法对其组织内未培养微生物进行深入分析。

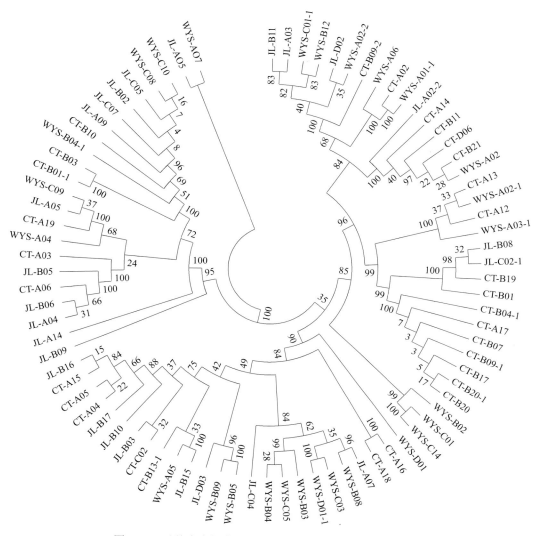

图 10-3　毛竹内生细菌 16S rDNA 序列构建的系统发育分析

　　本研究对毛竹内生细菌进行了初步但有益的探索，对进一步筛选出一批具有解磷、解钾、固氮等促生功能及抗病功能的菌株提供了内生细菌研究资源。由于这些内生细菌可以主动从植物体表进入植物体内、在植物体内定殖，能更好地发挥其促生、防病、增产作用。为此，这些内生细菌有可能是生物菌肥的优良目标菌。另外，还应进一步了解内生细菌的定殖、繁殖与传播规律，以便有选择性的利用。并通过适度地调整微生物群落结构，趋利避害，使农业生产系统向具更高水平的生物多样性和更稳定的自我调节机制方向发展。

参考文献

[1] 陈龙, 梁子宁, 朱华. 植物内生菌研究进展 [J]. 生物技术通报, 2015,31(8):30-34.

[2] 贾栗, 陈疏影, 翟永功, 等. 近年国内外植物内生菌产生物活性物质的研究进展 [J]. 中草药, 2007(11):1750-1754.

[3] 杜慧娟，王伯初，米鹏程，等.药用植物内生菌的分离及抗菌活性的初步研究 [J].氨基酸和生物资源 ,2008(1):61-64.

[4] 王志勇，刘秀娟.植物内生菌分离方法的研究现状 [J].贵州农业科学 ,2014,42(1):152-155.

[5] 王万清.具有芘降解功能的植物内生细菌的分离筛选及其在小麦体内的定殖特性 [D].南京：南京农业大学 ,2015.

[6] 吴锦菲.祁白术内生菌的分离、鉴定及其发酵产物的抑菌活性研究 [D].合肥：安徽农业大学 ,2020.

[7] 唐依莉，谢修超，洪葵.红树植物根内生放线菌的分离鉴定及其生理活性的评价 [J].热带生物学报 ,2012,3(1):32-37.

[8] 何玲敏，叶建仁.植物内生细菌及其生防作用研究进展 [J].南京林业大学学报 (自然科学版),2014,38(6):153-159.

[9] THOLOZAN J L,CAPPELIER J M,TISSIER J P,et al.Physiological characterization of viable-but-nonculturable Campylobacter jejuni cells[J].Applied and Environmental Microbiology,1999,65(3):1110-1116.

[10] TABACCHIONI,CHIARINI,BEVIVINO,et al.Bias Caused by Using Different Isolation Media for Assessing the Genetic Diversity of a Natural Microbial Population[J].Microbial Ecology,2000,40(3):169-176.

[11] 陈泽斌，夏振远，雷丽萍，等.烟草可培养内生细菌的分离及多样性分析 [J].微生物学通报 ,2011,38(9):1347-1354.

[12] VENDAN R T,LEE S H,YU Y J,et al.Analysis of Bacterial Community in the Ginseng Soil Using Denaturing Gradient Gel Electrophoresis (DGGE)[J].Indian Journal of Microbiology,2012,52(2):286-288.

[13] RYAN R P,GERMAINE K,FRANKS A,et al.Bacterial endophytes: recent developments and applications[J].FEMS Microbiology Letters,2008,278(1):1-9.

[14] WILSON D.Endophyte:The Evolution of a Term,and Clarification of Its Use and Definition[J].Oikos,1995,73(2):274-276.

[15] 徐亚军.植物内生菌资源多样性研究进展 [J].广东农业科学 ,2011,38(24):149-152.

[16] AZEVEDO J L,MACCHERONI W,PEREIRA J O,et al.Endophytic microorganisms:a review on insect control and recent advances on tropical plants[J].Electronic Journal of Biotechnology,2000,3(1):40-65.

[17] ADHIKARI T B,JOSEPH C M,YANG G,et al.Evaluation of bacteria isolated from rice for plant growth promotion and biological control of seedling disease of rice[J].Canadian Journal of Microbiology,2001,47(10):916-924.

[18] 何红，邱思鑫，胡方平，等.植物内生细菌生物学作用研究进展 [J].微生物学杂志 ,2004(3):40-45.

[19] 国辉，毛志泉，刘训理.植物与微生物互作的研究进展 [J].中国农学通报 ,2011,27(9):28-33.

[20] 卢镇岳，杨新芳，冯永君.植物内生细菌的分离、分类、定殖与应用 [J].生命科学 ,2006(1):90-94.

[21] THONGCHAI T,JOHN F P,SAISAMORN L.Isolation of endophytic actinomycetes from selected plants and their antifungal activity[J].World Journal of Microbiology and Biotechnology,2003,19(4):381-385.

[22] 福建省林业厅.毛竹林丰产培育技术规程 DB35/T 1194-2011[S].2011.

第十一章 毛竹解磷、解钾、固氮内生细菌的筛选

第一节 毛竹解磷、解钾、固氮活性内生细菌的测定

氮、磷和钾是植物生长需要量最大的营养元素，氮是植物体内许多重要化合物的主要成分之一，大多数土壤含磷量较低且以难溶状态存在[1,2]，施入土壤中的磷肥容易形成难溶性的磷酸盐[3,4]，土壤中的钾元素绝大多数也以硅酸盐矿物的形式存在而不能被植物吸收利用。因此，如何将土壤中磷元素和钾元素转化为植物可充分吸收利用的元素，对于提高作物产量，改善作物品质，减少施肥对环境的影响，改善土壤的理化性质等具有重要的现实意义。土壤中氮、磷、钾的活化离不开微生物的参与，人们越来越重视微生物对土壤难溶性氮、磷和钾的溶解作用[5,6]。高效固氮、解磷、解钾菌株可以有效利用土壤中的难溶性氮、磷、钾矿物，并将它转化为可以被作物吸收利用的速效氮、磷、钾。近年来，人们筛选出了大量具有固氮、解磷、解钾功能的菌株[7,8]，并且这些菌株主要集中在农作物和土壤中[9-11]。本研究选取中国福建省三个不同地域毛竹的根、鞭、杆、叶部组织分离的内生细菌筛选具有固氮、解磷、解钾功能的促生菌株，以期获得具有固氮、解磷、解钾活性的细菌，为植物促生细菌的合理开发利用提供新的微生物资源。

一、供试菌株

从毛竹根、鞭、杆、叶部分离出内生细菌共计 82 株，其中根部内生细菌为 29 株，鞭部内生细菌为 35 株，杆部内生细菌为 13 株，叶部内生细菌为 5 株，由本实验室分离来自中国福建省武夷山（武夷山自然保护区）、将乐（将乐县龙栖山自然保护区）、长汀（长汀县四都镇圭田村）的 I 度毛竹。

二、培养基及主要试剂

内生菌分离和培养采用 NA 培养基：牛肉膏 3 g，蛋白胨 5 g，NaCl 5 g，琼脂 18 g，水 1000ml，pH7.0～7.2（液体培养基则不加琼脂）。

有机磷平板培养基：葡萄糖 10 g，$(NH_4)_2SO_4$ 0.5 g，NaCl 0.3 g，KCl 0.3 g，$MnSO_4$ 0.03 g，$FeSO_4$ 0.03 g，卵磷脂 0.2 g，$CaCO_3$ 5.0 g，酵母膏 0.4 g，琼脂 20 g，蒸馏水

1000 mL，pH 7.0～7.2。（液体培养基则不加琼脂）。

无机磷平板培养基：葡萄糖 10 g，$(NH_4)_2SO_4$ 0.5 g，NaCl 0.3 g，KCl 0.3 g，$MnSO_4$ 0.03 g，$FeSO_4$ 0.03 g，$MgSO_4$ 0.3 g，$CaCO_3$ 5.0 g，$Ca_3(PO_4)_2$ 5.0 g，酵母膏 0.4 g，琼脂 20 g，蒸馏水 1000 mL，pH 7.0～7.2。（液体培养基则不加琼脂）。

钾细菌平板培养基：蔗糖 10.0 g，酵母膏 0.5 g，$(NH_4)_2SO_4$ 1.0 g，Na_2HPO_4 2.0 g，$MgSO_4 \cdot 7H_2O$ 0.5 g，$CaCO_3$ 1.0 g，钾长石粉 1 g，琼脂 15 g，蒸馏水 1000 mL，pH 7.0～7.2。（液体培养基则不加琼脂）。

Ashby 无氮培养基：葡萄糖或甘露醇 10.0 g，KH_2PO_4 0.2 g，$MgSO_4 \cdot 7H_2O$ 0.2 g，NaCl 0.2 g，$CaSO_4 \cdot 2H_2O$ 0.1 g，$CaCO_3$ 5.0 g，琼脂 15～20 g，蒸馏水 1000 ml，pH 7.0。

内生细菌 DNA 提取、16S rDNA 片段扩增所用的引物、Marker、dNTPs、Buffer、溶菌酶等试剂为生工生物工程（上海）股份有限公司产品，其余试剂均为国产分析纯。

三、解磷、解钾、固氮效果平板测定方法（初筛）

将分离得到的内生细菌菌株分别接种到事先配制好的有机磷培养基、无机磷培养基、钾细菌培养基以及 Ashby 无氮培养基平板上，每皿 4 个接菌点，重复 3 次。28℃恒温培养 5 d。分别观察并记录菌株生长情况及分解圈大小，根据分解圈大小、分解圈直径 / 菌落直径（D/d 值）确定内生细菌的解磷解钾固氮活性。分解圈越大、D/d 值越大，表示解磷解钾固氮活性越强。

四、解磷、解钾效果摇瓶测定方法（复筛）

将初筛中具有解磷、解钾活性的菌株接种于 NA 液体培养基中，待菌悬液的浓度达到 1×10^8 cfu/mL 时，各取 5 mL 菌悬液分别接种于 100 mL 有机磷液体培养基、无机磷液体培养基及钾细菌液体培养基中，每个处理重复 3 次，同时设不接种为对照。在 28℃和 160 r/min 转速条件下培养 7d 后进行离心（4 ℃，10000 r/min，15 min），取上清液采用钼锑抗比色法[23]测定有效磷增量（扣除对照后的值）和可溶性磷含量，同时测定上清液 pH 值变化情况；可溶性磷含量计算公式如下：$P = K \times V/V_1$。式中，P 为有效磷含量；K 为标准曲线查得显色液的磷含量（mg/L）；V 为显色时溶液定容的体积（mL）；V_1 为显色时吸取上清液的体积（mL）。用火焰光度法测定可溶性钾的含量和有效钾增量（扣除对照后的值）[12]。

五、解磷、解钾、固氮内生细菌的 16S rDNA 鉴定

将筛选出的解磷解钾固氮内生细菌菌株在 NA 液体培养基中培养 24h，用细菌基因组提取试剂盒（生工生物工程（上海）股份有限公司）提取 DNA。16S rDNA 基因序列扩增采用通用引物 27F（5′-AGAGTTTGATCCTGGCTCAG-3′）和 1492R（5′-GGTTACCTTGTTACGACTT-3′）。

（1）反应体系：25 μl 反应液中包含 10×PCR Buffer 2.5 μL，基因组 DNA 0.5 μl，10 mmol dNTP 0.5 μL，20 μmol 引物 Pf 0.5 μL，20μmol 引物 Pr 0.5 μL，Taq 酶（5 U·μL^{-1}）0.5 μL，ddH$_2$O 补足至 25μL。以去离子水为空白对照。

（2）PCR 扩增条件：94 ℃ 预变性 10 min；94℃ 变性 30 s，52 ℃退火 45 s，72 ℃延伸 1 min，35 个循环；72 ℃ 最后延伸 8min。

PCR 扩增产物经 1 %（W /V）的琼脂糖凝胶电泳检测并送至铂尚生物技术（上海）有限公司测序。测定后的 DNA 序列采用 http：/www.ncbi.nlm.nih.gov/Blast/ 中 Blast 软件进行序列同源序列检索，进行同源性分析，构建系统发育树，确定菌株的分类地位。

六、数据统计与分析

数据统计绘图用 Excel，数据统计分析采用 SPSS 18 的相应分析功能进行。

第二节　毛竹解磷、解钾、固氮内生细菌筛选测定分析

一、内生细菌解磷、解钾、固氮活性初步测定结果（初筛）

平板解磷解钾固氮活性测定表明，82 株内生细菌在有机磷培养基、无机磷培养基、钾细菌培养基及 Ashby 无氮培养基上培养 5 d 后，有 20 株内生菌对有机磷、无机磷、钾长石及无氮培养基上形成分解圈（图 1-1）。其中根部内生细菌为 7 株，占全部毛竹根部内生细菌（29 株）的 24.14 %；鞭部内生细菌为 10 株，占全部鞭部内生细菌（35 株）的 28.57 %；杆部内生细菌为 3 株，占全部杆部内生细菌（13 株）的 23.08 %。

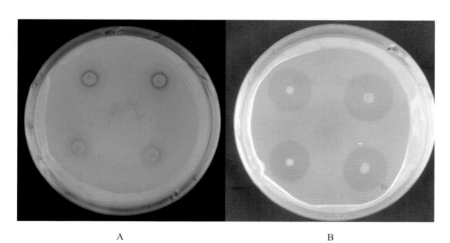

A 无机磷降解分解圈；B 有机磷降解分解圈

图 11-1 无机磷、有机磷降解效果图

从表 11-1 可以看出，20 株菌株均有不同程度的解磷活性：解有机磷活性菌株分解圈直径 / 菌落直径（D/d）值为 1.71 ～ 5.05，具有 "++" 以上解有机磷活性的内生细菌为 9 株，具有

较强解有机磷活性的菌株分别为 CT-B09-2、WYS-A01-1、WYS-B12、WYS-C01、WYS-C14、JL-B06、WYS-A03-1、WYS-C01-1、CT-B13-1。具有解无机磷活性菌株为 14 株，解无机磷活性菌株分解圈直径 / 菌落直径（D/d）值为 1.09～2.34，具有"++"以上解无机磷活性的内生细菌为 6 株，具有较强解无机磷活性的菌株分别为 JL-B06、CT-B09-2、WYS-A01-1、CT-B17、CT-A17、WYS-A03-1。20 株内生细菌均有不同程度的解钾活性，解钾活性菌株分解圈直径 / 菌落直径（D/d）值在 2.37-5.84 之间，具有"++"以上解钾活性的内生细菌为 9 株。具有较强解钾活性内生菌株分别为 CT-B17、WYS-A03-1、WYS-B12、WYS-A01-1、CT-B20、JL-B06、WYS-C01-1、CT-B09-2、JL-D02。测定结果表明，不同菌株解磷、解钾活性存在较大差异性。

表 11-1　高效解磷解钾菌株的初步筛选

菌株号	有机磷	透明圈 / 菌落直径（D/d）	无机磷	透明圈 / 菌落直径（D/d）	钾	透明圈 / 菌落直径（D/d）
WYS-A03-1	++	2.79±0.26	++	1.09±0.01	++	4.84±0.47
WYS-A01-1	++	4.19±0.24	++	1.82±0.33	++	4.50±0.34
WYS-C01-1	++	2.42±0.35	−	−	++	4.33±0.47
WYS-B12	++	3.73±0.53	+	1.24±0.12	++	4.81±0.46
WYS-C01	++	3.50±0.38	+	1.51±0.17	+	3.05±0.15
WYS-A02-2	+	1.71±0.25	−	−	+	3.05±0.54
WYS-C14	++	3.14±0.81	−	−	+	3.03±0.38
JL-A03	+	1.95±0.10	−	−	+	3.58±0.57
JL-D02	+	2.75±0.29	−	−	++	3.00±0.01
CT-A17	+	2.15±0.30	++	1.31±0.20	+	4.94±0.13
CT-A03	+	3.29±0.50	+	1.78±0.21	+	4.88±0.14
CT-B17	+	2.63±0.26	++	1.90±0.12	++	5.84±0.33
CT-B20	+	2.74±0.39	+	2.00±0.34	++	4.39±0.80
JL-A04	+	2.60±0.01	+	1.42±0.10	+	4.38±0.14
CT-B04-1	+	3.04±0.67	+	1.60±0.16	+	5.59±0.17
CT-B09-1	+	2.61±0.27	+	1.71±0.12	+	3.82±0.66
CT-B09-2	+++	5.05±0.41	++	2.12±0.08	++	3.30±0.36
CT-B21	+	2.14±0.19	−	−	+	2.37±0.17
JL-B06	++	2.95±0.19	++	2.34±0.18	++	4.33±0.47
CT-B13-1	++	2.11±0.14	+	2.19±0.24	+	4.25±0.50

注：D：透明圈直径；d：菌落直径；"−"：无活性（分解圈＜10 mm）；"+"：有活性（分解圈：10～15 mm）；"++"：较强活性（分解圈：16～20 mm）；"+++"：很强活性（分解圈：＞20 mm）。

从表 11-2 可以看出，20 株菌株均有不同程度的固氮活性，具有"++"以上固氮活性的内生细菌为 10 株，具有较强解固氮活性的菌株分别为 CT-B09-2、JL-D02、WYS-C01-1、JL-B06、WYS-A03-1、CT-B07、CT-B04-1、WYS-C14、WYS-A02-2、CT-B04-1。测定结果表明，不同菌株固氮活性存在较大差异性。

表 11-2　高效固氮菌株的筛选结果

菌株号	固氮活性	菌株号	固氮活性
WYS-A03-1	++ ++ ++	CT-B07	++ ++ ++
WYS-A01-1	+ + +	CT-B17	+ + +
WYS-C01-1	+++ +++ +++	CT-B20	+ + +
WYS-B12	+ + +	CT-B20-1	+ + +
WYS-C01	+ ++ +	CT-B04-1	++ ++ ++
WYS-A02-2	++ ++ ++	CT-B09-1	+ + +
WYS-C14	++ ++ ++	CT-B09-2	+++ +++ +++
JL-A03	+ + +	CT-B21	+ + +
JL-D02	+++ +++ +++	JL-B06	++ ++ ++
CT-A17	+ ++ ++	CT-B13-1	+ ++ ++

注：＋表示有分解圈；－表示无分解圈。+，++，+++ 分别表示菌株生长情况为，生长，生长较好，生长旺盛。

二、解磷、解钾内生细菌摇瓶法复筛结果

利用钼锑抗比色法对培养液中可溶性磷含量进行测定，结果表明不同菌株溶解有机磷（卵磷脂）和无机磷（磷酸三钙）的活性有较大差异。20 株内生细菌从 0.2 g/L 卵磷脂中释放出的可溶性磷为 2.52～81.77 mg/L，不接菌的 CK 为 1.54mg/L，接种处理中可溶性磷浓度为 CK 的 1.64～53.10 倍。其中毛竹鞭部内生细菌 CT-B09-2 培养液中可溶性磷含量最高，为 81.77 mg/L，毛竹根部内生细菌 WYS-A02-2 培养液中可溶性磷含量最低，为 2.52mg/L。20 株内生细菌从 5.0 g/L 磷酸三钙中释放出的可溶性磷为 3.50～54.93mg/L，不接菌的 CK 为 0.35mg/L，接种处理中有效磷浓度为 CK 的 10～156.94 倍。其中毛竹鞭部内生细菌 WYS-B12 培养液中可溶性磷含量最高，为 54.93mg/L，毛竹根部内生细菌 WYS-A02-2 培养

液中可溶性磷含量最低，为 3.50mg/L。从图 11-2 中可以看出，供试菌株对卵磷脂和磷酸三钙的分解能力表现出明显的多样性，差异显著（$p < 0.05$）。

从有机磷和无机磷培养液 pH 可以看出（表 11-3、图 11-2），大多数接菌处理比不接菌对照（CK）均有不同程度的降低，有机磷、无机磷培养液 pH 最大的降幅分别达到 3.43 和 2.76 个 pH 单位。将接种内生细菌培养液的 pH 与可溶性磷含量进行相关性分析，发现两者之间呈显著负相关，说明供试菌株对卵磷脂和磷酸三钙的溶解能力受培养介质酸度的影响，当培养介质酸度增加时，内生解磷细菌从卵磷脂和磷酸三钙中释放出的可溶性磷含量增加，与赵小蓉等[13]的研究结果一致。Kucey[14] 和 Illmer[15] 报道溶磷菌溶磷能力与 pH 之间的相关性比较微弱，对某一菌株而言，也不完全遵循 pH 越低解磷量越高的规律。正如本研究中菌株 CT-B09-2 解磷量 81.77mg/L 最高，但是其培养液 pH（pH5.37）却不是最低的，而 pH 最低的菌株 CT-A17（pH 3.77）对卵磷脂的分解效果也不是最好的，进一步说明 pH 降低是解磷细菌解磷的重要因素，但并非唯一必要条件。

利用火焰光度法对培养液中可溶性钾的测定结果表明，不同菌株溶解矿物钾（钾长石粉）的活性存在较大差异。从表 11-3 中可以看出，除菌株 WYS-C01、WYS-A02-2 和 WYS-C14 外，接菌后的培养液可溶性钾含量均有所增加，表明所选用的内生细菌均具有溶解矿物钾（钾长石粉）活性。其中具有较强解钾活性的菌株为 CT-B09-2、CT-B21、WYS-A01-1、WYS-A03-1、JL-B06 等，可溶性钾含量达到 2.39 ~ 2.81mg/L。针对培养液中可溶性钾含量低于对照（CK）的情况，可能是由于解钾细菌在分解钾长石粉时，一部分溶解在培养液中，还有一部分钾在菌体中积累起来，供细菌自身生长繁殖所需。

综合平板法及摇瓶法解磷、解钾活性测定结果，可以看出：具有较强解有机磷和无机磷活性的内生菌株为 CT-B09-2、WYS-A01-1、JL-B06；具有较强解钾活性的内生菌株为 CT-B21、WYS-A03-1、JL-B06、CT-B09-2、WYS-A01-1。

表 11-3　内生细菌解磷、解钾效果摇瓶法测定结果

菌株号	有机磷	pH	无机磷	pH	钾
CK	1.54±0.20	7.20±0.14	0.35±0.10	7.15±0.07	1.12±0.05
WYS-A03-1	31.32±1.23	6.23±0.21	40.64±0.59	4.89±0.08	2.54±0.06
WYS-A01-1	77.85±1.69	4.79±0.28	48.35±2.98	6.79±0.11	2.39±0.06
WYS-C01-1	36.51±1.69	6.94±0.42	21.16±0.40	6.88±0.06	2.27±0.10
WYS-B12	17.67±1.58	7.41±0.21	54.93±0.79	4.39±0.04	2.37±0.09
WYS-C01	26.84±1.89	6.45±0.42	19.41±0.49	6.82±0.06	0.89±0.13
WYS-A02-2	2.52±0.59	7.70±0.57	3.50±0.79	6.84±0.08	1.09±0.13
WYS-C14	8.48±1.68	7.63±0.57	11.42±0.49	6.68±0.06	0.80±0.06
JL-A03	21.51±0.89	7.31±0.35	22.42±0.59	6.44±0.06	2.09±0.12
JL-D02	17.87±1.29	7.69±0.14	12.05±0.59	6.91±0.04	2.27±0.11
CT-A17	21.86±1.39	3.77±0.64	16.40±0.59	6.42±0.04	2.17±0.09
CT-A03	15.28±1.59	3.99±0.57	16.19±0.69	6.52±0.06	2.11±0.08
CT-B17	16.61±0.69	7.33±0.64	16.68±0.40	7.10±0.05	1.71±0.08
CT-B20	18.43±1.29	4.78±0.11	24.17±0.69	6.49±0.08	2.29±0.13

续表

菌株号	有机磷	pH	无机磷	pH	钾
JL-A04	19.34±0.59	6.51±0.35	15.56±0.40	7.11±0.11	2.15±0.13
CT-B04-1	16.61±0.89	7.43±0.50	15.63±0.50	7.29±0.06	2.17±0.09
CT-B09-1	20.67±2.47	6.56±0.50	17.94±0.59	6.41±0.06	2.31±0.08
CT-B09-2	81.77±1.48	5.37±0.92	38.89±0.69	6.14±0.13	2.39±0.12
CT-B21	18.57±1.29	7.46±0.35	36.37±1.10	5.60±0.11	2.81±0.08
JL-B06	63.69±1.48	5.72±0.50	30.48±1.09	6.89±0.08	2.46±0.08
CT-B13-1	18.43±1.29	6.30±0.28	17.38±0.79	7.21±0.06	2.13±0.04

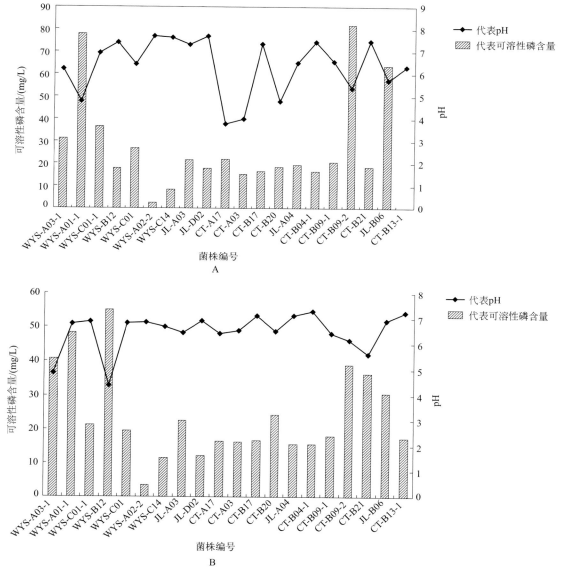

图 11-2　摇瓶法内生细菌对卵磷脂（a）和磷酸三钙（b）解磷效果及 pH 变化

三、内生细菌的 16S rDNA 序列分析

经过克隆测序获得了 20 株内生细菌的 16S rDNA 序列，通过 http：/www.ncbi.nlm.nih.gov/Blast/ 中 Blast 软件对 20 株内生细菌的 16S rDNA 测序结果进行相似性比对，鉴定细菌的种类。发现 20 株分离物与已知分类地位菌种的 16S rDNA 序列相似性都大于 99%，如表 11-4 所示。

表 11-4　解磷、解钾内生细菌的 16S rDNA 序列相似性分析

属	菌株	近似菌株（编号）	序列相似度 /%
Alcaligenes	CT-A17	*Alcaligenes* sp.（JN836756）	99
	CT-B04-1	*Alcaligenes* sp.（JN836756）	99
	CT-B09-1	*Alcaligenes* sp.（JN836756）	99
	CT-B17	*Alcaligenes* sp.（JN836756）	100
	CT-B20	*Alcaligenes* sp.（JN836756）	99
Enterobacter	CT-B09-2	*Enterobacter* sp.（JQ660204）	99
	WYS-A02-2	*Enterobacter* sp.（KC736654）	99
	WYS-B12	*Enterobacter* sp.（KC355280）	99
	WYS-C01-1	*Enterobacter* sp.（JX566614）	99
Bacillus	CT-A03	*Bacillus* sp.（KF788188）	100
	JL-A04	*Bacillus amyloliquefaciens*（KM117160）	100
	JL-B06	*Bacillus amyloliquefaciens*（KM117160）	100
Leucobacter	CT-B13-1	*Leucobacter aridicollis*（KC764981）	99
Pseudomonas	CT-B21	*Pseudomonas* sp.（GU120660）	99
Staphylococcus	JL-D02	*Staphylococcus equorum*（KM036089）	100
Leclercia	JL-A03	*Leclercia* sp.（KJ000855）	100
Ochrobactrum	WYS-C01	*Ochrobactrum* sp.（KJ944018）	100
	WYS-C14	*Ochrobactrum* sp.（KJ944018）	100
Acinetobacter	WYS-A01-1	*Acinetobacter* sp.（HM063913）	99
Burkholderia	WYS-A03-1	*Burkholderia* sp.（KF479551）	100

从表 11-4 可以看出，具有解磷解钾活性的 20 株内生细菌分属于 10 属 14 种。其中以产碱杆菌属（*Alcaligenes*）、肠杆菌属（*Enterobacter*）和芽孢杆菌属（*Bacillus*）为主，各占总分离菌株数的 25%、20% 和 15%。其中，武夷山样品分离出内生细菌有 7 株，分属于 4 属 6 种；将乐样品分离出内生细菌有 4 株，分属于 3 属 3 种；长汀样品分离出内生细菌有 9 株，分属于 5 属 5 种。结果表明毛竹解磷解钾内生细菌具有丰富的种群多样性和群落结构特征，如图 11-3 所示。

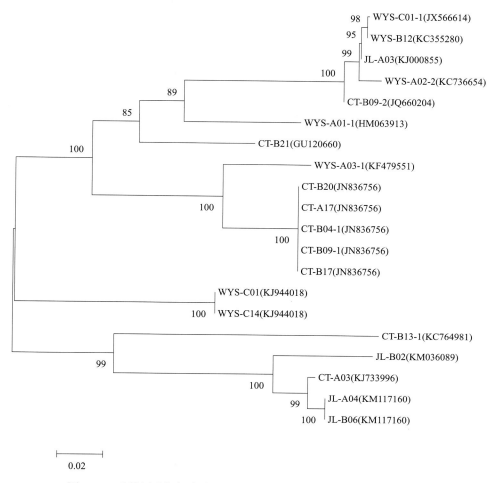

图 11-3 毛竹解磷解钾内生细菌 16S rDNA 序列构建的系统发育分析

四、小结

本研究对毛竹根、鞭、杆、叶部组织分离的 82 株内生细菌进行解磷、解钾活性筛选，并进行了 16S rDNA 多样性分析。通过平板法和摇瓶法筛选出具有解磷、解钾活性的内生细菌 20 株，分属于 10 属 14 种，以产碱杆菌属（*Alcaligenes*）、肠杆菌属（*Enterobacter*）和芽孢杆菌属（*Bacillus*）为主。16S rDNA 多样性分析结果初步说明毛竹具有多样性极其丰富的解磷、解钾内生细菌资源，为促生功能微生物菌剂的制备及应用提供了资源。

目前全世界共筛选出 30 属 89 种解磷微生物，其中细菌有 58 种[16]，主要包括芽孢杆菌（*Bacillus*）、埃希氏菌（*Escherichia*）、欧文氏菌（*Erwinia*）、假单胞杆菌（*Pseudomonas*）等[17-19]。具有解钾功能的细菌种类主要包括邻单胞菌属（*Plesiomonas*）、胶冻样芽孢杆菌（*Bacillusmucilaginosus*）、枯草芽孢杆菌（*Bacillus subtilis*）等[20]，这些细菌不仅能溶解钾长石，还可以溶解玻璃粉、磷灰石等。本试验分离到的芽孢杆菌属为常见的植物内生细菌，也是具有最强解磷能力的菌属之一，肠杆菌属的细菌可从玉米、棉花、水稻等多种植物上分离到，产碱杆菌属的细菌也存在于多种植物体内，分别被作为植物内生细菌或解磷细菌，并被单独报道过。

大量研究表明，解磷微生物在缺磷环境下会分泌有机酸，通过降低环境 pH，以及与 Ca^{2+}、Fe^{3+}、Al^{3+} 等离子螯合而使难溶性磷酸盐溶解，达到溶磷的目的[21]。本研究中大部分菌株液体培养时培养液的 pH 都有一定程度的下降，表明这些菌株在溶磷过程中会产生有机酸，这一结果与上述文献报道一致。但本研究中，具有解磷活性的 WYS-B12、WYS-A02-2、JL-D02、CT-B04-1 等菌株培养液的 pH 都升高了，表明不同解磷菌株的解磷机制不同，不产酸的微生物同样可以具有解磷作用[22]。本研究中部分供试菌株在固体平板分解圈大小、分解圈直径 / 菌落直径（D/d）值及液体摇瓶解磷解钾能力并非完全一致，说明这两种方法测定解磷解钾能力没有必然的相关性。说明各菌株解磷解钾机制存在着丰富的多样性。

植物解磷解钾内生细菌，是植物促生细菌的重要组成部分。这些有益微生物与植物关系密切，开展植物促生细菌的研究对植物微生物学的基础研究、对微生物资源在生态农业可持续发展具有重要的应用价值。本研究首次对毛竹解磷、解钾内生细菌进行了研究，探索了解磷解钾内生细菌的多样性，为植物内生促生细菌的合理开发利用提供了新的有应用价值的菌种资源。

参考文献

[1] POONGUZHALI S,MADHAIYAN M,SA T.Isolation and identification of phosphate solubilizing bacteria from chinese cabbage and their effect on growth and phosphorus utilization of plants[J].Journal of Microbiology and Biotechnology, 2008,18(4):773-777.

[2] BABITA K J,MOHANDASS G P,JEAN C,et al.Simultaneous phosphate solubilization potential and antifungal activity of new fluorescent pseudomonad strains[J].World Journal of microbiology and Biotechnology,2009,25(4):573-581.

[3] MATHUROT C,SAISAMORN L.Phosphate solubilization potential and stress tolerance of rhizobacteria from rice soil in Northern Thailand[J].World Journal of Microbiology and Biotechnology,2009,25(2):305-314.

[4] SRIDEVI M,MALLAIAH K V.Phosphate solubilization by Rhizobium strains[J].Indian Journal of Microbiology,2009,49(1):98-102.

[5] 张宇龙，卢小良，杨成德 . 东祁连山高寒草地土壤无机磷溶解菌分离及溶磷能力初探 [J]. 草地学报 ,2011,19(04):560-564.

[6] 张丽珍，樊晶晶，牛伟，等 . 盐碱地柠条根围土中黑曲霉的分离鉴定及解磷能力测定 [J]. 生态学报 ,2011,31(24):7571-7578.

[7] WANG G,ZHOU D,YANG Q.Solubilization of rock phosphate in liquid culture by fungal isolates from rhizosphere soil[J]. Pedosphere,2005(4):532-538.

[8] GOTHWAL R,NIGAM V,MOHANL M,et al.Phosphate solubilization by rhizospheric bacterial isolates from economically important desert plants[J].lndian Journal of Microbiology,2006,46(4):355-361.

[9] SOUCHIE E L,ABBOUD A C.Phosphate solubilization by microorganisms from the rhizosphere of *Pigeonpea genotypes* grown in different soil classes[J].Semina:Ciencias Agrarias,2007,28(1):11-18.

[10] NAUTIYAL C S,BHADAURIA S,KUMAR P,et al.Stress induced phosphate solubilization in bacteria isolated from alkaline

soils[J].FEMS Microbiology Letters,2000,182(2):29-296.

[11] MALIHA R,SAMINA K,NAJMA A,et al.Organic acids production and phosphate solubilization by phosphate solubilizing microorganisms (PSM) under in vitro conditions[J].Pakistan Journal of Biological Sciences,2004,7(2):187-196.

[12] 鲁如坤.土壤农业化学分析方法 [M]. 北京：中国农业科技出版社,2000:638.

[13] 赵小蓉, 林启美, 孙焱鑫, 等.细菌解磷能力测定方法的研究 [J]. 微生物学通报,2001(1):1-4.

[14] R.m N K.EFFECT OF Penicillium bilaji on the solubility and uptake of p and Micronutrients from soil by wheat[J].Canadian Journal of Soil Science,1988,68(2):261-270.

[15] ILLMER P,SCHINNER F.Solubilization of inorganic phosphates by microorganisms isolated from forest soils[J].Soil Biology and Biochemistry,1992,24(4):289-395.

[16] NAIK P,RAMAN G,NARAYANAN K,et al.Assessment of genetic and functional diversity of phosphate solubilizing fluorescent pseudomonads isolated from rhizospheric soil[J].BMC Microbiology,2008,8(1):230-243.

[17] DIDIEK H G,SISWANTO,YUDHO S.Bioactivation of poorly soluble phosphate rocks with a phosphorus-solubilizing fungus[J].Soil Science Society of America Journal,2000,64(3):927-932.

[18] ZHU H J,SUN L F,ZHANG Y F,et al.Conversion of spent mushroom substrate to biofertilizer using a stress-tolerant phosphate-solubilizing Pichia farinose FL7[J].Bioresource Technology,2012,111:410-416.

[19] OLIVEIRA C A,ALVES V M C,MARRIEL I E,et al.Phosphate solubilizing microorganisms isolated from rhizosphere ofmaize cultivated in an oxisol of the Brazilian Cerrado Biome[J].Soil Biology and Biochemistry,2008,41(9):1782-1787.

[20] BASAK B B,BISWAS D R.Influence of potassium solubilizing microorganism (Bacillus mucilaginosus) and wast emica on potassium uptake dynamics by sudan grass (Sorghum vulgare Pers.) grown under two Alfisols[J].Plant and Soil,2009,317(1/2):235-255.

[21] RELWANI L,KRISHNA P,REDDY M S.Effect of carbon and nitrogen sources on phosphate solubilization by a wild-type strain and uv-induced Mutants of *Aspergillus tubingensis*[J].Current Microbiology,2008,57(5):401-406.

[22] PANDEY A,TRIVEDI P,KUMAR B,et al.Characterization of a phosphate solubilizing and antagonistic strain of *Pseudomonas putida* (B0) isolated from a sub-alpine location in the indian central Himalaya[J].Current Microbiology,2006,53(2):102-107.

第十二章 内生促生细菌在毛竹体内的定殖

第一节 概述

到目前为止，在对植物内生菌的研究中均有大量结果证明，植物内生微生物群落的培养具有一定的自发性和动态变化性，需要具有特定特性的菌群来对植物内部环境进行改造，这在研究草本植物以及部分作物植物的根系共生菌群的过程已经有所证明[1]。依靠宏基因组分析技术，针对目标微生物群落基因功能进行理性预测，以及对特定基因序列的转录表达和功能分析，研究认为微生物群落的定殖过程与植物的次生代谢产物有一定关联，该化学物质可以引导微生物相关定殖基因的表达。以根系微生物群落的定殖过程为例，在综合内生微生物的定殖机理和基因表达过程，认为植物根系在聚集微生物群落，即定殖过程有以下几种机制，并且这些诱导性的手段[2]会引起微生物进行特化性演替的方向。

（1）诱导微生物群落向根际区域扩展或聚集，使得微生物群落在根际周围进一步分化演替。其原因可能在于植物根系所分泌的一些营养物质或代谢产物直接或间接地营造了适合微生物群落生长的环境，当处于这一阶段时，微生物群落逐步开始受到植物的基因表达调控。

（2）在经过对土壤周围的微生物群落诱导聚集后，更接近植物根系表面的微生物群落会进一步发生细化演替，会形成更加紧密的植物 - 微生物互作关系，在这一过程中，植物的基因表达调控会产生更加显著的作用，并且微生物在这一过程中所分泌的生物薄膜或外在黏性位置有利于其聚集在根系表面。

（3）部分微生物种群在植物根系表面产生共生关系后，会进一步侵入根系内部，形成完整的植物 - 微生物交互作用，通常由细胞结构简单和具有高效生物代谢能力的微生物菌种构成，植物的基因型对微生物进行种类筛选和改造的影响能力达到最高峰。

一、影响定殖的因素

在当前的研究观点中，认为土壤类型对微生物定殖起着主要推动作用。土壤作为微生物群落最大的繁衍栖息地，植物的根系需要通过土壤吸收营养物质，在这一过程中，内生菌便可以伴随植物的吸收进入植株体内并完成定殖[3,4]。但在同样的生境条件和土壤成分下，植物遗传类型是影响微生物基本群体结构和功能多样性的主要因素。当它们在同一土壤中共同生长时，植物类型的差异和种类的不同所形成的微生物群落组成类型也会不一致，并且这种特性会伴随基因遗传给子代。

植物根系次生代谢产物的不同对微生物定殖也会产生不同的正负影响，这一过程贯穿植物的生命周期，并且会对具有独特功能的微生物群落的构建产生巨大影响。有实验研究表明，常见作物植物与草本植物三叶草相比，根系的生理活动显著不同，在土壤中营造了不同的群落结构，即根系中的细菌群落。在排除外在杂菌的干扰下，通过收集的植物根系代谢产物对内生细菌进行诱导试验，试验结果显示根系固氮类内生菌菌群的关于定殖方面的基因响应表达活性有显著提升，充分说明根系代谢产物可以刺激微生物群落的活力。在更深入研究植物根系代谢产物对微生物定殖过程的分子机制后，发现常见的 III 型和 IV 型代谢物产生系统对于诱导微生物交互具有主要推动作用。同样也发现 GGDEF- 结构域信号转导蛋白参与全局二级信使环状 -GMP 的合成，这些基因的活性表达作用机理可能是在根系代谢物的影响下依靠集群操作优化微生物与植物的识别权限以便内生微生物的定殖。在这一过程中，有试验表明细菌乙醇脱氢酶可以有效促进作物植物根系微生物群落的定殖，而激素类物质吲哚 -3-乙酸代谢分解并没有产生显著效用。

微生物个体表面的细胞结构对于在植物的定殖也具有一定的作用 [5]。如脂多糖组合物或 IIV 型菌毛，还包括植物聚合物降解酶，纤维素酶或果胶酶等促进内生微生物群落定殖的结构。研究表明，蛋白分泌系统可以通过其与寄主植株所形成的连接通路，将自身产生的代谢产物通过此路径直接输送入宿主内部，完成植物 - 微生物互作过程，此过程在宿主响应调节微生物定殖过程中有重要作用。也有相关报道指出，回形式 IIV 菌毛能辅助微生物附生，以及在植物的附着面上提供一定的移动能力，其主要动力源自 PilT 介导的微生物体表鞭毛的收缩。但是，对于微生物群落形成其特定的生物膜，以及寄生至植物表面和内部定殖所起到的作用十分有限。

二、内生菌定殖检测

在微生物群落完成定殖过程过后，需要依靠一定的技术手段来检测内生微生物是否成功在植物内部定殖，目前的检测技术有很多种 [6]，在研究初期，多采用苯胺蓝染色光学显微镜观察法，该方法在定殖前，使用苯胺蓝对目标微生物群落进行染色，通过对比切片染色情况来确定实验菌群是否成功进入植株体内。随着技术的不断发展，目前多采用利福平、氨苄青霉素、卡那霉素等化学试剂进行菌种抗性分离提纯实验，其原理以发生遗传信息改变的菌种为对象，这种菌种具有高浓度抗生素抗性，通过对其进行标记，再在试验中使用该菌种方法确定。如何精确确定内生菌是否成功定殖于植物体内，对于研究植物 - 微生物之间的互作关系，以及微生物菌种寄生对宿主产生的后续影响有着重要作用，当前我国研究人员多采用以下几种定殖检测方法。

（1）单抗或双抗药性菌株筛选法。该种方法其原理本质是利用抗生素对菌群进行筛选。抗性检测方法操作简单但对于内生菌的精确定位能力不足，并且容易使得微生物产生耐药性。

（2）荧光标记法。该方法主要通过让目标微生物吸收对其正常生理生活无明显影响的具有受光照射可以发出荧光的化学物质，以达到定位检测目标物位置的检测处理方法。

（3）电镜免疫胶体金法。该方法具有检测精准度高、多次操作数值稳定、抗体保守性好、对各种方法兼容性好等长处。此方法在国内外研究中的使用过程中均受到良好评价。

目前因为宿主的生境复杂程度过高，以及植株体内部环境成分繁多，单一的检测方法难以满足越来越高的检测标准，现多采用复合型检测方法观察内生微生物的动态定殖过程与定殖部位[7]。如绿色荧光蛋白基因标记法，可以实时检测内源性微生物的生理活动过程。

第二节　抗利福平内生细菌的筛选

内生细菌菌株 CT-B09-2、JL-B06、WYS-A01-1 是从毛竹体内分离并筛选出的具有高效解磷解钾固氮功能的内生细菌，研究促生菌株是否能在植物体内繁殖和传导，不仅可以揭示其作用机制，而且对生产实践具有一定指导意义。本文以抗利福平标记法对供试菌株在毛竹体内的定殖情况进行了研究。

一、供试菌株与植物品种（毛竹）

供试菌株：菌株 CT-B09-2、JL-B06、WYS-A01-1 是由本实验室从毛竹体内分离并筛选出的具有高效解磷解钾固氮功能的内生促生细菌。

供试植物品种：毛竹种子，购自广西桂林。

二、培养基及主要试剂

内生细菌培养采用 NA 培养基：牛肉膏 3 g，蛋白胨 5 g，NaCl 5 g，琼脂 18 g，水 1000ml，pH 7.0 ～ 7.2（液体培养基则不加琼脂）。

主要试剂：所用试剂均为国产分析纯。

三、抗利福平突变菌株的筛选及菌悬液的制备

（一）抗利福平突变菌株的筛选

将供试菌株（CT-B09-2、JL-B06、WYS-A01-1）分别转入含 0.5μg/ml 利福平（Rif）NA 平板培养基上，28℃条件下培养 3 d，挑取可以生长的突变体菌株，然后再接入同一利福平浓度的 NA 平板培养基上，继代一次后转入更高利福平（Rif）浓度的 NA 平板培养基上，直至筛选出能在 300μg/ml 利福平（Rif）浓度的 NA 平板培养基上稳定生长，且菌落形态等均保持不变的抗性突变体菌株。

（二）抗利福平突变菌株遗传稳定性检测

将突变体菌株在不含利福平（Rif）的 NA 液体培养基中连续继代培养 10 代，涂布在 300 μg/ml 利福平浓度的 NA 平板培养基上观察其是否能正常生长。

（三）抗利福平突变菌株菌悬液制备

将上述抗利福平（Rif）标记的 CT-B09-2、JL-B06、WYS-A01-1 菌株在含 300μg/ml Rif NA 液体培养基中，28 ℃，180 r·min^{-1} 条件下振荡培养 72 h，用无菌水稀释制成含 1×10^8 cfu/mL 的菌悬液。

四、抗利福平突变菌株在毛竹体内的定殖

（一）不同接种方法测定抗利福平突变菌株的内生定殖动态

供试毛竹种子经温水浸泡 24 h 后，播种于装有无菌土的盆钵中，置于温室大棚中常规管理，待毛竹幼苗长到 4 叶 1 芽时，实施下列处理：

灌根法：取上述菌悬液分别浇灌于毛竹盆栽幼苗根部土壤，10 ml/ 株，每处理 5 株，3 次重复，并于接种后 3d 和 7d 分别取毛竹幼苗根、茎、叶部组织分离突变体菌株；

叶腋注射法：取上述菌悬液分别用无菌注射器注射至毛竹叶腋部位，每处理 5 株，3 次重复，接种后 3d 和 7d 分别取毛竹幼苗根、茎、叶部组织分离突变体菌株。

（二）定殖菌的回收

按照第三章第二节中内生细菌分离的方法，将各样品（根，茎，叶）处理后的稀释液涂布于含 300μg/ml 利福平（Rif）的 NA 平板培养基上，各样品重复 3 次。28℃恒温培养 2～3d，统计菌落总数，计算平均每克鲜重组织样品的细菌总数，用 cfu/g.FW 表示。

（三）数据统计与分析

数据统计绘图用 Excel，数据统计分析采用 DPS（V7.05）的相应分析功能进行。

第三节　灌根和注射法测定内生促生细菌的定殖

一、抗利福平突变菌株的筛选及其稳定性测定

（一）抗利福平突变菌株的筛选

对促生菌株（CT-B09-2、JL-B06、WYS-A01-1）进行抗利福平（Rif）筛选，得到能在含 300μg/mL 利福平的 NA 平板培养基上稳定生长的突变菌株（图 12-1-a）。它在不含利福平（Rif）的 NA 平板培养基上可以生长，其菌落形态、颜色等与原始菌株相同，而原始菌株在含 300μg/ml 利福平的 NA 平板培养基上不能生长（图 12-1-b）。

（二）促生菌株（CT-B09-2、JL-B06、WYS-A01-1）抗利福平突变菌株遗传稳定性测定

将能在含 300μg/ml 利福平的 NA 平板培养基上稳定生长的促生菌株（CT-B09-2、JL-B06、WYS-A01-1）接种到不含利福平的 NA 液体培养基中连续继代培养 10 代，取适量菌悬

液涂布在含 300 μg/ml 利福平的 NA 平板培养基上，结果显示突变菌株能够正常生长。

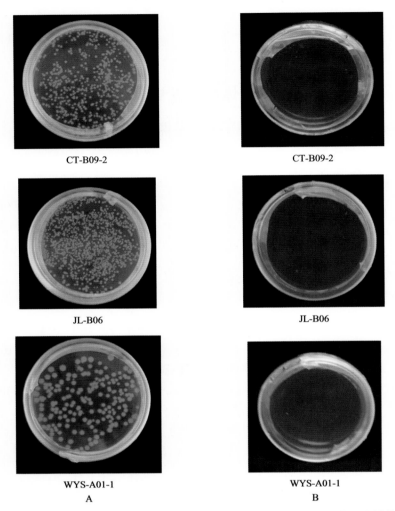

A 在含 300μg/ml Rif 的 NA 固体培养基上稳定生长的突变菌株；B 原始菌株在含 300μg/ml Rif 的 NA 固体培养基上不能生长

图 12-1   促生菌株抗利福平突变菌株的筛选结果

二、促生菌株（CT-B09-2、JL-B06、WYS-A01-1）在毛竹体内定殖结果

促生菌（CT-B09-2、JL-B06、WYS-A01-1）突变菌株菌悬液通过灌根法和叶腋注射法接种毛竹盆栽幼苗后，接种处理第 3 天时在各供试毛竹盆栽幼苗的根、茎、叶组织均能回收分离到利福平（Rif）标记的菌株，而各对照中未能分离到接种菌株，说明促生菌株能够通过灌根和注射的方式在毛竹体内定殖。除灌根法接种第 3 天未能在毛竹叶片中分离出 JL-B06、WYS-A01-1 突变菌株外，注射处理第 3 天及第 7 天两种接种处理方法在毛竹的根、茎、叶部组织中均能回收到突变菌株。试验结果见表 12-1。

表 12-1　浸根和注射法接种促生菌株在毛竹根体内的定殖分离结果

分离时间	接种处理方式																	
	灌根法									注射法								
	CT-B09-2			JL-B06			WYS-A01-1			CT-B09-2			JL-B06			WYS-A01-1		
	根	茎	叶	根	茎	叶	根	茎	叶	根	茎	叶	根	茎	叶	根	茎	叶
3d	+	+	+	+	+	−	+	+	−	+	+	+	+	+	+	+	+	+
7d	+	+	+	+	+	+	+	+	+	+	+	+	+	+	+	+	+	+

注：+ 表示可分离到细菌菌落。

（一）灌根处理后促生菌株在毛竹体内的定殖动态

促生菌（CT-B09-2、JL-B06、WYS-A01-1）突变菌株菌悬液灌根处理毛竹盆栽幼苗后第 3 d 和第 7 d 取根、茎、叶部组织分离突变菌株。结果表明，促生菌株（CT-B09-2、JL-B06、WYS-A01-1）不但可以在毛竹体内存活、定殖，并可在毛竹植株内繁殖传导。灌根处理 3 天时，即可在毛竹的根、茎部组织分离到突变菌株（CT-B09-2、JL-B06、WYS-A01-1），并且叶部位检测到突变菌株（CT-B09-2），处理第 7 d 时，在毛竹的根、茎、叶部位均可分离出促生菌（CT-B09-2、JL-B06、WYS-A01-1）突变菌株，而对照中未分离到细菌。

灌根处理结果表明促生菌株（CT-B09-2、JL-B06、WYS-A01-1）可通过根表进入毛竹体内定殖，不但能够在毛竹体内定殖，而且还具有传导性。接种第 3 d 即可在毛竹各部位分离检测到促生菌株 CT-B09-2，表明该菌在毛竹体内的传导速度较快，详见图 12-2、图 12-3。

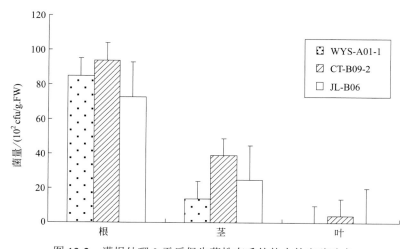

图 12-2　灌根处理 3 天后促生菌株在毛竹体内的定殖动态

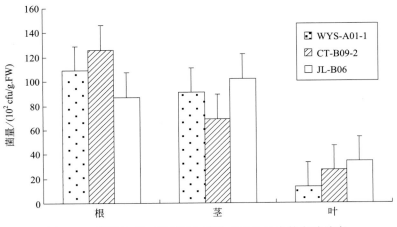

图 12-3　灌根处理 7 天后促生菌株在毛竹体内的定殖动态

（二）叶腋注射接种后促生菌株在毛竹体内的定殖结果

促生菌（CT-B09-2、JL-B06、WYS-A01-1）突变菌株菌悬液经叶腋注射处理毛竹盆栽幼苗。结果表明，接种处理第 3 天和第 7 天时，在毛竹根、茎、叶部组织均可以分离到促生菌株（CT-B09-2、JL-B06、WYS-A01-1）突变体，而对照中未分离到细菌。

叶腋注射处理结果证明促生菌株（CT-B09-2、JL-B06、WYS-A01-1）可通过体表进入毛竹体内定殖，不但能够在毛竹体内定殖，而且还具有传导性，进一步表明其为植物内生细菌。其中促生菌株 CT-B09-2 在毛竹各部位组织的含量最高，说明该菌株在毛竹体内的传导速度和繁殖速度最快，详见图 12-4、图 12-5。

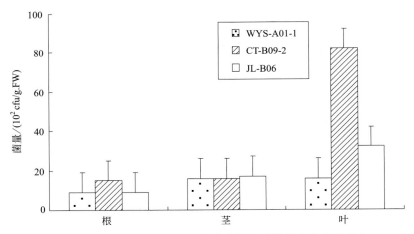

图 12-4　叶腋注射处理 3 天后促生菌株在毛竹体内的定殖动态

通过灌根和叶腋注射法分别将各促生菌株（CT-B09-2、JL-B06、WYS-A01-1）回接到毛竹盆栽幼苗，3 d 和 7 d 均能够分离出菌落形态与原始菌株相同的细菌菌株，清水对照没有分离出目标菌株。表明由灌根和叶腋注射法接入的内生细菌能够在毛竹体内成功定殖。

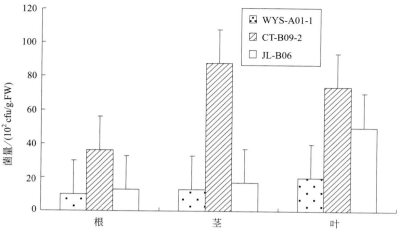

图 12-5　叶腋注射处理 7 天后促生菌株在毛竹体内的定殖动态

三、定殖菌的回收和鉴定

经常规鉴定，抗 Rif 突变菌株及从组织内回收的菌株均与原始菌株相同。因此，以 300μg/ml Rif 为抗性标记，可以对菌株在植株体内的内生定殖进行检测。进一步说明以利福平作抗性标记，对内生细菌在宿主体内进行定殖检测的方法是可靠的。

参考文献

[1] 熊娟 . 植物根内生菌促生作用及其定殖能力研究 [D]. 福州 : 福建师范大学 ,2019.

[2] DAVIDE B,KLAUS S,STIJN S,et al.Structure and functions of the bacterial microbiota of plants[J].Annual Review of Plant Biology,2013,64(1):807-838.

[3] TAN Z,HUREK T,REINHOLD-HUREK B.Effect of N-fertilization,plant genotype and environmental conditions on nifH gene pools in roots of rice[J].Environmental Microbiology,2003,5(10):1009-1015.

[4] ROBERT L S.Some influences of the development of higher plants upon the microorganisms in the soil:iii.influence of the stage of plant growth upon some activities of the organisms[J].Soil Science,1929,27(6):355-378.

[5] BARBARA R,THOMAS H.Living inside plants:bacterial endophytes[J].Current Opinion in Plant Biology,2011,14(4):435-443.

[6] 张则君 , 张晓宇 , 刘宏 , 等 . 植物内生细菌分离鉴定方法概述 [J]. 农业技术与装备 ,2012(22):75-77.

[7] 徐亚军 . 植物内生菌资源多样性研究进展 [J]. 广东农业科学 ,2011,38(24):149-152.

第十三章 内生促生细菌对毛竹光合特性和几种酶活性的作用

第一节 内生促生细菌对毛竹光合特性和几种酶活性作用的测定

一、供试菌株与植物品种（毛竹）

1. 供试菌株：菌株 CT-B09-2、JL-B06、WYS-A01-1 由本实验室从毛竹体内分离并筛选出的具有高效解磷解钾固氮功能的内生促生细菌。

2. 供试植物品种：毛竹种子，购自广西桂林。

3. 试验林地：

福建省将乐县龙栖山自然保护区毛竹林基地，选择立地条件、毛竹林分各种状况一致的成片地段，采用随机区组法设置试验区组和对照区组。坐标：东经：117° 16′ 0.4″，北纬：26° 31′ 32.2″—东经：117° 15′ 53.6″，北纬：26° 31′ 38.8″，海拔为 891 m。年平均气温在 16 ℃，1 月平均气温 6.2 ℃，7 月平均气温 25.3 ℃，绝对最低气温 –8.3 ℃，绝对最高气温 32 ℃，年平均降水雨量 1797 mm，雨季主要在春夏，秋冬降雨量较少。年平均相对湿度 84 %，年平均气压 996.7 mp，年日照时数 1701.5 h。无霜期长 297 d，霜期约 68 d。

二、培养基及主要试剂

内生细菌培养采用 NA 培养基：牛肉膏 3g，蛋白胨 5g，Nacl 5g，琼脂 18g，水 1000mL，pH 7.0 ～ 7.2（液体培养基则不加琼脂）。

主要试剂：所用试剂均为国产分析纯。

三、促生菌株菌悬液制备

将筛选出的促生菌株 CT-B09-2、JL-B06、WYS-A01-1 分别接种于 NA 液体培养基中，在 28 ℃条件下以 180r/min 转速振荡培养 72 h，用无菌水稀释制成含 1×10^8 cfu/mL 的菌悬液。

四、促生菌株菌悬液接种方法

（一）灌根法接种盆栽毛竹幼苗

取毛竹种子，经温水浸泡 24 h 后，播种于装有无菌土的盆钵中，置于温室大棚中常规管理，待毛竹幼苗长到 4 叶 1 芽时，实施下列处理：

（1）对照组：灌根清水 30 mL；

（2）处理组：灌根接种促生细菌悬浮液 30 mL。每处理 5 株，6 次重复。定期进行田间管理，并于 15 d、30 d、60 d 对毛竹幼苗叶片进行光合作用指标及叶绿素含量、丙二醛（malondialdehyde，MDA）、过氧化物酶（peroxidase，POD）、超氧化物歧化酶（superoxide dismutase，SOD）、可溶性蛋白含量、可溶性糖等生理生化指标的测定。

（二）注射法接种林间Ⅱ度毛竹

选取福建省将乐县龙栖山自然保护区毛竹林基地，选取Ⅱ度毛竹，先用电钻在距土表 30 cm 左右的竹杆部位钻孔，然后取上述菌悬液 30 mL 分别用无菌注射器注射至毛竹竹腔内部，第二天重复接种 30 mL，并用泥土封住竹腔空洞。每处理 10 株，3 次重复，以清水为对照。分别于处理后 15 d、30 d、60 d、90 d 通过高枝剪采集毛竹东、南、西、北四个方向的毛竹叶片各 5～10 片，并充分混合作为一个混合样，用于叶绿素含量、过氧化氢酶（catalase，CAT）、丙二醛、过氧化物酶、超氧化物歧化酶、可溶性蛋白含量、可溶性糖等生理生化指标的测定。

五、毛竹叶片光合作用指标的测定

采用美国 LI-COR 公司生产的 LI-6400 型便携式光合作用测定仪测定毛竹盆栽幼苗叶片光合指标，测定时设定系统内气流速度为 $50\mu mol \cdot s^{-1}$，采用专用内置红光源，光照强度设定为 $1300\mu mol \cdot m^{-2} \cdot s^{-1}$ 光量子。在晴天上午 9 点至 11 点 30 分活体测定倒数第一片全展叶中部的净光合速率、蒸腾速率、气孔导度和细胞间隙 CO_2 浓度，重复测定 6 片。

六、毛竹叶片生理生化指标的测定

采用 SPAD-502 叶绿素快速测定仪（Minolta，Japan），选取 10 片毛竹叶片，分别在叶基、叶中、叶尖处测得 SPAD 值，求出每片叶的平均值，进行 3 个重复。用 SPAD 值表示叶片叶绿素相对值。

采用紫外分光光度法测定毛竹叶片过氧化氢酶（CAT）活性，参照硫代巴比妥酸法测定毛竹叶片丙二醛含量，参照愈创木酚法测定毛竹叶片过氧化物酶活性，参照氮蓝四唑（nitrotetrazolium blue chloride，NBT）光还原法测定毛竹叶片超氧化物歧化酶活性，采用考马斯亮蓝比色法测定毛竹叶片可溶性蛋白含量，采用蒽酮比色法测定毛竹叶片可溶性糖含量。

七、数据统计与分析

数据统计绘图用 Excel，数据统计分析采用 DPS（V7.05）的相应分析功能进行。

第二节 内生促生细菌对毛竹光合特性及酶活性作用的结果分析

一、内生促生细菌对毛竹幼苗叶片光合作用指标的影响

毛竹盆栽幼苗经灌根接种内生细菌（CT-B09-2、JL-B06、WYS-A01-1）后 15 d、30 d 和 60 d 分别测定毛竹叶片光合速率（Pn）、蒸腾速率（Tr）、气孔导度（Gs）和胞间 CO_2 浓度（Ci）。结果表明，经内生促生细菌处理后的毛竹幼苗叶片光合速率、蒸腾速率、气孔导度显著高于对照，胞间 CO_2 浓度则低于对照。尤其以接种处理后 15 d 测定数据最为显著。

从表 13-1 可以看出，盆栽毛竹幼苗接种 15 d 后，毛竹幼苗叶片光合速率均高于对照，分别比对照高出 25.66 %、61.18 % 和 39.47 %，其中内生促生细菌 JL-B06 与对照（清水处理）差异明显。内生促生细菌菌液接种 30 d 和 60 d 后叶片光合速率均高于清水对照处理，但差异不明显。

表 13-1 内生促生细菌对毛竹叶片光合速率（Pn）的影响

处理	光合速率（Pn）/（$\mu mol \cdot CO_2 \cdot m^{-2} \cdot s^{-1}$）		
	15d	30d	60d
CT-B09-2	1.91±0.26ab	1.17±0.15a	3.36±0.39a
JL-B06	2.45±0.26a	1.66±0.29a	3.92±0.50a
WYS-A01-1	2.12±0.35ab	1.48±0.37a	2.93±0.87a
清水	1.52±0.16b	1.12±0.15a	2.91±0.67a

从表 13-2 可以看出，内生促生细菌接种 15 d 后，毛竹幼苗叶片蒸腾速率均高于对照，分别比对照高出 52.48 %、34.65 % 和 41.58 %，其中内生促生细菌 CT-B09-2 与清水处理对照差异明显。内生促生细菌接种 30 d 和 60 d 后叶片蒸腾速率均高于清水对照处理，但差异不明显。

表 13-2 内生促生细菌对毛竹叶片蒸腾速率（Tr）的影响

处理	蒸腾速率（Tr）/（$\mu mol\ H_2O \cdot m^{-2} \cdot s^{-1}$）		
	15d	30d	60d
CT-B09-2	1.54±0.09a	0.60±0.06a	1.40±0.37a
JL-B06	1.36±0.16ab	0.83±0.13a	1.07±0.26a
WYS-A01-1	1.43±0.16ab	0.75±0.13a	0.90±0.09a
清水	1.01±0.15b	0.54±0.06a	0.52±0.31a

从表 13-3 可以看出，内生促生细菌接种 15 d 后，毛竹幼苗叶片气孔导度均高于对照，分别比对照高出 95.45 %、118.18 % 和 50.00 %，其中内生促生细菌 CT-B09-2、JL-B06 与清水处理对照差异明显。内生促生细菌接种 30 d 和 60 d 后叶片蒸腾速率均高于清水对照处理，但差异不明显。

表 13-3　内生促生细菌对毛竹叶片气孔导度（Gs）的影响

处理	气孔导度（Gs）/（μmol $H_2O \cdot m^{-2} \cdot s^{-1}$）		
	15d	30d	60d
CT-B09-2	0.043±0.003ab	0.026±0.005ab	0.038±0.010a
JL-B06	0.048±0.006a	0.043±0.009a	0.041±0.005a
WYS-A01-1	0.033±0.004bc	0.023±0.008b	0.028±0.006a
清水	0.022±0.002c	0.016±0.002b	0.002±0.010a

从表 13-4 可以看出，内生促生细菌接种 15 d 后，毛竹幼苗叶片胞间 CO_2 浓度均低于对照，分别比对照低 12.61 %、3.62 % 和 14.89 %，其中内生促生细菌 CT-B09-2、WYS-A01-1 与清水处理对照差异明显。内生促生细菌接种 30d 和 60d 后叶片胞间 CO_2 浓度均低于清水对照处理，但差异不明显。

表 13-4　内生促生细菌对毛竹叶片胞间 CO_2 浓度（Ci）的影响

处理	胞间 CO_2 浓度（Ci）/（μmol $CO_2 \cdot m^{-2} \cdot s^{-1}$）		
	15d	30d	60d
CT-B09-2	269.43±16.78bc	245.14±18.80a	277.8±10.67a
JL-B06	297.14±5.80ab	277.17±19.73a	250.67±8.55a
WYS-A01-1	262.38±11.20c	236.73±25.12a	267.88±24.65a
清水	308.29±6.56a	294.5±13.66a	325.00±92.44a

蒸腾作用在转运水分和植物吸收方面具有重要推动作用，不仅能够维持植物各部分的水分饱和，保持细胞组织的形态，促进无机盐类在植物体内的分布，而且还能够散出植物进行光合作用和氧化代谢中多余的热能，同时植物在进行光合作用时必须张开气孔，从大气中获取所需的 CO_2，因此，内生促生细菌可以提高其光合作用，从而促进毛竹的生长。

二、灌根接种内生细菌对毛竹幼苗叶片生理生化指标的影响

（一）内生促生细菌对毛竹叶片叶绿素含量的影响

叶绿素作为植物进行光合作用的主要色素，其含量对光合速率有直接的影响。孟军[1] 等的研究证明，叶绿素含量在一定范围内与叶片净光合速率呈正相关。叶绿素仪（SPAD chlorophyll meter）提供了一个简单、快速、非破坏性测定叶片中叶绿素含量的方法[2]。叶绿素含量与 SPAD（soil and plant analyzer development）值密切相关，因此 SPAD 值可代表叶绿素含量的高低，不同时期毛竹叶片 SPAD 结果见图 13-1。

从图 13-1 可以看出，经内生细菌灌根接种处理后毛竹叶片 SPAD 值均高于清水对照处理，其中内生细菌接种处理 30d，内生细菌接种处理毛竹叶片 SPAD 值均明显高于清水对照。内生细菌处理后的毛竹叶片叶绿素含量增加，因叶绿素在光能吸收、传递和转换中起着重要的作用，因此可以认为叶绿素含量的增加能够提高毛竹的光合作用速率，从而促进其生长。

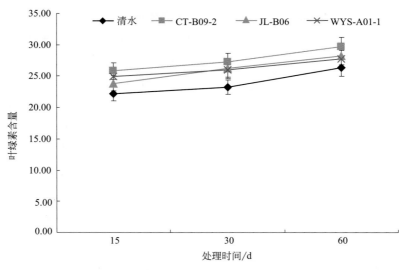

图 13-1　内生细菌处理后毛竹叶片 SPAD 值的变化

（二）内生促生细菌对毛竹叶片丙二醛（MDA）活性的影响

内生细菌灌根处理毛竹幼苗后，毛竹叶片丙二醛（MDA）浓度，与清水处理对照相比，内生细菌接种 15～60d 内各处理之间 MDA 浓度基本保持平稳并稍有降低（图 13-2）。表明寄主体内 MDA 含量与寄主细胞的损伤程度相关，这与陈少裕[3]认为寄主体内 MDA 含量是膜脂过氧化程度的一个重要标志的结果相吻合。MDA 含量增加是植物细胞损伤的直接因素，因此，毛竹经内生细菌处理后可以有效地降低 MDA 的含量，从而起到保护毛竹的细胞膜的作用。

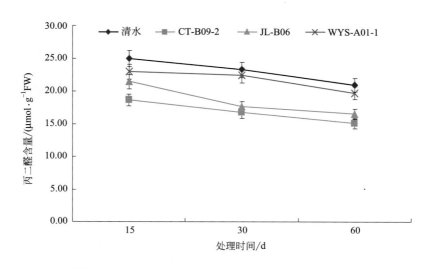

图 13-2　内生细菌处理后毛竹叶片 MDA 含量的变化

（三）内生促生细菌对毛竹叶片过氧化物酶（POD）活性的影响

由图 13-3 表明，内生细菌处理对毛竹叶片的过氧化物酶（POD）活性产生了不同的影响。

经内生细菌 CT-B09-2 处理 15 d 时与对照处理相比 POD 活性略有降低，差异不显著；内生细菌 JL-B06 和 WYS-A01-1 处理后的 POD 活性均高于清水对照。内生细菌处理 30 d 和 60 d 时，内生细菌 CT-B09-2、JL-B06 及 WYS-A01-1 处理后的毛竹叶片过氧化物酶活性均高于清水对照。

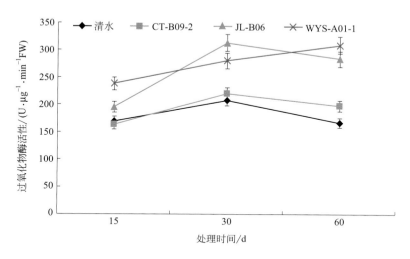

图 13-3　内生细菌处理后毛竹叶片 POD 活性的变化

（四）内生促生细菌对毛竹叶片超氧化物歧化酶（SOD）活性的影响

经内生细菌 CT-B09-2、JL-B06 及 WYS-A01-1 处理后毛竹叶片的超氧化物歧化酶（SOD）活性的变化趋势与对照处理变化趋势基本相似，呈现平稳并上升的趋势，内生细菌 CT-B09-2、JL-B06 及 WYS-A01-1 处理 15 d、30 d 和 60 d 后的毛竹叶片超氧化物歧化酶（SOD）活性均高于清水对照（图 13-4）。研究结果表明促生菌株接种后可以提高毛竹叶片超氧化物歧化酶（SOD）活性。

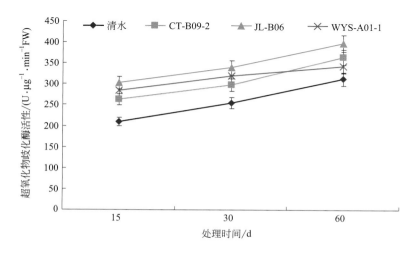

图 13-4　内生细菌处理后毛竹叶片 SOD 活性的变化

（五）内生促生细菌对毛竹叶片可溶性蛋白含量的影响

各处理毛竹叶片可溶性蛋白含量变化的测定结果表明（图13-5），内生细菌各处理及清水对照处理毛竹叶片可溶性蛋白含量逐渐增加的趋势；内生细菌接种15 d、30 d和60 d时，JL-B06、CT-B09-2和WYS-A01-1处理后的毛竹叶片可溶性蛋白含量与清水对照相比，差异显著。由此可见，接种内生细菌可诱导毛竹叶片内可溶性蛋白含量的增加。

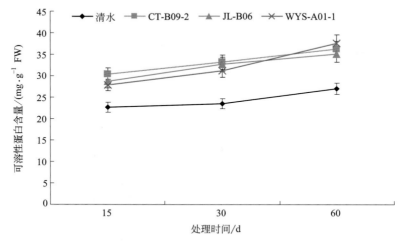

图 13-5　内生细菌处理后毛竹叶片可溶性蛋白含量的变化

（六）内生促生细菌对毛竹叶片可溶性糖含量的影响

各处理毛竹叶片可溶性糖含量变化的测定结果表明（图13-6），各内生细菌处理及清水对照处理毛竹叶片可溶性糖含量逐渐增加的趋势；内生细菌接种15 d、30 d和90 d时，CT-B09-2、JL-B06及WYS-A0-1处理的毛竹叶片可溶性糖含量均明显高于清水对照。

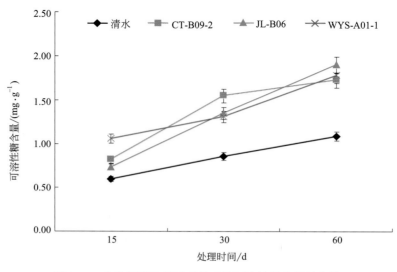

图 13-6　内生细菌处理后毛竹叶片可溶性糖含量的变化

三、注射法接种内生细菌对毛竹叶片生理生化指标的影响

（一）内生促生细菌对毛竹叶片叶绿素含量的影响

叶绿素作为植物进行光合作用的主要色素，其含量对光合速率有直接的影响。孟军[1]等的研究证明，叶绿素含量在一定范围内与叶片净光合速率呈正相关。叶绿素仪提供了一个简单、快速、非破坏性测定叶片中叶绿素含量的方法[2]。叶绿素含量与 SPAD 值密切相关，因此 SPAD 值可代表叶绿素含量的高低，不同时期毛竹叶片 SPAD 结果见图 13-7。

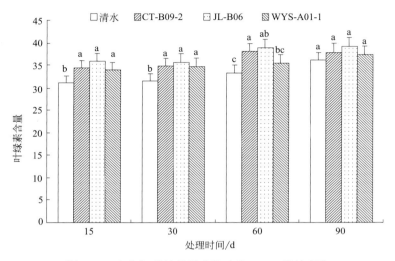

图 13-7　内生细菌处理后毛竹叶片 SPAD 值的变化

从图 13-7 可以看出，经内生细菌注射接种处理后毛竹叶片 SPAD 值均高于清水接种的对照处理，其中内生细菌接种处理 15 d 和 30 d，内生细菌接种处理毛竹叶片 SPAD 值与清水对照相比差异显著。内生细菌处理后的毛竹叶片叶绿素含量增加，因叶绿素在光能吸收、传递和转换中起着重要的作用，因此可以认为叶绿素含量的增加能够提高毛竹的光合作用速率，从而促进其生长。

（二）内生促生细菌对毛竹叶片过氧化氢酶（CAT）活性的影响

由图 13-8 研究结果表明，内生细菌处理对毛竹叶片的过氧化氢酶（CAT）活性产生了显著的影响，内生细菌（CT-B09-2、JL-B06、WYS-A01-1）处理后的毛竹叶片过氧化氢酶活性均高于清水对照处理。内生细菌处理的毛竹叶片的 CAT 活性变化较一致，均呈先升后降达到最低值的趋势，经内生细菌处理后，毛竹体内的 CAT 活性能迅速上升并维持在较高的水平，内生细菌 WYS-A01-1 处理 30d 和 JL-B06 处理 60d 时达到峰值，与对照处理之间差异显著。过氧化氢酶（CAT）是植物体内重要的酶促防御系统，可以清除 H_2O_2，是植物体内重要的抗氧化酶。由图 13-8 可以看出，接种内生细菌后，毛竹体内的 CAT 含量能迅速上升，经内生细菌处理后的毛竹叶片能迅速提高其体内的抗氧化酶活性，充分与 H_2O_2、O_2 等物质反应，从而维持活性氧与其清除系统之间的相对平衡。

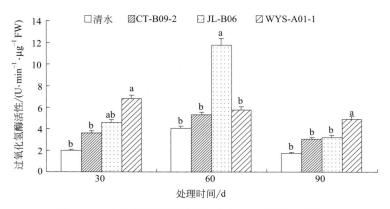

图 13-8   内生细菌处理后毛竹叶片 CAT 活性的变化

（三）内生促生细菌对毛竹叶片丙二醛（MDA）活性的影响

内生细菌注射法接种处理 II 度毛竹后，毛竹叶片丙二醛（MDA）浓度的变化测定结果显示（图 13-9），与清水处理对照相比，内生细菌接种 15 ～ 90 d 内各处理之间 MDA 浓度基本保持平稳或稍有降低。表明寄主体内 MDA 含量与寄主细胞的损伤程度相关，这与陈少裕[3] 认为寄主体内 MDA 含量是膜脂过氧化程度的一个重要标志的结果相吻合。MDA 含量增加是植物细胞损伤的直接因素，因此，毛竹经内生细菌处理后可以有效地降低 MDA 的含量，从而起到保护毛竹的细胞膜的作用。

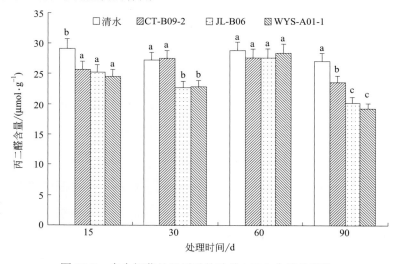

图 13-9   内生细菌处理后毛竹叶片 MDA 含量的变化

（四）内生促生细菌对毛竹叶片过氧化物酶（POD）活性的影响

由图 13-10 可以看出，内生细菌注射处理后对毛竹叶片的过氧化物酶（POD）活性产生了不同的影响。经内生细菌接种处理 15 d 时与对照处理相比 POD 活性略有降低，但差异均不显著；内生细菌 CT-B09-2 接种处理 30 d 时 POD 活性明显高于其他内生细菌处理及清水对照处理，差异显著。内生细菌 JL-B06 接种处理 60d 时 POD 活性明显高于其他内生细菌处理及清水对照处理。内生细菌 CT-B09-2、JL-B06 接种处理 90d 时 POD 活性明显高于内生细菌 WYS-A01-1 及清水对照处理。研究结果表明内生促生细菌注射接种毛竹后可以提高毛竹叶片过氧化物酶（POD）活性，从而促进毛竹生长。

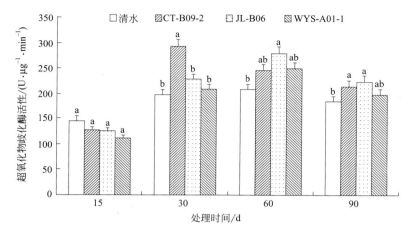

图 13-10　内生细菌处理后毛竹叶片 POD 活性的变化

（五）内生促生细菌对毛竹叶片超氧化物歧化酶（SOD）活性的影响

内生促生细菌 CT-B09-2、JL-B06 及 WYS-A01-1 处理 15d 、30d、60d 和 90d 后，毛竹叶片的超氧化物歧化酶（SOD）活性变化与清水对照处理变化趋势基本相似，呈现平稳的趋势，且各处理与清水对照处理之间差异不明显（图 13-11）。说明注射法接种促生菌株后可以提高毛竹叶片的超氧化物歧化酶（SOD）活性，但影响不显著。

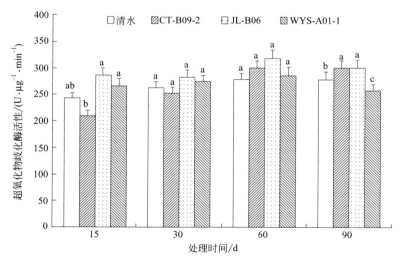

图 13-11　内生细菌处理后毛竹叶片 SOD 活性的变化

（六）内生促生细菌对毛竹叶片可溶性蛋白含量的影响

经各内生细菌处理后，毛竹叶片可溶性蛋白含量与清水对照处理毛竹叶片可溶性蛋白的含量均呈现逐渐增加的趋势。内生细菌接种 15 d 时，JL-B06 处理的毛竹叶片可溶性蛋白含量与清水对照相比，差异显著。内生细菌接种 30 d 时，CT-B09-2 处理的毛竹叶片可溶性蛋白含量与清水对照相比，差异显著。内生细菌接种 60 d 时，CT-B09-2 及 JL-B06 处理的毛竹叶片可溶性蛋白含量均出现较高水平增长，与清水对照相比差异显著。接种 90 d 时各处理间及与清水对照处理相比基本持平，差异不显著（图 13-12）。由此可见，接种内生细菌可诱导毛竹叶片内可溶性蛋白含量的增加。

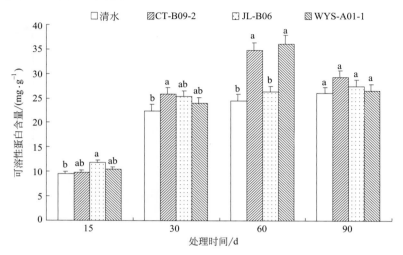

图 13-12　内生细菌处理后毛竹叶片可溶性蛋白含量的变化

（七）内生促生细菌对毛竹叶片可溶性糖含量的影响

毛竹叶片可溶性糖含量变化的测定结果表明（图 13-13），各内生细菌处理及清水对照处理毛竹叶片可溶性糖含量呈现逐渐增加的趋势，但不同内生细菌影响不同。内生细菌接种 15d 时，各内生细菌处理的毛竹叶片可溶性糖含量与清水对照相比，差异不显著。内生细菌接种 30d 时，JL-B06 处理的毛竹叶片可溶性糖含量与清水对照相比，差异显著。内生细菌 JL-B06 及 WYS-A01-1 接种处理 90d 时毛竹叶片可溶性糖含量均明显高于清水对照处理，差异显著。

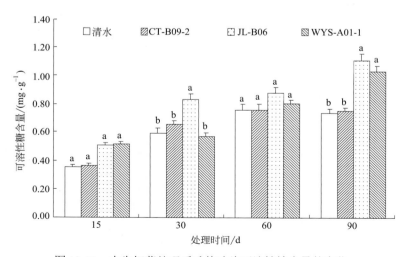

图 13-13　内生细菌处理后毛竹叶片可溶性糖含量的变化

四、小结

内生促生细菌菌株 CT-B09-2、JL-B06 和 WYS-A01-1[2] 能够提高毛竹叶片光合速率、蒸腾速率和气孔导度，同时降低叶片胞间 CO_2 浓度，提高毛竹光合作用，从而促进毛竹生长。

蒸腾作用可以推动水分转运和植物吸收，散出植物光合作用和氧化代谢中多余的热能，在植物进行光合作用时必须张开气孔，进而从大气中获取所需的 CO_2，因此，内生促生细菌可以提高其光合作用，从而促进毛竹的生长。

叶绿素是植物进行光合作用的主要色素，其含量的高低直接影响到植物的光合速率。并且叶绿素含量在一定范围内与叶片净光合速率呈正相关[1]。彭运生等[2] 研究证明，SPAD meter 叶绿素仪是一种简单、快速、非破坏性测定叶片中叶绿素含量的方法。叶绿素含量与 SPAD 值密切相关，因此不同时期毛竹叶片 SPAD 值可代表叶绿素含量的高低。内生促生细菌处理后毛竹叶片的叶绿素含量得到提高，提高了毛竹光合作用。

经内生促生细菌接种处理后，毛竹体内的保护酶活性得到增强，毛竹对不良环境条件的反应得到改善。内生促生细菌接种处理毛竹幼苗后，丙二醛（MDA）含量低于对照，表明毛竹体内 MDA 含量与植物细胞的损伤程度相关，这与陈少裕[3] 认为寄主体内 MDA 含量是膜脂过氧化程度的一个重要标志的结果相吻合。毛竹经内生细菌处理后降低 MDA 的含量，从而起到保护毛竹的细胞膜的作用。毛竹体内超氧化物歧化酶（SOD）、过氧化物酶（POD）活性、可溶性蛋白含量和可溶性糖含量均有所提高，表明内生细菌菌株 CT-B09-2、JL-B06 和 WYS-A01-1[4] 对毛竹均具有一定的促生作用。

目前生物菌肥或生物有机肥等越来越受到人们的重视，其目标菌种多为从土壤中筛选得到，而内生菌可以主动从植物体表进入植物体内，并能够在植物体内定殖[5]，因此内生促生细菌作为重要的微生物资源在农业生产中具有良好的研究和开发潜力。人们已经从多种植物中分离并筛选出多种具有防病、促生、内生固氮等功能的内生细菌，同时也从植物体内分离到能降解有机污染物或具有重金属抗性并能促进植物生长的内生细菌。因此，加强植物内生细菌资源的研究，建立各种功能内生细菌的资源库具有重要的意义。

本研究通过灌根的方法分别接种三种内生促生细菌发酵菌液，研究了单个内生细菌菌株对毛竹幼苗的促生作用，下一步可对微生物菌液的其他接种方式进一步探讨，如吊针注射接种法、叶腋注射接种法等。同时还应进一步了解毛竹不同发育期接种内生促生细菌发酵液对促进毛竹生长的影响以及复合微生物菌液的促生作用。此外，还应继续深度探讨内生促生细菌培养所需的原料种类、发酵生产条件、不同内生细菌发酵菌液的复配比例、通过喷雾干燥或冷冻干燥等方法获得高收率活菌体等工艺条件，以达到最佳的使用效果及便于运输和施用的目的，从而在农业丰产增收中发挥重要的作用。

参考文献

[1] 孟军，陈温福，徐正进，等 . 水稻剑叶净光合速率与叶绿素含量的研究初报 [J]. 沈阳农业大学学报，2001（4）：247-249.

[2] 彭运生，王化琪，何道根 . 水、旱稻品种叶片光谱的初步研究 [J]. 光谱学与光谱分析，1998（3）：14-17.

[3] 陈少裕 . 膜脂过氧化对植物细胞的伤害 [J]. 植物生理学通讯，1991（2）：84-90.

[4] YUAN Z S，LIU F，ZHANG G F. Characteristics and biodiversity of endophytic phosphorus- and potassium-solubilizing bacteria in moso Bamboo[J].Acta Biologica Hungarica，2015，66（4）：465-475.

[5] 卢镇岳，杨新芳，冯永君 . 植物内生细菌的分离、分类、定殖与应用 [J]. 生命科学，2006（1）：90-94.

第十四章 内生促生细菌对毛竹叶片叶绿素荧光参数的影响

第一节 毛竹叶片叶绿素荧光参数的测定

本文选用从毛竹体内分离并筛选出的具有高效解磷解钾固氮功能的内生促生细菌菌株 CT-B09-2、JL-B06、WYS-A01-1[1]，通过竹腔注射的方式接种Ⅱ度毛竹，初步探讨内生促生细菌对毛竹叶片叶绿素荧光参数的影响，为微生物菌剂的开发利用奠定基础。

一、供试菌株

内生促生细菌菌株 CT-B09-2、JL-B06、WYS-A01-1，由本实验室从毛竹体内分离并筛选出，具有高效解磷解钾固氮功能。

二、培养基

内生菌培养采用 NA 培养基：牛肉膏 3 g，蛋白胨 10 g，NaCl 5 g，琼脂 18 g，水 1000 ml，pH 7.0 ～ 7.2（液体培养基则不加琼脂）。

三、内生促生细菌悬浮液制备

将筛选出的内生促生细菌菌株 CT-B09-2、JL-B06、WYS-A01-1 分别接种于 NA 液体培养基中，在 28 ℃ 和 180 r·min^{-1} 条件下振荡培养 72 h，用无菌水稀释制成含 1×10^8 cfu/mL 的悬浮液。

四、竹腔注射法接种Ⅱ度毛竹

在福建省毛竹林中心产区[2]将乐县龙栖山自然保护区毛竹林基地，选择立地条件、毛竹林分等相对一致的成片毛竹林地，选取Ⅱ度毛竹，先用电钻在距土表 30 cm 左右的竹杆部位钻孔，然后取上述内生细菌悬浮液 50 mL 用无菌注射器注射至毛竹竹腔内部，第二天重复接种 50 mL，用泥土封住竹腔孔洞并做好标记。每处理 100 株，以清水为对照。并于 15 d、30 d、60 d、90 d 对Ⅱ度毛竹叶片进行叶绿素荧光参数的测定。

五、毛竹叶片叶绿素荧光参数测定

采用捷克 PSI 公司生产的 handy Fluor Cam 荧光成像仪进行叶绿素荧光参数的测定，先调整好成像仪摄像头的位置，再调整聚焦使其能够拍摄到清晰的图像，所选用的模式为 Quenching，测定前需预热 20 min。将完整毛竹叶片暗适应 30 min 后测定叶绿素荧光参数。

六、数据统计与分析

数据统计用 Excel，数据统计分析采用 DPS（V7.05）的相应分析功能进行。

第二节　内生促生细菌对毛竹叶片叶绿素荧光参数影响结果分析

一、内生促生细菌对毛竹叶片叶绿素荧光参数 F_0 的影响

叶绿素荧光参数用来描述光合作用和光合生理状况或常量的机制，反映植物"内在"的特征变量，叶绿素荧光参数的分析在 PS Ⅱ 叶片光合作用光能吸收，传递，耗散，分配等方面具有独特的作用。F_0 表示最小初始荧光，是指经过充分暗适应的光合机构光系统Ⅱ（PSⅡ）反应中心全部开放时叶绿素荧光发射强度。多数研究人员认为，该值与叶片的叶绿素含量有关，F_0 越高表明叶片中叶绿素含量越高，则具有较强的光合作用[3]。

如表 14-1 所示，内生促生细菌菌株 CT-B09-2、JL-B06、WYS-A01-1 竹腔注射接种处理 Ⅱ 度毛竹 15 d、30 d、60 d、90 d 后毛竹叶片叶绿素荧光参数 F_0 均呈上升的趋势，其中内生促生细菌菌株 JL-B06 接种处理 15 d 时叶绿素荧光参数 F_0 值明显高于对照，差异显著，内生促生细菌菌株 CT-B09-2 接种处理 60 d 时叶绿素荧光参数 F_0 值明显高于对照，差异显著。内生促生细菌接种处理后毛竹叶片叶绿素荧光参数 F_0 值的提高初步表明毛竹叶片中叶绿素含量增加。

表 14-1　内生促生细菌对毛竹叶片叶绿素荧光参数（F_0）的影响

处理	F_0			
	15 d	30 d	60 d	90 d
CK	28.41±3.75b	27.03±3.57a	28.58±2.30b	23.83±6.43a
CT-B09-2	29.11±4.14ab	28.58±3.20a	33.43±5.08a	25.81±1.96a
JL-B06	31.51±3.53a	29.71±2.74a	29.53±3.23b	25.96±4.26a
WYS-A01-1	30.83±4.48ab	29.09±4.63a	29.36±0.95b	24.76±4.08a

注：表内数据表示平均值 ± 标准差，同列数据后不同小写字母表示差异显著（$p < 0.05$），下同。

二、内生促生细菌对毛竹叶片叶绿素荧光参数 F_m 的影响

F_m 表示暗适应叶片最大荧光，是指经过充分暗适应的光合机构光系统Ⅱ（PSⅡ）反应中心全部关闭时叶绿素荧光发射强度[3]，可以反映出通过 PSⅡ 的电子传递情况，F_m 越大表明

传递给 PS II 的电子越多，最终导致光合产物越多。

如表 14-2 所示，内生促生细菌菌株 CT-B09-2、JL-B06、WYS-A01-1 竹腔注射接种处理 II 度毛竹后毛竹叶片叶绿素荧光参数 F_m 均呈上升的趋势，其中内生促生细菌菌株 JL-B06 接种处理 15 d 时叶绿素荧光参数 F_m 值明显高于对照，差异显著，内生促生细菌菌株接种处理 30 d、60 d、90 d 时毛竹叶片叶绿素荧光参数 F_m 均有所提高，但差异不显著。内生促生细菌菌株接种处理后毛竹叶片叶绿素荧光参数 F_m 值的提高表明传递给 PS II 的电子越多。

表 14-2　内生促生细菌对毛竹叶片叶绿素荧光参数（F_m）的影响

处理	F_m			
	15 d	30 d	60 d	90 d
CK	200.87±18.56b	192.60±15.21a	212.40±15.07a	188.57±37.53a
CT-B09-2	206.17±13.56b	204.29±19.79a	225.78±9.95a	205.40±22.24a
JL-B06	222.75±17.51a	203.23±11.98a	224.05±19.10a	195.63±20.18a
WYS-A01-1	204.56±18.30b	196.71±13.22a	216.13±15.24a	199.71±23.26a

三、内生促生细菌对毛竹叶片叶绿素荧光参数 F_v 的影响

F_v 为可变荧光，指的是黑暗中最大可变荧光强度，反映了 Qa，即 PS II 原初电子受体的还原情况[14]。经内生促生细菌菌株 CT-B09-2、JL-B06、WYS-A01-1 竹腔注射接种处理 II 度毛竹后毛竹叶片叶绿素荧光参数 F_v 值有所提高，其中内生促生细菌菌株 JL-B06 接种处理 15 d 时叶绿素荧光参数 F_v 值明显高于对照，差异显著。内生促生细菌菌株接种处理 30 d、60 d、90 d 时毛竹叶片叶绿素荧光参数 F_v 均有所提高（表 14-3）。

表 14-3　内生促生细菌对毛竹叶片叶绿素荧光参数（F_v）的影响

处理	F_v			
	15 d	30 d	60 d	90 d
CK	166.67±29.55b	163.93±12.34a	186.22±12.34a	167.31±13.48a
CT-B09-2	177.74±11.63ab	175.71±17.09a	192.35±7.80a	176.04±14.38a
JL-B06	191.24±16.29a	173.61±11.78a	194.51±16.23a	169.67±17.72a
WYS-A01-1	173.74±17.46b	170.88±9.08a	192.32±11.32a	175.51±24.15a

四、内生促生细菌对毛竹叶片叶绿素荧光参数 F_v/F_0 的影响

F_v/F_0 代表 PS II 的潜在活性[14]，其值越大表明 PS II 反应活性越高，光合作用越强。经内生促生细菌 CT-B09-2、JL-B06 及 WYS-A01-1 处理 II 度毛竹后毛竹叶片叶绿素荧光参数 F_v/F_0 的变化趋势与对照处理变化趋势基本相似，呈现平稳并上升的趋势，内生细菌 CT-B09-2、JL-B06 及 WYS-A01-1 处理 15 d、30 d、60 d 和 90 d 后的毛竹叶片叶绿素荧光参数 F_v/F_0 均高于清水对照（表 14-4），其中内生促生细菌 CT-B09-2、JL-B06 及 WYS-A01-1 接种处理 60d 时 F_v/F_0 均明显高于清水对照，差异显著。研究结果表明内生促生细菌菌株接种后可以提高毛竹叶片 PS II 反应活性，从而提高光合作用强度。

表 14-4   内生促生细菌对毛竹叶片叶绿素荧光参数（F_V/F_0）的影响

处理	F_V/F_0			
	15 d	30 d	60 d	90 d
CK	5.59±1.17a	5.77±0.77a	5.86±0.82b	7.54±1.94a
CT-B09-2	6.22±0.66a	6.48±0.75a	6.54±0.61a	6.84±0.82a
JL-B06	6.13±0.74a	6.29±0.52a	6.61±0.36a	6.66±1.04a
WYS-A01-1	5.75±0.98a	6.18±0.68a	6.55±0.32a	7.41±2.87a

五、内生促生细菌对毛竹叶片叶绿素荧光参数 F_V/F_m 的影响

F_V/F_m 表示 PS II 原初光能转换效率[14]，该值越高表明其发生光抑制的程度越底，具有较高的光能转换效率。

经内生促生细菌 CT-B09-2、JL-B06 及 WYS-A01-1 处理 II 度毛竹后毛竹叶片叶绿素荧光参数 F_V/F_m 的变化趋势与对照处理变化趋势基本相似，呈现平稳并上升的趋势，内生细菌 CT-B09-2、JL-B06 及 WYS-A01-1 处理 15 d、30 d、60 d 和 90 d 后毛竹叶片叶绿素荧光参数 F_V/F_m 均略高于清水对照（表 14-5），但差异不显著。研究结果表明内生促生细菌菌株接种后可以进一步提高毛竹叶片的光能转换效率。

表 14-5   内生促生细菌对毛竹叶片叶绿素荧光参数（F_V/F_m）的影响

处理	F_V/F_m			
	15 d	30 d	60 d	90 d
CK	0.83±0.13a	0.85±0.02a	0.86±0.03a	0.88±0.22a
CT-B09-2	0.86±0.01a	0.87±0.11a	0.86±0.02a	0.89±0.17a
JL-B06	0.86±0.02a	0.86±0.02a	0.87±0.01a	0.92±0.04a
WYS-A01-1	0.85±0.02a	0.88±0.05a	0.89±0.04a	0.88±0.03a

六、小结

内生促生细菌菌株能够提高毛竹叶片叶绿素荧光参数 F_0、F_m、F_V、F_V/F_0、F_V/F_m 值，初步表明内生促生细菌可以增加毛竹叶片叶绿素含量，提高暗适应叶片最大荧光传递给 PS II 的电子数量，提高可变荧光，提高 PS II 潜在活性，提高毛竹叶片 PS II 反应活性，提高原初光能转化效率，提高毛竹叶片的光能转换效率。

本文通过竹腔注射的方式分别接种三种内生促生细菌发酵菌液，研究了单个内生细菌菌株对毛竹叶片叶绿素荧光参数的影响，下一步应对微生物菌液的其他接种方式、复合微生物菌液的协同作用机理等进行研究，从而使内生细菌在农业丰产增收中发挥重要的作用。

目前越来越受到人们重视的生物有机肥或生物菌肥等的目标菌种多从土壤中筛选而来，而内生菌可以主动从植物体表进入植物体内，并能够长期在植物体内定殖[4]，因此内生细菌作为重要的微生物资源在农业生产中具有良好的研究和开发潜力。加强植物内生细菌资源的研究，建立各种功能内生细菌的资源库具有重要的意义。

参考文献

[1] YUAN Z S，LIU F，ZHANG G F.Characteristics and biodiversity of endophytic phosphorus-and potassium-solubilizing bacteria inmoso Bamboo（*Phyllostachys edulis*）[J].Acta Biologica Hungarica,2015，66（4）：465-475.

[2] 福建省林业厅 . 毛竹林丰产培育技术规程 [S].DB35/T 1194-2011，2011.

[3] 张守仁 . 叶绿素荧光动力学参数的意义及讨论 [J]. 植物学通报 ,1999（4）：444-448.

[4] 卢镇岳，杨新芳 , 冯永君 . 植物内生细菌的分离、分类、定殖与应用 [J]. 生命科学 ,2006（1）：90-94.

第十五章　内生细菌对毛竹促生效果研究

第一节　内生细菌对毛竹促生效果测定

本文选用从毛竹体内分离并筛选出的具有高效解磷解钾固氮功能的内生促生细菌菌株 CT-B09-2、JL-B06、WYS-A01-1[1]，通过竹腔注射接种的方式初步探讨内生细菌对毛竹促生的效果，为促生功能复合微生物菌剂的开发和利用奠定基础。

一、供试菌株、培养基与试验毛竹林地基地

（一）供试菌株：

菌株 CT-B09-2、JL-B06、WYS-A01-1 由本实验室从毛竹体内分离并筛选出的具有高效解磷解钾固氮功能的内生促生细菌[1]。

（二）培养基：

内生菌培养采用 NA 培养基：牛肉膏 3g，蛋白胨 10g，Nacl 5g，琼脂 18g，水 1000ml，pH7.0-7.2（液体培养基则不加琼脂）。

（三）试验毛竹林地基地：

在福建省毛竹林中心产区[2]将乐县龙栖山自然保护区毛竹林基地，选择立地条件、毛竹林分等相对一致的成片毛竹林地，采取随机区组法设置试验区组和对照区组。东经：117°16′0.4″，北纬：26°31′32.2″—东经：117°15′53.6″，北纬：26°31′38.8″，海拔为891 m。年平均气温在 16 ℃，1 月平均气温 6.2 ℃，7 月平均气温 25.3 ℃，绝对最低气温 −8.3 ℃，绝对最高气温 32 ℃，年平均降雨量 1797 mm，雨季主要在春夏季节，秋冬季节降雨量较少。年平均相对湿度 84 %，年平均气压 996.7 mp，年日照时数 1701.5 h。无霜期长 297 d，霜期约 68 d。

二、复合微生物菌液的制备及接种

（一）复合微生物菌液的制备

将筛选出的内生促生细菌菌株 CT-B09-2、JL-B06、WYS-A01-1 分别接种于 NA 液体培养基中，在 28 ℃和 180 r·min⁻¹ 条件下振荡培养 72 h，用无菌水稀释制成含 $1×10^8$ cfu/mL

的菌悬液，然后按照等比例混合，即制备好复合微生物菌液，待用。

（二）竹腔注射法接种林间毛竹

在福建省将乐县龙栖山自然保护区毛竹林基地试验林地，选取Ⅱ度毛竹，先用电钻在距土表 30 cm 左右的竹杆部位钻孔，然后取上述复合微生物菌液 50 mL 用无菌注射器注射至毛竹竹腔内部，第二天重复接种 50 mL，用泥土封住竹腔孔洞并做好标记。每处理 100 株，3 次重复，以清水为对照。试验年份的 4 月、10 月各接种一次。分别于试验年份冬笋采收季节、第二年春笋采收季节及毛竹新竹长成季节采样或进行林间调查。

三、试验毛竹林的保护与管理

试验毛竹林地设专人管理，遇有露根、露鞭，及时培土填盖。出笋前后，禁止人畜进入林地。试验年份毛竹林地内严禁放牧，不准砍竹，不准挖笋，让笋和竹自然生长。

四、毛竹冬笋样品采集

（一）毛竹冬笋样品的采集

在冬笋发笋盛期（1 月份左右）选取大小均匀（200 ～ 300 g）、未出土、无破损、无病虫为害、笋身结实、不空洞，无畸形，不干缩的毛竹冬笋，试验处理及对照区域各设 3 个采集区域，每个采集区域采集冬笋 5 ～ 8 个，并形成混合样品。

（二）冬笋样品的处理

将采集的毛竹冬笋剥去笋箨，切除笋蔸，切除不可食用部分，然后将可食部分的笋切成小方块，各处理冬笋样品充分混合并选取鲜样置于 105 ℃烘箱杀青、60 ～ 70 ℃恒温干燥，然后过 0.5 mm 筛粉碎处理后，保存于干燥器中，用于冬笋营养成分测定。

（三）冬笋营养成分的测定

总糖的测定采用 GB/T 5009.8《食品中果糖、葡萄糖、蔗糖、麦芽糖、乳糖的测定》方法；粗纤维的测定采用 GB/T 5009.10《植物类食品中粗纤维的测定》方法；脂肪的测定采用 GB/T 5009.6《食品中脂肪的测定》方法；蛋白质的测定采用 GB 5009.5《食品安全国家标准 食品中蛋白质的测定》方法；氨基酸的测定采用 GB/T 5009.124《食品中氨基酸的测定》方法。

五、林间调查

（一）立竹调查

对试验和对照毛竹林地内毛竹进行每竹调查，测定其立株数、年龄（度）、眉径等指标，统计出各毛竹林地内平均每亩立株数、平均眉径等指标[3, 4]。

（二）笋期调查

在毛竹发笋期（3 月到 5 月）即从试验地少量发笋开始至新竹全部展枝放叶结束，派专人对试验毛竹林地进行笋期调查，进行发笋时间、出笋率、成竹率及新竹眉径调查。

出笋率 =（出笋数 / 总立竹数）×100 ％

成竹率 =（新竹数 / 总立竹数）×100 ％

第二节　内生细菌对毛竹促生效果分析

一、内生促生细菌对毛竹冬笋营养品质的影响

（一）内生促生细菌对毛竹冬笋总糖、粗纤维、脂肪及蛋白质含量的影响

毛竹笋中的糖分是呈味物质即甘甜味；毛竹笋中蛋白质含量是毛竹笋品质的一个重要指标，同时也是竹笋干物质含量较高的组成部分；粗纤维可以衡量毛竹笋的脆嫩程度，一般情况下粗纤维含量高则质地较为粗糙，含量低则质地较为脆嫩[5, 6]。脂肪含量也是评价竹笋品质的重要指标之一，竹笋的脂肪含量会随着毛竹笋不断生长，而呈逐步下降趋势。

从表 15-1 可以看出，与对照相比，施用复合微生物菌液的试验毛竹林地，冬笋的营养成分中蛋白质、总糖、粗纤维等指标均有不同程度的提高，其中总糖含量提高了 25 ％，表明施用复合微生物菌液能够明显改善竹笋的营养品质和口味，提高其经济价值。试验处理毛竹林地冬笋样品粗纤维、蛋白质含量略有提高，但差异不显著。

表 15-1　冬笋营养成分的比较

营养成分 /（g/100g）	笋样来源	
	试验林地	对照林地
总糖	2.5	2.0
粗纤维	0.7	0.6
脂肪	0.3	0.3
蛋白质	3.7	3.6

（二）毛竹冬笋氨基酸含量分析

采用氨基酸自动分析仪进行毛竹冬笋氨基酸含量的测定，除色氨酸（Trp）未测出外，毛竹冬笋含有 17 种氨基酸，种类较为齐全。其中，天冬氨酸含量最高，谷氨酸、脯氨酸次之，蛋氨酸、胱氨酸含量最低。

毛竹冬笋样品中必需氨基酸的平均含量高低依次是赖氨酸＞亮氨酸＞缬氨酸＞苏氨酸＞苯丙氨酸＞异亮氨酸＞蛋氨酸。施用复合微生物菌液的试验毛竹林地冬笋样品中氨基酸总含量为 28.4 g/kg，与对照相比提高 4.8 ％；人体所必需的氨基酸与对照相比提高 5 ％，差异不

显著，见表 15-2。

表 15-2　冬笋氨基酸成分比较

氨基酸种类	冬笋样品 /（g/kg）	
	试验毛竹林地	对照毛竹林地
天冬氨酸 Asp	5.3	4.9
* 苏氨酸 Thr	1.2	1.0
丝氨酸 Ser	2.4	2.0
谷氨酸 Glu	3.0	2.7
甘氨酸 Gly	1.0	1.1
丙氨酸 Ala	1.9	1.6
胱氨酸 Cys	0.1	0.1
* 缬氨酸 Val	1.3	1.3
* 蛋氨酸 Met	0.3	0.3
* 异亮氨酸 Ile	0.8	0.9
* 亮氨酸 Leu	1.5	1.6
酪氨酸 Tyr	2.0	2.5
* 苯丙氨酸 Phe	1.0	1.0
* 赖氨酸 Lys	1.7	1.5
组氨酸 His	0.7	0.7
精氨酸 Arg	1.2	1.2
脯氨酸 Pro	3.0	2.7
合计	28.4	27.1
必需氨基酸	6.3	6.0
占总氨基酸的比例 /%	22.18	22.14

注：“*”为人体必需氨基酸。

二、内生促生细菌对毛竹地上部分生物量的影响

以第一株笋破土为起始时间，定期记录，至无笋出土为终止时间。统计试验处理毛竹林地和对照林地出笋数、出笋率、成竹数、成竹率等，结果见表 15-3。

从表 15-3 可以看出，施用复合微生物菌液的毛竹林地能提高出笋数量，比对照增长 34.06 %；出笋率比对照提高 7.84 %，并使发笋期提早和延长，证明施用复合微生物菌液对毛竹促生效果明显。数据表明，施用复合微生物菌液的毛竹林成竹数高于对照 20 %，成竹率提高 2.42 %。同时施用复合微生物菌液对笋高增长速度有一定控制作用，生长速度较均匀。

表 15-3　内生促生细菌对毛竹生长的影响

处理	总立株数 /（株 /667m²）	出笋量 /（个 /667m²）	出笋率 /%	成竹数 /（株 /667m²）	成竹率 /%	新竹眉径 /cm
对照	197	57.25	29.06	35	17.77	10.4
菌液处理	208	76.75	36.90	42	20.19	10.8

表 15-4　毛竹林地立竹调查

基地	取样点数	树种组成	平均眉径/cm	平均每亩株数	Ⅰ度竹比例/%	Ⅰ度竹平均眉径/cm	Ⅱ度竹比例/%	Ⅱ度竹平均眉径/cm	Ⅲ度竹比例/%	Ⅲ度竹平均眉径/cm	Ⅳ度竹以上比例/%	Ⅳ度竹以上平均眉径/cm
对照	9	10竹	10	197	18.6	10.4	33.3	10.5	39	9.6	9.1	9.8
菌液处理	9	10竹	10.2	208	20.2	10.8	34.2	10.1	36.4	10.3	9.2	9

经施用复合微生物菌液后第二年 10 月份，对试验和对照毛竹林地内毛竹进行竹林资源调查，包括立株数、年龄（度）、眉径等指标，统计出各毛竹林地内平均每亩立株数、各度毛竹数、平均眉径等指标。

从表 15-4 数据可以看出，施用复合微生物菌液的毛竹林总立株数高于对照 5.6%，毛竹眉径是构成毛竹产量和质量等级的重要指标之一，表 15-3、表 15-4 数据表明，施用复合微生物菌液提高新竹眉径，使竹子增粗，对新竹生长有促进作用，立竹平均眉径由 10.4cm 增至 10.8cm，提高 3.8%，这对提高竹材质量和增加竹林收入非常有利。

三、小结

通过竹腔注射接种三种内生促生细菌的复合微生物菌液对毛竹生长具有促进作用。内生促生细菌可以增加毛竹林立株数，提高新生毛竹眉径，提高毛竹冬笋营养品质，特别是施用复合微生物菌液的毛竹冬笋总糖含量显著高于对照；施用复合微生物菌液的毛竹林地出笋数量提高，提早和延长了发笋期，进一步提高毛竹林成竹率，同时对笋高增长速度有一定控制作用，生长速度较均匀。

本文仅是对三种内生促生细菌的发酵液等比例混合制成复合微生物菌液，下一步应继续深度探讨每种内生促生细菌发酵条件、不同菌剂的复配比例等工艺条件，以达到最佳的促生效果。对微生物菌液的其他接种方式也应进一步探讨。

参考文献

[1] YUAN Z S，LIU F，ZHANG G F.Characteristics and biodiversity of endophytic phosphorus-and potassium-solubilizing bacteria in moso Bamboo（Phyllostachys edulis）[J].Acta Biologica Hungarica,2015,66（4）：465-475.

[2] 福建省林业厅．DB35/T 1194-2011 毛竹林丰产培育技术规程 [S].2011-10-28.

[3] 何东进，洪伟，吴承祯．毛竹林林分平均胸径模拟预测模型的研究 [J]. 林业科学 ,2000（S1）：148-153.

[4] 胡春水，佘祥威，骆琴娅，等．毛竹冬笋的笋体剖析及营养成分的测定 [J]. 竹子研究汇刊，1998（2）：14-17.

[5] 刘耀荣．毛竹笋期的营养动态 [J]. 林业科学研究，1990,3（4）：363-367.

[6] 王裕霞，张光楚，李兴伟．优良丛生笋用竹及杂种竹竹笋品质评价的研究 [J]. 竹子研究汇刊，2005（4）：39-44.

第四篇
毛竹内生拮抗细菌研究

第十六章 毛竹内生拮抗细菌的筛选

第一节 概述

抗生作用或者拮抗作用在目前的理论定义为微生物种群因自身生长扩展而对外部环境分泌一定的抗菌物质，从而抑制对其生长不利的致病菌繁殖的过程。这些由微生物产生的抑菌物质，即使分泌的量很小，也会对致病菌的生长以及细胞活性造成巨大的抑制作用。目前常见的抑菌物质一般包括抗生素、细菌素、蛋白类抗菌素和具有挥发性的抑菌物质等。

拮抗菌或者抗生菌多被认为是一类可以分泌特定或复合型细胞代谢物的微生物菌群，其功效可以阻碍或灭杀特定微生物群体活性。在目前的研究中也可以广义地将这些对人类生命活动有益的微生物群落称为益生菌。一般定义，将两种产生拮抗关系的微生物群落，前者为抗生菌，后者为敏感菌。在当前的研究体系中，常用的拮抗菌种为芽孢杆菌，其在食品加工产业和农作物感病防治方面有显著作用，具体细分为枯草芽孢杆菌和地衣芽孢杆菌。

内生微生物在生物防治方面，特别是针对病原菌包含诸多生理生化机理，例如生存环境的竞争、抑菌物质的分泌以及微生物诱导寄主产生免疫响应等[1]。微生物诱导宿主产生免疫应答机理过程近年来受到研究人员的重视，并取得部分突破性进展，如通过向宿主内部分泌群体猝灭化学物质引起宿主进行免疫响应机制[2]。对于大部分致病菌群体来说，微生物的致病过程通过微生物群落之间的信号传导进行调节，如酰基高丝氨酸内酯生物分子在众多革兰氏阴性细菌和阳性细菌都有研究发现，该生物分子的主要功能是在微生物之间进行信息传导[3]。除此之外，叶际微生物群落的拮抗菌群具有群体猝灭活性，能够通过分解代谢群体感应信号分子来抑制致病菌的相关致病基因表达，从而达到控制病害发生的目的。例如在烟草植物体内所发现的内生微生物不动杆菌属、芽孢杆菌属、赖氨酸芽孢杆菌属、类香味菌属、假单胞菌属和沙雷氏菌属等都具有群体猝灭的功能。

同样，在部分微生物群落中，有研究发现，内生微生物会分泌具有挥发特性的有机化合物（volatile organic compound，VOC），其物质可以有效提升宿主对致病菌的抵抗能力。这一类与植物营共生关系的微生物群落向宿主分泌的 VOC 不但可以有效控制致病微生物群落的生物活性，也可以在无法抑制时，通过释放防御信号刺激宿主产生免疫应答反应。在已有的研究结果中[4, 5]，已经充分证明 VOC 中的某些萜类化学物质在辅助宿主植物抵抗致病菌侵害方面具有重要作用，如出芽短梗霉菌种 L1、L8 在植株体内外对于灰葡萄孢菌、尖孢炭疽菌以及青霉属等[6]众多致病菌有良好的抑制能力，并且具有较高的研究价值。

　　有研究表明，部分内生微生物可以调节抗坏血酸过氧化物酶、过氧化氢酶、氧化物酶、多酚氧化酶和超氧化物歧化酶等[7]抗氧化酶的活性，以此来稳定宿主植物对致病菌侵害的抵抗能力，如提高 β-1，3- 葡聚糖酶和 POD 等酶的活性来加速植物针对病原菌的防御响应机制。另外一些微生物群落可以通过自身的基因转录表达一些与致病菌类似的无毒代谢物，例如麦角甾醇、β- 葡聚糖和几丁质片段等诱导刺激宿主植物提高自身的免疫防御机制[8]。由此可以看出，内生微生物群落在提升宿主免疫应答反应与部分区域防御能力有调控的能力，比如挥发性有机化合物的分泌，群体淬灭、抗氧化酶的活性提升以及可以提高免疫反应的转录产物等。在多群落微生物组成时，内生微生物会与致病菌在繁殖空间上进行竞争，抢夺有限的营养资源，这一斗争过程同时也能帮助植物抵抗致病菌的侵害[9]。Innerebner 等[10]在模式植物拟南芥中鞘氨醇单胞菌同丁香假单胞菌争夺养分的研究中发现，它可有效抑制致病菌的扩散，但部分菌种抑菌能力有限，其原因可能与有益菌与致病菌是否存在专一化的资源竞争关系。综上所述，深入研究内生微生物群落可以辅助宿主及时响应免疫应答和抵御致病菌的侵害，有效避免危害的产生。

一、对病原菌的拮抗机理

　　（1）针对微生物菌丝[11]。刘晓妹等[12]在研究抑制豌豆尖孢镰刀菌的活性实验中，使用的芽孢杆菌 B1、B2 菌群具有显著作用，在接种过目标菌群后，镰刀菌的菌丝体体积显著增大，形态生长发生畸形，胞质浓缩聚集并且伴随着大量泡囊的产生，在培养后期，菌丝体因体积膨胀过大，产生破裂，胞质液态外泄。同样，余莎等在研究红树内生微生物的抗菌过程中发现其分泌的抑制性蛋白，对于芒果炭疽病，也会使得致病菌菌丝体积膨大和生长畸形[13]。

　　（2）针对致病菌的细胞壁。高伟等[14]在针对链格孢菌的抑制实验中，采用海洋芽孢杆菌对其进行拮抗实验，在接种过海洋芽孢杆菌后，链格孢菌细胞壁构成成分产生了一定的变化，经过仪器检测，结果显示细胞壁的葡萄糖糖苷键以及 C-H 键断裂，而该结构的破坏导致细胞壁的稳定性变差，不能维持其原本的物理结构，致使原生质体从中外泄。

　　（3）针对病原菌的细胞膜。余莎等研究表明，芒果炭疽病菌菌丝在经过生防菌的次生代谢产物处理后，其细胞膜的电导率随加入的浓度升高，处理时长增加而增加，该结果在一定程度上证明了生防菌在抑制致病菌侵害的作用[13]。高伟等通过对接种过拮抗菌的致病菌培养液进行紫外线检测，结果表明在刚接种到一段时间后，培养液的紫外光吸收度逐渐上升，说明细胞膜的选择透过性能力显著降低[14]。

　　（4）次生代谢物的抑菌作用。杨琦瑶等[15]通过提取枯草芽孢杆菌的发酵代谢产物，再施加给黄瓜枯萎病菌和辣椒疫霉菌，结果表明，其生防菌次生代谢产物也具有显著的抑菌作用，有效抑制了致病菌菌丝孢子的生物活性。同样，在袁玉娟[16]研究拮抗菌发酵液经过化学粗提纯后，成功分离出几种物质，通过对峙测试，这些代谢物质均有效抑制黄瓜枯萎病菌。平板对峙法是指在配置好的培养皿中，将拮抗菌与致病菌相隔一定距离接种在培养基上，之后进行恒温培养一段时间，观察两种菌群之间是否产生拮抗带，该种方法简单易操作，便于探究菌种之间是否存在拮抗作用及拮抗菌对敏感菌的抑制效果。

植物内生细菌指其生活史的一定阶段或全部阶段均生活在健康植物的各种组织和器官内部，并且与植物建立了和谐联合关系的细菌[17]。植物内生细菌因其生态学优势，能在植物体内长期定殖、传导，且不易受环境条件的影响，内生细菌通过自身产生代谢产物或借助信号转导对宿主生长发育产生重要影响，促进宿主生长发育、增强宿主抵抗疾病以及不良环境及提高植物修复能力，是非常难得的天然生物资源[18, 19]，在农业生产中具有良好的研究和开发潜力。例如，*Microbacterium* 具有促进植物生长的作用[20]，*Bacillus* 具有良好的生防潜力，*Sphingomonas* 促进植物自我修复功能[21] 等。内生菌对植物病害的防病机理主要是通过以下几个方面：一是产生抗生素类物质，在低浓度下可以对微生物产生影响；二是产生水解酶，可降解某些致病因子；三是产生生长调节剂，内生菌也可以产生植物生物激素类物质促进植物生长；四是内生菌与病原菌竞争营养物质，使病原菌得不到必要的营养供给而死亡以及增强宿主的抵抗力，诱导植物产生系统抗性等途径来抑制病原菌的生长[22]。因此，对具有防病等功能内生细菌资源的研究具有重大意义。

第二节　毛竹内生拮抗细菌的初筛与复筛

本研究选取从福建省三个毛竹中心产区Ⅰ度毛竹的根、鞭、杆、叶部组织分离的 82 株可培养内生细菌[23, 24]，研究内生细菌对主要食用菌病害的拮抗作用，并筛选出具有较强拮抗效果的内生细菌菌株，为拮抗内生细菌资源的合理开发利用奠定基础。

一、供试菌株

（一）内生细菌

82 株毛竹内生细菌，由本文作者分别从福建省武夷山（武夷山自然保护区）、将乐（将乐县龙栖山自然保护区）、长汀（长汀县四都镇圭田村）三个毛竹中心产区的Ⅰ度毛竹根、鞭、杆和叶等组织中分离取得，并保存在福建农林大学菌物研究中心。

（二）食用菌病原菌

（1）油疤病菌（*Scytalidium lignicola*）；（2）蛛网病菌（*Cladobotryum semicirculare*）；（3）黏菌病菌（*Comatrichapulchell*（C.Bab）Rost sp.）；（4）绿色木霉（*Trichoderma pleuroticola*）；（5）青霉（*Penicillium cyclopium*）；（6）黄色霉菌（*Disporotrichum dimorphosporum*）。

二、培养基及主要试剂

内生细菌培养采用 NA 培养基：牛肉膏 3 g，蛋白胨 5 g，Nacl 5 g，琼脂 18 g，水 1000 ml，pH 7.0 ～ 7.2；121 ℃灭菌 30 min（液体培养基不加琼脂）。

病原菌培养采用 PDA 培养基：马铃薯（去皮）200 g，葡萄糖 20 g，琼脂 15 ～ 20 g，蒸馏水 1000 ml，pH 自然；121 ℃灭菌 30 min。

琼脂培养基：琼脂粉 20 g，蒸馏水 1000 ml，pH 自然；121 ℃灭菌 30 min。

内生细菌 DNA 提取、16S rDNA 片段扩增所用的引物、Marker、dNTPs、Buffer、溶菌酶等试剂为生工生物工程（上海）股份有限公司产品，其余试剂均为国产分析纯。

三、内生拮抗细菌的初筛方法

选取已分离纯化的 82 株毛竹内生细菌，通过平板对峙法对 6 种食用菌病原菌（油疤病菌、蛛网病菌、黏菌病菌、绿色木霉、青霉、黄色霉菌）进行对峙培养，筛选具有较好拮抗作用的内生细菌。

平板对峙法：将溶化好的 PDA（potatodextrose agar）培养基冷却到 55℃左右，倒平板，平板冷凝后，在平板中央接入病原菌琼脂块，在距中央 2.0cm-2.5cm 处接入内生细菌菌株，以单独接种病原菌琼脂块为对照，然后将平板置于培养箱 28℃培养，每个处理 3 次重复，观察有无抑菌圈并判定拮抗作用的强弱。

拮抗作用强弱的判定：

"+++"表示强抑菌效果，内生细菌菌落周围有明显的抑菌圈；

"++"表示中等抑菌效果，内生细菌菌落周围有抑菌圈，细菌与病原菌或食用菌对峙生长，病原菌不能覆盖内生细菌菌落继续生长；

"+"表示较弱抑菌效果，但病原菌或食用菌能覆盖细菌菌落继续生长；

"-"表示无抑菌效果；内生细菌对病原菌或食用菌的生长无任何影响。

四、内生拮抗细菌的复筛方法

选取平板初筛过程中对食用菌病原菌具有拮抗效果的内生细菌，通过平板对峙法、滤纸片法、牛津杯法对食用菌病原菌的拮抗效果进行复筛。

将平板初筛过程中具有一定拮抗效果的内生细菌接种于装液量为 100mL 的 NA（nutrient agar）液体培养基的 250 mL 三角瓶中，每个处理 3 次重复。在 28 ℃和 180 r/min 条件下培养 72 h，通过离心（4℃，10 000 r/min，15 min）取得上清液，经 0.22 μm 微孔滤膜过滤后将所得滤液用于滤纸片法和牛津杯法的测定。

滤纸片法：溶化好的 PDA 培养基冷却到 55 ℃左右，倒平板，平板冷凝后，将活化好的病原菌用无菌水稀释后涂布到培养基上，在待检测平板上接上蘸有内生菌过滤液的滤纸片（直径 10mm），然后将平板置于培养箱 28 ℃培养，每个处理 3 次重复，观察有无抑菌圈并测量抑菌圈直径的大小。

牛津杯法：将已灭菌的琼脂培养基加热到完全融化，倒在培养皿内，每皿 10 ml，待其凝固（下层）。此外，将融化的 PDA 培养基冷却到 50 ℃左右混入病原菌菌液，将混有菌液的培养基 15 ml 加到已凝固的培养基上待凝固（上层）。以无菌操作在培养基表面直接垂直放上牛津杯（内径 6 mm、外径 8 mm、高 10 mm），轻轻加压，使其与培养基接触无空隙，在杯中加入内生细菌过滤液，加满后将平板置于培养箱 28 ℃培养，每个处理 3 次重复，观察有无抑菌圈并测量抑菌圈直径的大小。

五、内生拮抗细菌的 16S rDNA 序列分析

将内生拮抗细菌在 NA 液体培养基中培养 24 h，用细菌基因组提取试剂盒（生工生物工程（上海）股份有限公司）提取 DNA。16S rDNA 基因序列扩增采用通用引物 27F（5′-AGAGTTTGATCCTGGCTCAG-3′）和 1492R（5′-GGTTACCTTGTTACGACTT-3′）。

（1）反应体系：25 μl 反应液中包含 10×PCR 缓冲液 2.5 μl，基因组 DNA 0.5 μl，10 mmol dNTP 0.5 μl，20 μmol 引物 Pf 0.5 μl，20 μmol 引物 Pr 0.5 μl，Taq 酶（5U·μl^{-1}）0.5 μl，ddH$_2$O 补足 25 μL。以去离子水 为空白对照。

（2）PCR 扩增条件：94 ℃预变性 4min；94 ℃变性 30 s，52 ℃退火 45 s，72 ℃延伸 1.5 min，35 个循环；72 ℃最后延伸 8 min。

PCR 扩增产物经 1%（W/V）的琼脂糖凝胶电泳检测并送至生工生物工程（上海）股份有限公司测序。测定后的 DNA 序列采用 http：/www.ncbi.nlm.nih.gov/Blast/ 中 Blast 软件进行同源序列检索，进行同源性分析，构建系统发育树，确定菌株的分类地位。

六、数据统计与分析

数据统计绘图用 Excel，数据统计分析采用 dPS（V7.05）的相应分析功能进行。

第三节　毛竹内生拮抗细菌筛选结果与分析

一、内生拮抗细菌的初筛结果

采用平板对峙法测定内生细菌对食用菌病原菌的拮抗效果，结果表明（表 16-1），82 株内生细菌中有 8 株内生细菌表现出较好的拮抗效果，菌株分别为 JL-B16、JL-A07、JL-B05、JL-B11、CT-B19、CT-B01、CT-B04-1、CT-A16。其中根部内生细菌为 2 株，占全部内生细菌（82 株）的 2.44%；鞭部内生细菌为 6 株，占全部内生细菌（82 株）的 7.32%。其中内生细菌菌株 JL-B05、JL-B16、CT-A16、JL-A07 对 6 种食用菌病原菌均表现出较好的拮抗效果（图 16-1）。

表 16-1　内生细菌对食用菌病原菌的拮抗效果

菌株号	供试病原菌					
	蛛网病菌	黏菌病菌	油疤病菌	黄色霉菌	绿色木霉	青霉
	++	++	++	++	++	++
JL-B16	++	++	++	++	++	++
	++	++	++	++	++	++
	++	++	++	++	++	++

续表

菌株号	供试病原菌					
	蛛网病菌	黏菌病菌	油疤病菌	黄色霉菌	绿色木霉	青霉
JL-A07	++	++	++	++	++	++
	++	++	++	++	++	++
	++	++	++	++	++	++
	++	++	++	++	++	++
JL-B05	++	++	++	++	++	++
	++	++	++	++	++	++
	++	++	++	++	++	++
JL-B11	+	+	+	++	+	+
	+	+	+	++	+	+
	+	+	+	++	+	+
	+	+	+	++	+	+
CT-B19	+	+	+	++	++	++
	+	+	+	++	++	++
	+	+	+	++	++	++
	+	+	+	++	++	++
CT-B01	++	+	++	++	+	−
	++	+	++	++	+	−
	++	+	++	++	+	−
	++	+	++	++	+	−
CT-B04-1	++	−	+	+	−	++
	++	−	+	+	−	++
	++	−	+	+	−	++
	++	−	+	+	−	++
CT-A16	++	++	++	++	++	++
	++	++	++	++	++	++
	++	++	++	++	++	++
	++	++	++	++	++	++

注："−"表示没有抑菌效果；"+"表示弱抑菌效果；"++"表示中等抑菌效果；"+++"表示强抑菌效果。

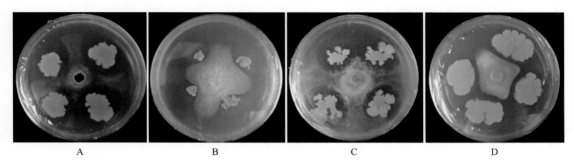

A	B	C	D

A JL-B16 对油疤病菌的拮抗效果；B CT-B01 对黄色霉菌的拮抗效果；C JL-B16 对绿色木霉的拮抗效果；D JL-A07 对黏菌病菌的拮抗效果

图 16-1　内生细菌对食用菌病原菌的拮抗效果

二、内生拮抗细菌的复筛结果

通过滤纸片法、牛津杯法等处理方法对平板初步筛选出的8株内生细菌的拮抗效果进行复筛，结果表明：8株内生细菌中，内生细菌 JL-B05、JL-B16、CT-A16、JL-A07 均表现出了对相应食用菌病原菌具有较好的拮抗作用，效果明显（详见表16-2）。

滤纸片法和牛津杯法的测定时采用内生细菌发酵过滤液对食用菌病原菌菌丝生长的抑菌影响。从抑菌强度上来看，滤纸片法测定内生细菌 JL-B11、CT-B01、CT-B04-1 及 CT-B19 对食用菌病原菌的抑菌效果较弱。牛津杯法测定内生细菌 JL-B11、CT-B04-1 对食用菌病原菌的抑菌效果较弱。牛津杯法测定 CT-B01 对蛛网病菌和油疤病菌的抑菌效果明显；牛津杯法测定 CT-B19 对油疤病菌和黄色霉菌的抑菌效果明显（图16-2、图16-3）。

表16-2　不同处理方法测定内生细菌对食用菌病原菌的拮抗效果

菌株号	处理方法	供试病原菌					
		蛛网病菌	黏菌病菌	油疤病菌	黄色霉菌	绿色木霉	青霉
JL-A07	滤纸片法	7.17±2.46ab	4.68±1.18b	8.40±5.34a	10.18±3.18a	8.50±3.05a	10.27±2.63a
	牛津杯法	24.71±4.58a	6.79±0.62b	10.95±3.83b	6.23±1.26b	23.95±8.27a	23.12±1.05a
JL-B05	滤纸片法	9.59±1.05b	8.26±1.76b	11.39±3.26ab	13.40±5.58a	8.16±2.35b	10.56±2.78ab
	牛津杯法	22.47±0.72a	15.83±0.64a	15.33±0.51a	17.48±0.38a	25.09±10.50a	23.49±5.55a
JL-B16	滤纸片法	8.74±1.75bc	7.60±1.41c	13.73±3.23a	12.89±5.46a	12.41±3.37a	11.08±1.16ab
	牛津杯法	25.10±9.46a	28.83±2.56a	15.35±2.97b	25.77±1.38a	13.30±3.05c	23.83±6.76ab
CT-A16	滤纸片法	6.12±2.78c	1.95±0.30d	7.78±1.90bc	6.48±1.27c	11.47±1.99a	10.17±2.54ab
	牛津杯法	15.53±1.87b	13.56±1.66bc	4.59±1.29d	25.77±4.07a	8.46±1.73cd	26.77±5.11a

注：表中"a、b、c、d"代表同一种处理方法下，内生细菌对不同病原菌抑菌效果的差异。

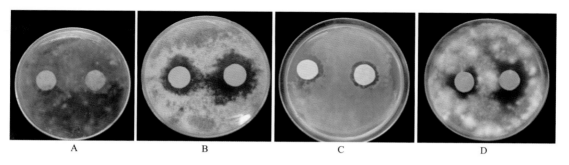

A JL-B16 对油疤病菌的拮抗效果；B JL-B05 对黄色霉菌的拮抗效果；C JL-A07 对绿色木霉的拮抗效果；D JL-B05 对青霉的拮抗效果

图16-2　滤纸片法测定内生细菌对食用菌病原菌的拮抗效果

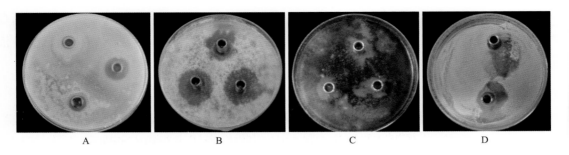

A CT-A16 对蛛网病菌的拮抗效果；B CT-A16 对黄色霉菌的拮抗效果；C JL-B16 对油疤病菌的拮抗效果；D JL-B05 对青霉的拮抗效果

图 16-3 牛津杯法测定内生细菌对食用菌病原菌的拮抗效果

通过以上分析可以看出，通过滤纸片法和牛津杯法测定 8 株内生细菌对食用菌病原菌的拮抗效果，内生细菌 JL-B05、JL-B16、CT-A16、JL-A07 拮抗效果明显，为后续内生拮抗细菌抗病机理研究及防病微生物菌剂的制备奠定了基础。

三、内生拮抗细菌的 16S rDNA 序列分析

经过克隆测序获得了 4 株内生细菌的 16S rDNA 序列，通过 http：/www.ncbi.nlm.nih.gov/Blast/ 中 Blast 软件对 4 株内生细菌的 16S rDNA 测序结果进行相似性比对，鉴定细菌的种类。发现 4 株分离物与已知分类地位菌种的 16S rDNA 序列相似性达到了 99%～100%，如表 16-3 所示。

表 16-3 内生拮抗细菌的 16S rDNA 序列相似性分析

类群	菌株	最相近菌株（登录号）	序列相似性 %
Bacillus	JL-B05	*Bacillus amyloliquefaciens*（KM117160）	100
Bacillus	JL-B16	*Bacillus subtilis*（AP012495）	99
Brevibacterium	CT-A16	*Brevibacterium aureum*（KF002253）	99
Bacillus	JL-A07	*Bacillus amyloliquefaciens*（KM117160）	100

四、小结

本研究利用平板对峙法、滤纸片法、牛津杯法等方法对 82 株毛竹内生细菌对主要食用菌病原菌的拮抗效果进行了初筛和复筛。通过平板对峙法对食用菌病原菌的初步筛选，筛选出了 JL-B16、JL-A07、JL-B05、JL-B11、CT-B19、CT-B01、CT-B04-1、CT-A16 等 8 株对 6 种食用菌病原菌具有初步拮抗效果的内生细菌。另外通过滤纸片法、牛津杯法对 8 株具有初步拮抗效果的内生细菌进行了复筛，筛选出了对主要食用菌病原菌具有较好拮抗效果的 4 株内生细菌，菌株编号分别是 JL-B05、JL-B16、CT-A16、JL-A07，通过细菌菌落表征性状观察和 16S rDNA 序列分析，4 株内生拮抗细菌菌株分属于 2 属 3 种，分别为芽孢杆菌属（*Bacillus*）和短杆菌属（*Brevibacterium*）。

　　本研究筛选出了对主要食用菌病原菌具有较强拮抗作用的内生细菌，同时表明毛竹具有功能性极其丰富的内生细菌资源，为内生细菌的生物活性物质筛选和开发提供了基础理论依据，对防病微生物菌剂的制备及应用提供了资源，应进一步发掘、研究并加以利用。

参考文献

[1] 巫艳，周云莹，朱玺燊，等.植物内生菌多样性及其病害生防机制研究进展[J].云南农业大学学报（自然科学），2022,37（5）：897-905.

[2] 邢启凡，柳鹏福，史吉平，等.细菌群体感应信号分子淬灭酶的研究进展[J].生物技术通报,2015,31（10）：48-55.

[3] HELMAN Y,CHERNIN L.Silencing the mob：disrupting quorum sensing as a means to fight plant disease[J].Molecular Plant Pathology,2015,16（3）：316-329.

[4] ACHOTEGUI-CASTELLS A,DANTI R,LLUSIÀ J,et al.Strong Induction ofminor Terpenes in Italian Cypress,*Cupressus sempervirens*,in Response to Infection by the Fungus *Seiridium cardinale*[J].Journal of chemical ecology,2015,41（3）：224-243.

[5] ANNA W,DARIUSZ P,TOMASZ L,et al.Volatile organic compounds（VOCs）from cereal plants infested with crown rot：their identity and their capacity for inducing production of VOCs in uninfested plants[J].International Journal of Pest Management,2010,56（4）：377-383.

[6] ALESSANDRAd F,LUISA U,LUCA L,et al.Production of volatile organic compounds by Aureobasidium pullulans as a potential mechanism of action against postharvest fruit pathogens[J].Biological Control,2015,81：8-14.

[7] LIU Q,REN T,ZHANG Y,et al.Yield loss of oilseed rape（*Brassica napus L.*）under nitrogen deficiency is associated with under-regulation of plant population density[J].European Journal of Agronomy,2019,103：80-89.

[8] MADHAIYAN M,SURESH R B V,ANANDHAM R,et al.Plant growth-promoting *Methylobacterium* induces defense responses in groundnut（*Arachis hypogaea L.*）compared with rot pathogens[J].Current Microbiology,2006,53（4）：270-276.

[9] ZIPFEL C,ROBATZEK S,NAVARRO L,et al.Bacterial disease resistance in *Arabidopsis* through flagellin perception[J].Nature,2004,428（6984）：764-767.

[10] INNEREBNER G,KNIEF C,VORHOLT J A.Protection of *Arabidopsis thaliana* against leaf-pathogenic *Pseudomonas syringae* by *Sphingomonas* strains in a controlled model system[J].Applied and Environmental Microbiology,2011,77（10）：3202-3210.

[11] 吴道军，谭兴晏，万涛.内生细菌生防作用及机理简述[J].绿色科技,2016（23）：5-6.

[12] 杨秀荣，田涛，孙淑琴，等.GFP标记生防细菌B579及其定殖能力检测[J].植物病理学报,2013,43（1）：82-87.

[13] 余莎，何红，詹儒林，等.红树内生细菌AiL3抗菌蛋白的纯化及其防治芒果炭疽病机理研究[J].中国生物防治学报,2013,29（01）：104-109.

[14] 高伟，田黎，周俊英，等.海洋芽孢杆菌（*Bacillus marinus*）B-9987菌株抑制病原真菌机理[J].微生物学报,2009,49(11)：1494-1501.

[15] 杨琦瑶，索雅丽，郭荣君，等.枯草芽孢杆菌B006对黄瓜枯萎病菌和辣椒疫霉病菌的抑制作用及其抗菌组分分析[J].中国生物防治学报,2012,28（2）：235-242.

[16] 袁玉娟 .*Bacillus subtilis* SQR9 的黄瓜促生和枯萎病生防效果及其作用机制研究 [D]. 南京：南京农业大学 ,2011.

[17] 胡桂萍 , 郑雪芳 , 尤民生 , 等 . 植物内生菌的研究进展 [J]. 福建农业学报 ,2010,25（2）: 226-234.

[18] RYAN R P,GERMAINE K,FRANKS A,et al.Bacterial endophytes : recent developments and applications[J].FEMS Microbiology Letters,2008,278（1）: 1-9.

[19] RACHEL LM,NINA K Z,BRYAN A B,et al.Bacterial endophytes : *Bacillus spp.*from annual crops as potential biological control agents of black pod rot of cacao[J].Biological Control,2008,46（1）: 46-56.

[20] SHENG X F,XIA J J,JIANG C Y,et al.Characterization of heavy metal-resistant endophytic bacteria from rape（*Brassica napus*）roots and their potential in promoting the growth and lead accumulation of rape[J].Environ Pollut,2008,156（3）: 1164-1170.

[21] ULRICH K,ULRICH A,EWALD D.Diversity of endophytic bacterial communities in poplargrown under field conditions[J]. FEMS Microbiology Ecology,2008,63（2）: 169-180.

[22] 窦瑞木 .3 株植物内生细菌对番茄灰霉病的防治效果 [J]. 河南农业科学 ,2010（4）: 77-78.

[23] 袁宗胜 , 刘芳 , 张国防 . 毛竹竹鞭内生细菌的特征及 16S rDNA 多样性分析 [J]. 基因组学与应用生物学 ,2014,33（5）: 1019-1024.

[24] YUAN Z S,LIU F,ZHANG G F.Characteristics and biodiversity of endophytic phosphorus- and potassium-solubilizing bacteria in Moso Bamboo[J].Acta Biologica Hungarica,2015,66（4）: 449-459.

第十七章 内生拮抗细菌的生物学特性与生理生化指标的测定

第一节 内生拮抗细菌生物学特性测定

本文主要研究内生拮抗细菌 JL-B05、JL-B16、CT-A16、JL-A07 的生物学特性，即最适生长温度、最适 pH、生长曲线及其生理生化指标，为内生细菌对食用菌病害防治的应用提供理论基础。

一、供试菌株

内生细菌菌株 JL-B05、JL-B16、CT-A16、JL-A07，是由本实验室筛选出的对主要食用菌病原菌具有较好拮抗效果的内生细菌。

二、培养基及主要试剂

内生细菌培养采用 NA 培养基：牛肉膏 3 g，蛋白胨 5 g，NaCl 5 g，琼脂 18 g，水 1000 mL，pH 7.0 ～ 7.2（液体培养基则不加琼脂）。

LB 液体培养基：LB 肉汤培养基 25 g，水 1000 ml。

淀粉水解培养基：蛋白胨 5 g，NaCl 5 g，牛肉膏 3 g，可溶性淀粉 2 g，琼脂 15 g，蒸馏水 1000 mL，pH 7.2。

产 H_2S 试验培养基：蛋白胨 10 g，酵母浸膏 3 g，牛肉膏 3 g，$FeSO_4$ 0.2 g，硫代硫酸钠 0.3 g，NaCl 5 g，蒸馏水 1000 mL，pH 7.4。

葡萄糖发酵试验培养基：牛肉膏 5 g，蛋白胨 10 g，NaCl 3 g，K_2HPO_4 2 g，2.0% 溴麝香草酚蓝溶液 12 mL，葡萄糖 5 g，蒸馏水 1000 mL，pH 7.4。

硝酸盐还原试验培养基：蛋白胨 10 g，$NaNO_3$ 1 g，蒸馏水 1000 mL，pH 7.6。

柠檬酸盐试验培养基：柠檬酸钠 5 g，NaCl 5 g，$MgSO_4$ 2 g，K_2HPO_4 1 g，$(NH_4)H_2PO_4$ 1 g，琼脂 20 g，1% 溴百里酚蓝液 8 mL，蒸馏水 1000 mL，pH 6.8。

丙二酸利用试验培养基：酵母浸膏 1 g，$(NH_4)_2SO_4$ 2 g，K_2HPO_4 0.6 g，KH_2PO_4 0.4 g，NaCl 2 g，丙二酸钠 3 g，1% 溴百里酚兰液 3 mL，蒸馏水 1000 mL，pH 6.8。

V-P 试验及甲基红培养基：蛋白胨 5 g，葡萄糖 5 g，磷酸二氢钾 5 g；蒸馏水 1000 mL，

pH 7.2。

硝酸盐还原试验培养基：蛋白胨 5 g，酵母膏 3 g，硝酸钾 1 g，琼脂粉 7 g，蒸馏水 1000 mL，pH 7.0 ～ 7.2；

吲哚试验培养基：胰蛋白胨 10 g，酵母膏 5 g，蒸馏水 1000 mL；

石蕊牛乳培养基：新鲜的脱脂牛乳 100 mL 加入 2.5% 石蕊水溶液至淡紫色（约 4 mL）。

主要试剂：HCl 溶液、NaOH 溶液、碘液、95％乙醇、番红液、草酸结晶紫、5％孔雀绿染色液、1％ 的醋酸结晶紫、20% CuSO$_4$ 水溶液。

所用试剂均为国产分析纯。

三、内生拮抗细菌生物学特性测定方法

（一）内生拮抗细菌的培养特征和形态特征测定方法

取供试内生拮抗细菌菌株（JL-B05、JL-B16、CT-A16、JL-A07）分别接种于 NA 平板培养基上，28℃培养 2 ～ 3d，观察菌落颜色和形态，包括菌体形状和芽孢形态等重要鉴别特征。对菌体进行革兰氏染色、芽孢染色，在显微镜下观察染色结果，细菌形态观察方法主要参考文献[1, 2]。

（1）革兰氏染色：采用结晶紫草酸铵染色法。

取干净的载玻片，滴一滴去离子水，用接种针挑取少许菌苔，均匀涂布在载玻片上，风干固定；用混合染液（含结晶紫）染色 1 min 后水洗；再用碘液作用 1 min 后水洗，吸干；用 95％乙醇或丙酮乙醇溶液脱色（约 30 s）；最后用番红液染色 5 ～ 6 min 后水洗，风干并镜检。

（2）芽孢染色：采用孔雀绿藏红染色法。

将细菌菌苔固定在载玻片上，滴加 5％孔雀绿染色液，用酒精灯火焰加热至染液冒蒸汽时开始计时，维持 8 ～ 10 min，加热过程中要随时添加染色液以保持湿润（切勿让标本干涸）；待载玻片冷却后用水轻轻冲洗，直至流出的水中无染色液为止；再用番红液染色 5 min 后水洗，晾干或吸干水分，镜检，如呈绿色，表明有芽孢；如呈红色，则表示没有芽孢。

（3）荚膜观察：取培养 24 h 的斜面菌制成涂片，用 1％ 的醋酸结晶紫染色 5 ～ 7 min，倾去多余染料，用 20％ CuSO$_4$ 水溶液洗去结晶紫，干燥后油镜观察菌体呈蓝色，荚膜呈红色。

（二）内生拮抗细菌最适温度的测定方法

取 84 支试管，分别加入 10 ml LB 液体培养基，灭菌冷却后将内生拮抗细菌 JL-B05、JL-B16、CT-A16、JL-A07 按 1％ 分别接种于液体培养基试管中（共 72 支），分别置于 15 ℃、20 ℃、25 ℃、30 ℃、35 ℃、40 ℃等 6 个温度梯度下，以 180 r/min 转速振荡培养 24 h，以不接种内生拮抗细菌的 LB 液体培养基作为对照，每个处理三个重复，测定 OD$_{600}$ 值，以确定其生长的最适温度。

（三）内生拮抗细菌最适 pH 值的测定方法

取 108 支空试管，分别注入 10 ml LB 液体培养基，用 1 mol/L HCL 或 1 mol/L NaOH 调整液体培养基的初始 pH 值，使培养基的 pH 梯度为 3.0、4.0、5.0、6.0、7.0、8.0、9.0、10.0，并且每个处理三个重复，接种内生拮抗细菌 JL-B05、JL-B16、CT-A16、JL-A07，30℃ 下 180 r/min，振荡培养 24 h，测定 OD_{600} 值，以确定其生长的最适 pH 值。根据上一步结果，设置 pH 梯度 5.0、5.5、6.0、6.5、7.0、7.5、8.0 进一步试验。

（四）内生拮抗细菌生长曲线的测定方法

取 100 支空试管，分别加入 10ml LB 液体培养基，灭菌冷却后，按 1% 的接种量分别接种内生拮抗细菌 JL-B05、JL-B16、CT-A16、JL-A07，4 种内生拮抗细菌各接种 21 支试管中（共 84 支），30℃ 下以 180r/min 转速，振荡培养。另准备 16 支空白液体培养基放入冰箱中冷温保存。以开始放摇床振荡培养开始进行第一次取样（零小时取样），测量其 OD_{600} 值。以后按每 2 个小时定时取样，测定菌液的 OD_{600} 值。

四、内生拮抗细菌生理生化指标的测定方法

菌株生理生化指标测定的项目主要有接触酶测定、氧化酶测定、厌氧生长、V-P 测定、明胶液化、甲基红测定、利用柠檬酸盐、硝酸盐还原、7% NaCl 生长、淀粉水解等。测定方法参照东秀珠等（2001）及《伯杰细菌鉴定手册（第八版）》。

需氧性测定：取一环待测菌，用穿刺接种法接种到需氧性测定斜面培养基的底部，在 32℃ 下培养 3 d 和 7 d，分别观察结果。仅在表面生长者为好氧菌，反应为阳性，如沿穿刺线生长或下部生长者为兼性厌氧或厌氧菌，反应为阴性。

接触酶：在载玻片上滴一滴新鲜配制的 3% 的 H_2O_2 溶液，用接种环取一环培养 24 h 的斜面菌均匀涂于 H_2O_2 溶液中，如有气泡产生为阳性，无气泡产生为阴性。

葡萄糖发酵试验：将菌株接种于 D- 葡萄糖氧化发酵液体培养基中（内装有已排尽空气的杜氏小管），置 37℃ 下培养 1d，以不接种的糖氧化发酵液体培养基和接种有大肠杆菌的葡萄糖发酵液体培养基作对照。根据试管中指示剂溴麝香草酚蓝的颜色变化和杜氏小管中空气的有无判断有无酸和气体的产生。指示剂呈红色为产酸，杜氏小管上端有气泡为产气。

丙二酸利用试验：接种待测菌，在 32℃ 下以 150 r/min 转速培养 2 ～ 4 d，以不接种菌的培养基和接种大肠杆菌的培养基为对照，培养基颜色由绿色变为蓝色为阳性。

MR、VP 试验：接种细菌待测菌，在 32℃ 下以 150 r/min 转速培养 2 ～ 6 d，以不接种菌的培养基和接种大肠杆菌的培养基为对照。甲基红试验观察时，在菌液中加入 10-20 滴甲基红试剂，变红为阳性；VP 观察时，取菌液与等量的 40% 的 NaOH 混合，再加入数滴的 α-萘酚酒精液，32℃ 保温 30 min，变红为阳性。

吲哚试验：接种待测菌，在 32 ℃ 下以 150 r/min 转速培养 2 ～ 4 d，以不接种菌的培养基和接种大肠杆菌的培养基为对照。观察时，在培养液中加入等量乙醚（使呈明显的乙醚层），充分振荡，使吲哚溶于乙醚中，静止片刻使乙醚层浮于培养基的上面，这时沿管壁慢

慢加入吲哚试剂约 10 滴，乙醚层呈现玫瑰红色为阳性。

柠檬酸盐试验： 将待测菌在斜面上划线 32 ℃培养 4 d。以不接种菌的培养基和接种大肠杆菌的培养基为对照。斜面有菌生长，培养基从绿色变为蓝色为阳性。

硝酸盐还原试验： 将菌株接种于硝酸盐液体培养基中，置 32 ℃下培养 1 d、3 d、5 d 以不接种的硝酸盐液体培养基作对照。分别取 0.5mL 培养 1 d、3 d、5 d 的培养液移到 2 支灭菌的试管中，各加 1 滴格里斯氏试剂 A 液和格里斯氏试剂 B 液，培养液如变为粉红色、玫瑰色、橙色、棕色等表示亚硝酸盐存在，为硝酸盐还原阳性；如无红色出现，则可以滴加 1 滴二苯胺试剂，如呈蓝色反应，则表示无硝酸盐还原作用；如不呈现蓝色反应，表示硝酸盐和形成的硝酸盐已还原成其他物质，故仍应按硝酸盐还原阳性处理。

产 H_2S 试验： 接种待测菌，在 32 ℃下以 150 r/min 转速培养 2 ~ 4 d，观察培养液是否有黑色沉淀，产黑色沉淀为阳性。以不接菌培养基和接种大肠杆菌培养基作对照。

淀粉水解试验： 将细菌划线接种于平板上，在 32 ℃下培养 2 ~ 4 d，观察时，往平板上滴加碘液，以接种有枯草芽孢杆菌的平板为对照，培养基为深蓝色，而菌落周围为无色透明为阳性。

第二节　内生拮抗细菌生物学特性测定结果分析

一、内生拮抗细菌生物学特性测定结果

（一）内生拮抗细菌的培养特征和形态特征测定结果

内生拮抗细菌 JL-B05 菌体为白色杆状，菌落边缘不平整，革兰氏染色为阳性，有芽孢，无荚膜。内生拮抗细菌 JL-B16 菌体为黄色杆状，菌落边缘不平整，革兰氏染色为阳性，有芽孢，无荚膜。内生拮抗细菌 CT-A16 菌体为白色短杆状，菌落边缘光滑平整，革兰氏染色为阳性，无芽孢，有荚膜。内生拮抗细菌 JL-A07 菌体为白色杆状，菌落边缘不平整，革兰氏染色为阳性，有芽孢，无荚膜（表 17-1）。

表 17-1　内生拮抗细菌的形态特征

编号	菌落形态	菌落颜色	菌体形态	革兰氏染色	芽孢	荚膜
JL-B05	菌落边缘不平整	白色	杆状	+	+	-
JL-B16	菌落边缘不平整	黄色	杆状	+	+	-
CT-A16	菌落边缘光滑平整	白色	短杆	+	-	+
JL-A07	菌落边缘不平整	白色	杆状	+	+	-

（二）内生拮抗细菌最适温度的测定结果

如图 17-1 所示，内生拮抗细菌 JL-B05 随着培养温度的逐步升高 OD 值也逐步升高，培

养温度达到 25 ℃时 OD 值最大。在 25 ～ 30 ℃时，随着培养温度的增加 OD 值呈下降趋势，在 35 ～ 40 ℃时 OD 值呈稳定并逐步下降的趋势。从以上数据可以看出内生拮抗细菌 JL-B05 的最适生长温度为 25 ℃。

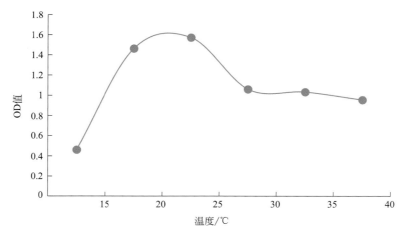

图 17-1　不同温度对内生拮抗细菌 JL-B05 的影响

如图 17-2 所示，内生拮抗细菌 JL-B16 随着培养温度的逐步升高 OD 值也逐步升高，培养温度达到 25 ℃时 OD 值最大。在 25 ～ 30 ℃时，随着培养温度的增加 OD 值呈下降趋势，在 30 ～ 40 ℃时 OD 值呈稳定并逐步下降的趋势。从以上数据可以看出内生拮抗细菌 JL-B16 的最适生长温度为 25 ℃。

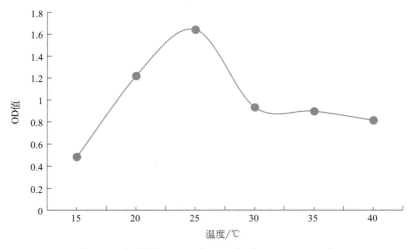

图 17-2　不同温度对内生拮抗细菌 JL-B16 的影响

如图 17-3 所示，内生拮抗细菌 CT-A16 随着培养温度的逐步升高 OD 值也逐步升高，培养温度达到 30 ℃时 OD 值最大。在 30 ～ 40 ℃时，随着培养温度的增加 OD 值呈下降趋势。从以上数据可以看出内生拮抗细菌 CT-A16 的最适生长温度为 30 ℃。

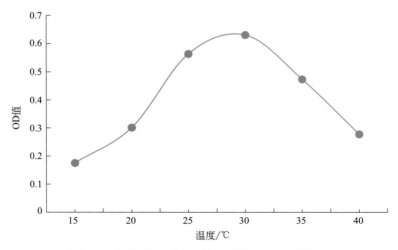

图 17-3   不同温度对内生拮抗细菌 CT-A16 的影响

如图 17-4 所示，内生拮抗细菌 JL-A07 随着培养温度的逐步升高 OD 值也逐步升高，培养温度达到 30 ℃时 OD 值最大。在 30 ～ 40 ℃时，随着培养温度的增加 OD 值呈下降趋势。从以上数据可以看出内生拮抗细菌 JL-A07 的最适生长温度为 30℃。

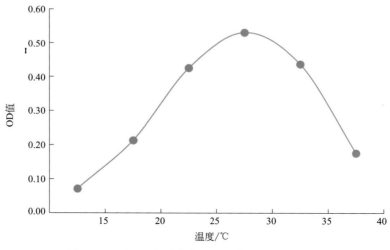

图 17-4   不同温度对内生拮抗细菌 JL-A07 的影响

（三）内生拮抗细菌最适 pH 的测定结果

如图 17-5 所示，内生拮抗细菌 JL-B05 的 OD 值随 pH 的增加逐步升高，待 pH 为 7 时达到最高，随后 OD 随 pH 的增加呈下降趋势。即最佳生长 pH 值为 7.0，生长范围 pH 6.0 ～ 8.0。

如图 17-6 所示，内生拮抗细菌 JL-B16 的 OD 值随 pH 的增加逐步升高，待 pH 为 7 时达到最高，随后 OD 随 pH 的增加呈下降趋势。即最佳生长 pH 为 7.0，生长范围 pH 6.0 ～ 7.0。

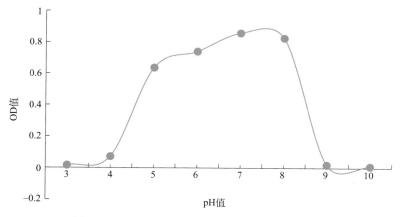

图 17-5　不同 pH 对内生拮抗细菌 JL-B05 的影响

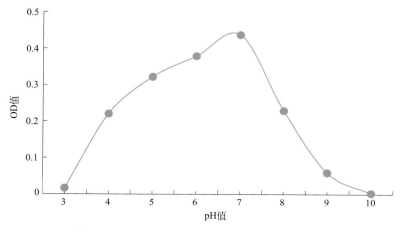

图 17-6　不同 pH 对内生拮抗细菌 JL-B16 的影响

如图 17-7 所示，内生拮抗细菌 CT-A16 的 OD 值随 pH 的增加逐步升高，待 pH 为 6 时达到最高，随后 OD 随 pH 的增加呈下降趋势。即最佳生长 pH 值为 6.0，生长范围 pH 5.0 ～ 7.0。

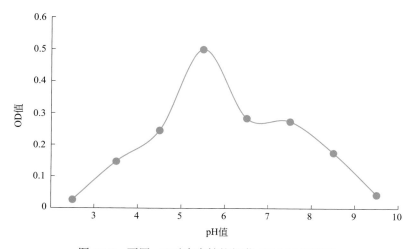

图 17-7　不同 pH 对内生拮抗细菌 CT-A16 的影响

如图 17-8 所示，内生拮抗细菌 JL-A07 的 OD 值随 pH 的增加逐步升高，待 pH 为 7 时达到最高，随后 OD 随 pH 的增加呈下降趋势。即最佳生长 pH 值为 7.0，生长范围 pH 6.0 ～ 8.0。

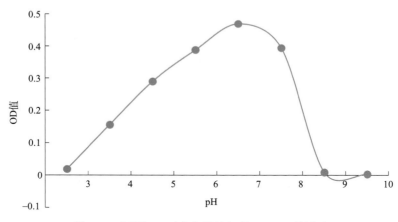

图 17-8   不同 pH 对内生拮抗细菌 JL-A07 的影响

（四）内生拮抗细菌生长曲线的测定结果

如图 17-9 所示，由内生拮抗细菌 JL-B05 不同时段内的 OD 值所反映出的生长曲线呈现出阶段性变化：第一阶段迟滞期：生长 16 h 内，OD 值呈现逐步增长的趋势，增长速度非常缓慢。第二阶段对数生长期：生长 16 ～ 36 h 内，OD 值呈现快速增长趋势，36 h 时 OD 值达到峰值。随后进入稳定期：生长 36 ～ 40 h 内 OD 值不再增加并出现降低现象。综上所述，在测定时间内内生拮抗细菌 JL-B05 的生长阶段为：第一阶段迟滞期（生长 16 h 内）细菌接种至培养基后，对新环境有一个短暂适应过程（不适应者可因转种而死亡）。此期曲线平坦稳定，因为细菌繁殖极少。同时细菌从周围环境中吸收营养完成自身营养生长，为繁殖增长做准备；第二阶段对数期（约 16 ～ 36 h）细菌几乎均已完成营养生长，开始快速繁殖增长，菌数显著增多；此时期活菌数直线上升。细菌以稳定的几何级数极快增长。此期细菌形态、染色、生物活性都很典型，对外界环境因素的作用敏感，因此研究细菌性状以此期细菌最好。第三阶段稳定期（36 ～ 40 h 及以后）该期的生长菌群总数处于平坦阶段，但细菌群体活力变化较大。由于培养基中营养物质消耗、毒性产物积累、pH 下降等不利因素的影响，细菌繁殖速度渐趋下降，相对细菌死亡数开始逐渐增加，此期细菌增殖数与死亡数渐趋平衡。细菌形态、染色、生物活性可出现改变，并产生相应的代谢产物等。从测定时间来看，培养 40 h 时内生细菌基本上是处于稳定期的阶段，尚未达到衰退阶段。

如图 17-10 所示，由内生拮抗细菌 JL-B16 不同时段内的 OD 值所反映出的生长曲线呈现出阶段性变化：第一阶段迟滞期：生长 16 h 内，OD 值呈现逐步增长的趋势，增长速度非常缓慢。第二阶段对数生长期：生长 16 ～ 32 h 内，OD 值呈现快速增长趋势，38h 时 OD 值达到峰值。随后进入稳定期：生长 32 ～ 40 h（或 40 h 以后）内 OD 值不再增加并出现降低现象。综上所述，在测定时间内内生拮抗细菌 JL-B16 的生长阶段为：第一阶段迟滞期（生长

16 h内）细菌接种至培养基后，对新环境有一个短暂适应过程。第二阶段对数生长期（16～32 h），细菌几乎均已完成营养生长，开始快速的繁殖增长，菌数显著增多；此时期活菌数直线上升。第三阶段稳定期（32～40 h及以后）该期的生长菌群总数处于平坦阶段，但细菌群体活力变化较大。从测定时间来看，培养40 h时内生细菌基本上是处于稳定期的阶段，尚未进入衰退阶段。

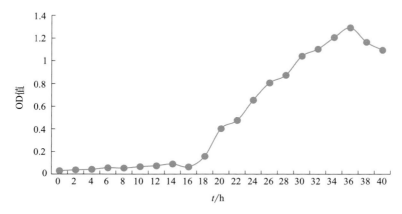

图 17-9　内生拮抗细菌 JL-B05 的生长曲线

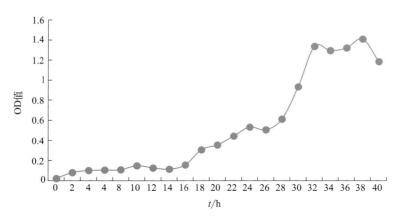

图 17-10　内生拮抗细菌 JL-B16 的生长曲线

　　如图 17-11 所示，由内生拮抗细菌 CT-A16 不同时段内的 OD 值所反映出的生长曲线呈现出阶段性变化：第一阶段迟滞期：生长 16 h 内，OD 值呈现逐步增长的趋势，增长速度非常缓慢。第二阶段对数生长期：生长 16～36 h 内，OD 值呈现快速增长趋势，36 h 时 OD 值达到峰值。随后进入稳定期：生长 36～40 h（或 40 h 以后）内 OD 值不再增加并出现降低现象。综上所述，在测定时间内内生拮抗细菌 CT-A16 的生长阶段为：第一阶段迟滞期（生长 16 h 内）细菌接种至培养基后，对新环境有一个短暂适应过程。第二阶段对数生长期（约 16～36 h）细菌几乎均已完成营养生长，开始快速的繁殖增长，菌数显著增多；此时期活菌数直线上升。细菌以稳定的几何级数极快增长。第三阶段稳定期（36～40 h 及以后），从测定时间来看，培养 40 h 时内生细菌基本上是处于稳定期的阶段，尚未进入衰退阶段。

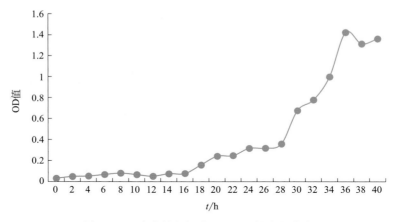

图 17-11　内生拮抗细菌 CT-A16 的生长曲线

如图 17-12 所示，由内生拮抗细菌 JL-A07 不同时段内的 OD 值所反映的生长曲线呈现阶段性变化：第一阶段迟滞期，生长 18 h 内，OD 值呈现逐步增长的趋势，增长速度非常缓慢。第二阶段对数生长期，生长 18 ~ 38 h 内，OD 值呈现快速增长趋势，38 h 时 OD 值达到峰值。随后进入稳定期，生长 38 h 以后 OD 值不再增加并出现降低现象。综上所述，在测定时间内内生拮抗细菌 JL-A07 的生长阶段为：第一阶段迟滞期（生长 18 h 内）细菌接种至培养基后，对新环境有一个短暂适应过程。第二阶段对数生长期（18 ~ 38 h）细菌几乎均已完成营养生长，开始快速的繁殖增长，菌数显著增多；此时期活菌数直线上升。细菌以稳定的几何级数极快增长。从测定时间来看，培养 38 h 及以后内生细菌基本上是处于稳定期的阶段。细菌繁殖速度渐趋下降，相对细菌死亡数开始逐渐增加，此期细菌增殖数与死亡数渐趋平衡。

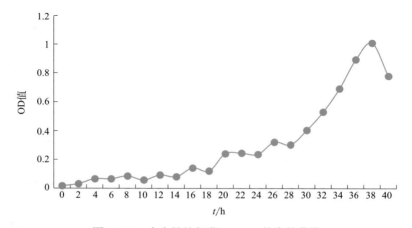

图 17-12　内生拮抗细菌 JL-A07 的生长曲线

二、内生拮抗细菌的生理生化指标的测定结果分析

对内生拮抗细菌菌株（JL-B05、JL-B16、CT-A16、JL-A07）的生理生化特征的鉴定结果见表 17-2。在测定的各项指标中，与《伯杰细菌鉴定手册（第八版）》中各标准菌株的特征基本相同。

表 17-2 内生拮抗菌株的生理生化特征

试验项目	结果			
	JL-B05	JL-B16	CT-A16	JL-A07
接触酶	+	–	+	+
V.P 测定	+	+	–	+
甲基红测定	–	–	–	–
利用葡萄糖产酸	–	–	–	–
利用葡萄糖产气	–	–	–	–
利用柠檬酸盐	–	–	+	–
硝酸盐还原	+	+	+	+
淀粉水解	–	–	+	–
需氧性测定	+	+	–	–
吲哚试验	–	–	–	–
丙二酸	–	–	+	–
产 H_2S 试验	+	+	+	+

注：+ 表示反应呈阳性或者可以生长、利用；– 表示反应呈阴性或者不可以生长、利用。

通过对内生拮抗细菌菌株的培养特征和形态特征、生理生化特征的测定，并结合前期 16S rDNA 鉴定结果，将内生拮抗细菌菌株 JL-B05 最终鉴定为解淀粉芽孢杆菌（*Bacillus amyloliquefaciens*）；菌株 JL-B16 最终鉴定为枯草芽孢杆菌（*Bacillus subtilis*）；菌株 CT-A16 最终鉴定金色短杆菌（*Brevibacterium aureum*）；菌株 JL-A07 最终鉴定解淀粉芽孢杆菌（*Bacillus amyloliquefaciens*）。

本文研究了内生拮抗细菌菌株 JL-B05、JL-B16、CT-A16、JL-A07 的生物学特性与生理生化指标的测定。

通过内生拮抗细菌培养特征及形态特征的研究，并采用温度梯度和 pH 梯度法对 4 株毛竹内生拮抗细菌菌群进行最适温度与 pH 的测量，并绘制其 40 小时内的生长曲线。通过生理生化指标的测定，结合通过对内生拮抗细菌菌株的培养特征和形态特征、生理生化特征的测定，并结合前期 16S rDNA 鉴定结果表明 4 株内生拮抗细菌菌株分属于 2 属 3 种，分别为芽孢杆菌属（*Bacillus*）和短杆菌属（*Brevibacterium*）。

内生拮抗细菌生物学特性及生理生化指标的测定，为后续系统的研究内生细菌做铺垫，并为内生拮抗细菌对食用菌进行病害防治的应用提供了理论基础。

参考文献

[1] 东秀珠，蔡妙英 . 常见细菌系统鉴定手册 [M]. 北京：科学出版社 ,2001.

[2] 方中达 . 植病研究方法 [M]. 北京：中国农业出版社 ,1998.

第十八章　内生拮抗细菌防病效果研究

第一节　内生拮抗细菌生物防治效果测定

中国食用菌产业发展的比较早，最近30年更是发展迅猛，因此种源安全保障技术、种源的真实性、病菌感染、种性变异或退化检测、抗逆性下降都是必须高度重视的问题。在食用菌的制作和栽培过程中，时常受到害虫和病菌的危害，据不完全统计，由于病虫的危害导致减产10% ～ 30%，严重的情况下甚至会颗粒无收[1]。防治病虫害最常见的方法就是化学药剂，但是长时间使用单一的化学药剂会使得病虫害的抗性增强，防治效果下降，而且药品的残留量大会对人的身体健康造成威胁，也会导致严重的环境污染。生物防治则具有许多优点，因此近几年受到了研究人员的普遍重视[2]。国内外研究人员在内生菌对于防治植物病害方面进行了大量的研究，取得了非常显著的效果。但内生菌在食用菌病害防治方面研究较少，因此研究对主要食用菌病原菌具有较好拮抗效果的内生细菌，及其对食用菌病原菌菌丝生长及产孢情况的影响具有重要意义。

本文选取对主要食用菌病原菌（疣孢霉、油疤霉、蛛网病菌）具有较好拮抗效果的内生细菌菌株 JL-B05、JL-B16，研究其对主要食用菌病原菌菌丝生长及孢子萌发情况的影响。

一、供试菌株

（一）内生拮抗细菌

内生细菌菌株 JL-B05、JL-B16 由本实验室筛选出的对食用菌主要病原菌具有较好拮抗效果的内生细菌。

（二）供试食用菌病原菌

油疤病菌、疣孢病菌、蛛网病菌。

二、培养基及主要试剂

内生细菌培养采用 NA 培养基：牛肉膏 3 g，蛋白胨 5 g，NaCl 5 g，琼脂 18 g，水 1000 mL，pH 7.0 ～ 7.2（液体培养基则不加琼脂）。

LB 液体培养基，与第十七章相同；PDA 培养基：马铃薯 200 g、琼脂粉 20 g、葡萄糖

20 g。

主要试剂：所用试剂均为国产分析纯。

三、内生拮抗细菌的防病机理测定方法

（一）内生拮抗细菌发酵过滤液对病原菌菌丝生长的影响

选取内生拮抗细菌菌株 JL-B05、JL-B16，用无菌接种环挑取单菌落，接种于装液量为 100 mL 的 LB 液体培养基的 250 mL 三角瓶中，每个处理 3 次重复。在 28 ℃和 180 r/min 转速条件下培养 3 d，通过离心（4 ℃，10000 r/min，15 min）取得上清液，在无菌条件下，经 0.22 μm 微孔滤膜过滤后将所得滤液备用。

采用菌落生长法测定过滤液的抑菌活性，将上述内生细菌过滤液与 PDA 培养基混合制成混合平板（5 %、10 %、15 %、20 %），以不加过滤液的 PDA 平板为对照。分别在平板中央接入病原菌菌原片，每个处理 3 次重复，置于 28 ℃恒温培养，然后观察病原菌的菌丝生长状况，待对照 CK 满板时采用十字交叉法测量菌丝直径。

采用以下公式计算抑制率：

相对抑制率 =（对照菌落直径 − 处理菌落直径）/ 对照菌落直径 ×100 %

（二）内生拮抗细菌发酵灭菌液对病原菌菌丝生长的影响

采用菌落生长法测定灭菌液的抑菌活性，将 LB 培养液中培养好的内生拮抗细菌 JL-B05、JL-B16 放入高压灭菌锅，121 ℃条件下灭菌 30 min，然后将上述内生细菌灭菌液按照 5 %、10 %、15 %、20 % 四个比例与 PDA 培养基混合，制成混合培养基平板，以不加过滤液的 PDA 平板为对照。分别在平板中央接入病原菌菌原片，每个处理 3 次重复，置于 28 ℃恒温培养，然后观察病原菌的菌丝生长状况，待对照 CK 满板时采用十字交叉法测量菌丝直径。

采用以下公式计算抑制率：

相对抑制率 =（对照菌落直径 − 处理菌落直径）/ 对照菌落直径 ×100 %

（三）内生拮抗细菌发酵过滤液对病原菌孢子萌发的影响

取上述内生拮抗细菌 JL-B05、JL-B16 过滤液，将过滤液按照 20 %、40 % 两个比例与 PDA 培养基混合，制成混合培养基平板。在生长成熟的三个病原菌的培养皿中加入无菌水，收集病原菌孢子，制成孢子悬浮液。然后用移液枪将孢子悬浮液加入上述混合培养基平板上，用涂布棒涂抹均匀。每个处理 3 次重复，置于 28 ℃恒温培养，然后观察病原菌的孢子萌发状况。

采用以下公式计算抑制率：

相对抑制率 =（对照菌落直径 − 处理菌落直径）/ 对照菌落直径 ×100 %

（四）内生拮抗细菌发酵灭菌液对病原菌孢子萌发的影响

取上述内生拮抗细菌 JL-B05、JL-B16 灭菌液，将过滤液按照 20 %、40 % 两个比例与 PDA 培养基混合，制成混合培养基平板。在生长成熟的三个病原菌的培养皿中加入无菌水，

收集病原菌孢子，制成孢子悬浮液。然后用移液枪将孢子悬浮液加入上述混合培养基平板上，用涂布棒涂抹均匀。每个处理 3 次重复，置于 28 ℃恒温培养，然后观察病原菌的孢子萌发状况。

采用以下公式计算抑制率：

相对抑制率 =（对照菌落直径 − 处理菌落直径）/ 对照菌落直径 × 100 %

（五）内生拮抗细菌挥发性物质对病原菌菌丝生长的影响

将三个病原菌菌株（油疤病菌、疣孢病菌、蛛网病菌）和内生拮抗细菌菌株 JL-B05、JL-B16 分别转接到不同的 PDA 平板上，并分别在适宜的温度条件下培养 2 d 后在无菌条件下，去掉平板盖，将接有病原菌的培养皿相对扣合，并用封口膜沿边缘封口，防止挥发性物质漏出。以不接内生拮抗细菌的作为对照，置于 28℃恒温培养，每个处理 3 个重复。观察病原菌的菌丝生长情况并计算抑菌率。

采用以下公式计算抑制率：

相对抑制率 =（对照菌落直径 − 处理菌落直径）/ 对照菌落直径 × 100 %

四、数据统计与分析

数据统计绘图用 Excel，数据统计分析采用 dPS（V7.05）的相应分析功能进行。

第二节　内生拮抗细菌防病效果测定结果分析

一、内生拮抗细菌发酵过滤液对病原菌菌丝生长的测定结果

通过对病原菌菌丝生长情况进行观察，统计不同种不同比例内生菌过滤液对不同病原菌的抑制率，结果如表 18-1 可以看出内生拮抗细菌 JL-B05 对病原菌的抑制效果分别为疣孢病菌＞蛛网病菌＞油疤病菌，对疣孢病菌的抑制效果最好，且效果最佳菌液浓度为 20 %。内生拮抗细菌 JL-B16 对病原菌的抑制效果，菌液浓度为 20 %内生拮抗细菌 JL-B16 对油疤病菌原菌的抑制效果最好，其余三个浓度的抑制效果为，疣孢病菌＞油疤病菌＞蛛网病菌。

表 18-1　不同浓度内生拮抗细菌过滤液对病原菌菌丝生长的抑制

内生细菌	菌液浓度 /%	抑制率 /%		
		疣孢病菌	蛛网病菌	油疤病菌
JL-B05	5	69.52	44.09	41.82
	10	75.24	59.14	61.82
	15	79.05	69.89	67.27
	20	86.67	76.34	78.18

续表

内生细菌	菌液浓度 /%	抑制率 /%		
		疣孢病菌	蛛网病菌	油疤病菌
JL-B16	5	52.38	35.48	38.18
	10	56.19	39.78	43.64
	15	61.90	50.54	50.91
	20	65.71	61.29	70.91

二、内生拮抗细菌发酵灭菌液对病原菌菌丝生长的测定结果

通过对病原菌菌丝生长情况进行观察，统计不同种不同比例内生菌灭菌液对不同病原菌的抑制率，从表 18-2 可以看出浓度为 20% 的内生细菌 JL-B05 对病原菌的抑制效果最佳，且对疣孢病菌的抑制效果最好。其次是浓度为 20% 的油疤病菌。内生细菌 JL-B16 对于病原菌的抑制效果最好的是浓度为 20% 的油疤病菌，其次是 20% 的疣孢病菌、蛛网病菌。

表 18-2　不同浓度内生拮抗细菌灭菌液对病原菌菌丝生长的抑制率

内生细菌	菌液浓度 /%	抑制率 /%		
		疣孢病菌	蛛网病菌	油疤病菌
JL-B05	5	42.86	11.83	18.18
	10	52.38	24.73	47.27
	15	58.10	33.33	60.00
	20	61.90	59.14	70.91
JL-B16	5	46.67	29.03	32.73
	10	52.38	44.09	43.64
	15	56.19	52.69	52.73
	20	63.81	61.29	72.73

三、内生拮抗细菌发酵过滤液对病原菌孢子萌发的测定结果

通过对病原菌孢子萌发生长情况进行观察，统计不同种不同比例内生菌过滤液对不同病原菌的抑制率，结果如表 8-3、8-4 可以看出内生细菌 JL-B05 对于病原菌的抑制效果，浓度为 40 % 的内生拮抗细菌 JL-B05 对于三个病原菌都很理想，都能较好的抑制孢子的萌发。内生细菌 JL-B16 对于病原菌最好的抑制效果的浓度为 40%，对疣孢病菌、油疤病菌都能 100% 的抑制孢子的萌发，对蛛网病菌孢子萌发的抑制效果较弱（图 18-1）。

表 18-3　不同浓度内生拮抗细菌过滤液对病原菌孢子萌发的抑制效果

内生细菌	菌液浓度 /%	抑制率 /%		
		疣孢病菌	蛛网病菌	油疤病菌
JL-B05	CK	+++	+++	+++
		+++	+++	+++
		+++	+++	+++
	20	+	+	++
		+	+	++
		+	+	++
	40	−	−	−
		−	−	−
		−	−	−
JL-B16	CK	+++	+++	+++
		+++	+++	+++
		+++	+++	+++
	20	++	+	+
		++	+	+
		++	+	+
	40	−	（+）	−
		+	（+）	−
		−	（+）	−

表 18-4　不同浓度内生拮抗细菌过滤液对病原菌孢子萌发的抑制率

内生细菌	菌液浓度 /%	抑制率 /%		
		疣孢病菌	蛛网病菌	油疤病菌
JL-B05	20	64.65	80.77	60.58
		59.31	69.23	44.42
		60.73	70.31	38.85
	40	100	100	98.08
		100	98.08	96.15
		96.15	100	100
JL-B16	20	75.77	65.38	66.15
		50.23	64.21	77.69
		48.85	78.63	65
	40	93.6	98.08	96.15
		100	96.15	98.08
		100	98.08	100

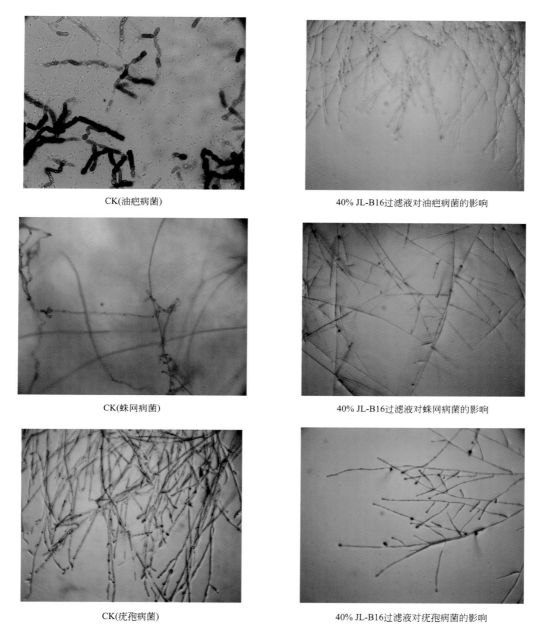

图 18-1　图中均为 40% 内生拮抗细菌过滤液对病原菌菌丝生长的影响

四、内生拮抗细菌发酵灭菌液对病原菌孢子萌发的测定结果

通过对病原菌孢子萌发生长情况进行观察，统计不同种不同比例内生菌灭菌液对不同病原菌孢子萌发的抑制效果。结果如表 18-5、18-6 可以看出，浓度为 40% 内生拮抗细菌 JL-B05 发酵灭菌液对病原菌的抑制效果较好，对疣孢病菌和油疤病菌的抑制效果好于蛛网病菌。浓度为 40% 的内生拮抗细菌 JL-B16 发酵灭菌液对病原菌的抑制效果最佳，对疣孢病菌和油疤病菌的抑制效果较好。

表 18-5　不同浓度内生拮抗细菌灭菌液对病原菌孢子萌发的抑制效果

内生细菌	菌液浓度 /%	抑制率 /%		
		疣孢病菌	蛛网病菌	油疤病菌
JL-B05	CK	+++	+++	+++
		+++	+++	+++
		+++	+++	+++
	20	++	++	++
		++	++	++
		++	++	++
	40	+	+	+
		+	+	+
		+	+	+
JL-B16	CK	+++	+++	+++
		+++	+++	+++
		+++	+++	+++
	20	++	++	++
		++	++	++
		++	++	++
	40	+	+	+
		+	+	+
		+	+	+

表 18-6　不同浓度内生拮抗细菌灭菌液对病原菌孢子萌发的抑制率

内生细菌	菌液浓度 /%	抑制率 /%		
		疣孢病菌	蛛网病菌	油疤病菌
JL-B05	20	45.67	63.83	35.88
		51.17	55.02	41.62
		59.12	53.17	58.42
	40	78.15	63.27	78.92
		86.83	73.1	81.88
		81.58	77.35	83.02
JL-B16	20	50.46	58.88	56.62
		60.27	51.5	49.96
		46.62	64.31	63.4
	40	81.44	82.15	78.92
		87.37	79.87	83.81
		83.12	75.92	84.94

五、内生拮抗细菌挥发性物质对病原菌菌丝生长的测定结果

通过观察病原菌与内生拮抗细菌对接密封的培养皿中病原菌的菌丝生长状况，结果表明内生拮抗细菌挥发性物质对病原菌菌丝生长具有一定的抑制作用。从表 18-7 可以看出内生细菌 JL-B05 挥发性物质对于油疤病菌、蛛网病菌的抑制效果比较好，而内生细菌 JL-B16 挥

发性物质对于油疤病菌、蛛网病菌的抑制效果比较好，对于疣孢病菌的抑制效果相对较弱。

表 18-7　内生拮抗细菌挥发性物质对病原菌菌丝生长的影响

内生细菌	抑制率 /%		
	疣孢病菌	蛛网病菌	油疤病菌
	31.21	51.79	54.88
JL-B05	49.17	56.65	70.90
	36.73	72.65	61.06
	31.21	72.21	72.60
JL-B16	49.17	64.62	80.90
	43.85	71.15	59.62

六、小结

内生拮抗细菌对 3 种食用菌病原菌的生防效果可以看出，不同浓度内生拮抗细菌过滤液和灭菌液对病原菌菌丝生长均具有一定的抑制效果。其中浓度为 20 % 的内生拮抗细菌 JL-B05 过滤液对病原菌的抑制效果最好，对疣孢病菌的抑制率达到 86.67 %，对油疤病菌的抑制率为 78.18 %，对蛛网病菌的抑制率为 76.34 %，整体的抑制效果优于内生拮抗细菌 JL-B16。浓度为 20 % 的内生拮抗细菌 JL-B16 灭菌液对病原菌菌丝生长的抑制效果最好，对油疤病菌的抑制率达到 72.73 %，对疣孢病菌抑制效果为 63.81 %，对蛛网病菌的抑制率为 61.29 %，整体效果优于内生拮抗细菌 JL-B05。

不同浓度内生细菌过滤液和灭菌液对病原菌孢子萌发的测定中，浓度为 40 % 内生拮抗细菌 JL-B05、JL-B16 对于三个病原菌的抑制效果都非常明显。内生细菌挥发性物质对病原菌菌丝生长也表现出一定的抑制作用，对于疣孢病菌的整体抑制效果低于 50 %，JL-B16 对于蛛网病菌和油疤病菌的抑制效果相对较好。

从上述分析可以看出内生拮抗细菌 JL-B05、JL-B16 对三个病原菌菌丝生长和孢子萌发均表现出一定的抑制效果。

内生菌对病害的生物防治，除了实验室的抑菌效果测定外，还需要进行大生产过程中的实际应用，以进一步验证内生菌的拮抗效果。研究表明植物内生细菌是一个很好的外源基因载体，利用分子生物技术构建工程内生细菌的研究工作在国内外已相继开展，快速发展，并取得许多成功的报道，如抗虫工程菌、防病工程菌、固氮工程菌等，这将是今后内生细菌的研究热点。

参考文献

[1] 张超 . 华重楼拮抗内生细菌的筛选、鉴定及其拮抗物质的初步研究 [D]. 成都：四川师范大学 ,2008.

[2] 王玉霞 , 李晶 , 张淑梅 , 等 . 芽孢杆菌对黄瓜根腐病的防治效果 [J]. 生物技术 ,2004（3）：57.

附录

附录I 20 株内生促生细菌 16S rDNA 序列

CT-A17

1	TCGCCCCCCT	TGCGGTTAGG	CTAACTACTT	CTGGTAAAAC	CCACTCCCAT	GGTGTGACGG
61	GCGGTGTGTA	CAAGACCCGG	GAACGTATTC	ACCGCGACAT	GCTGATCCGC	GATTACTAGC
121	GATTCCGACT	TCATGCAGGC	GAGTTGCAGC	CTGCAATCCG	GACTACGATC	GGGTTTATGA
181	GATTAGCTCC	ACCTTGCGGC	TTGGCAACCC	TCTGTCCCGA	CCATTGTATG	ACGTGTGAAG
241	CCCTACCCAT	AAGGGCCATG	AGGACTTGAC	GTCATCCCCA	CCTTCCTCCG	GTTTGTCACC
301	GGCAGTCTCA	TTAGAGTGCT	CAACTAAATG	TAGCAACTAA	TGACAAGGGT	TGCGCTCGTT
361	GCGGGACTTA	ACCCAACATC	TCACGACACG	AGCTGACGAC	AGCCATGCAG	CACCTGTGTT
421	CCGGTTCTCT	TGCGAGCACT	CCTAAATCTC	TTCAGGATTC	CAGACATGTC	AAGGGTAGGT
481	AAGGTTTTTC	GCGTTGCATC	GAATTAATCC	ACATCATCCA	CCGCTTGTGC	GGGTCCCCGT
541	CAATTCCTTT	GAGTTTTAAT	CTTGCGACCG	TACTCCCCAG	GCGGTCAACT	TCACGCGTTA
601	GCTGCGCTAC	TAAGCCCCGA	AGGGCCCAAC	AGCTAGTTGA	CATCGTTTAG	GGCGTGGACT
661	ACCAGGGTAT	CTAATCCTGT	TTGCTCCCCA	CGCTTTCGTG	CATGAGCGTC	AGTATTATCC
721	CAGGGGGCTG	CCTTCGCCAT	CGGTGTTCCT	CCACATATCT	ACGCATTTCA	CTGCTACACG
781	TGGAATTCCA	CCCCCCTCTG	ACATACTCTA	GTTCGGGAGT	TAAAAATGCA	GTTCCAAGGT
841	TGAGCCCTGG	GATTTCACAT	CTTTCTTTCC	GAACCGCCTG	CGCACGCTTT	ACGCCCAGTA
901	ATTCCGATTA	ACGCTTGCAC	CCTACGTATT	ACCGCGGCTG	CTGGCACGTA	GTTAGCCGGT
961	GCTTATTCTT	CAGGTACCGT	CATCAGTTCC	AGGTATTATC	CGAAACCTTT	TCTTCCCTGA
1021	CAAAAGTGCT	TTACAACCCG	AAGGCCTTCA	TCGCACACGC	GGGATGGCTG	GATCAGGGTT
1081	TCCCCCATTG	TCCAAAATTC	CCCACTGCTG	CCTCCCGTAG	GAGTCTGGGC	CGTGTCTCAG
1141	TCCCAGTGTG	GCTGGTCGTC	CTCTCAAACC	AGCTACGGAT	CGTCGCCTTG	GTAGGCCTTT
1201	ACCCCACCAA	CTAGCTAATC	CGATATCGGC	CGCTCCAATA	GTGAGAGGTC	CTAAGATCCC
1261	CCCCTTTCCC	CCGTAGGGCG	TATGCGGTAT	TAGCCACGCT	TTCGCGTAGT	TATCCCCCGC
1321	TACTGGGCAC	GTTCCGATAC	ATTACTCACC	CGTTCGCCAC	TCGCCGGCAA	AAGTAGCAAG
1381	CTACTTTTCC	GCTGCCGTTC	GACTGCA			

CT-B04-1

1	CCCCCCTTGC	GGTTAGGCTA	ACTACTTCTG	GTAAAACCCA	CTCCCATGGT	GTGACGGGCG
61	GTGTGTACAA	GACCCGGGAA	CGTATTCACC	GCGACATGCT	GATCCGCGAT	TACTAGCGAT

121	TCCGACTTCA	TGCAGGCGAG	TTGCAGCCTG	CAATCCGGAC	TACGATCGGG	TTTATGAGAT
181	TAGCTCCACC	TTGCGGCTTG	GCAACCCTCT	GTCCCGACCA	TTGTATGACG	TGTGAAGCCC
241	TACCCATAAG	GGCCATGAGG	ACTTGACGTC	ATCCCCACCT	TCCTCCGGTT	TGTCACCGGC
301	AGTCTCATTA	GAGTGCTCAA	CTAAATGTAG	CAACTAATGA	CAAGGGTTGC	GCTCGTTGCG
361	GGACTTAACC	CAACATCTCA	CGACACGAGC	TGACGACAGC	CATGCAGCAC	CTGTGTTCCG
421	GTTCTCTTGC	GAGCACTCCT	AAATCTCTTC	AGGATTCCAG	ACATGTCAAG	GGTAGGTAAG
481	GTTTTTCGCG	TTGCATCGAA	TTAATCCACA	TCATCCACCG	CTTGTGCGGG	TCCCCGTCAA
541	TTCCTTTGAG	TTTTAATCTT	GCGACCGTAC	TCCCCAGGCG	GTCAACTTCA	CGCGTTAGCT
601	GCGCTACTAA	GCCCCGAAGG	GCCCAACAGC	TAGTTGACAT	CGTTTAGGGC	GTGGACTACC
661	AGGGTATCTA	ATCCTGTTTG	CTCCCCACGC	TTTCGTGCAT	GAGCGTCAGT	ATTATCCCAG
721	GGGGCTGCCT	TCGCCATCGG	TGTTCCTCCA	CATATCTACG	CATTTCACTG	CTACACGTGG
781	AATTCCACCC	CCCTCTGACA	TACTCTAGTT	CGGGAGTTAA	AAATGCAGTT	CCAAGGTTGA
841	GCCCTGGGAT	TTCACATCTT	TCTTTCCGAA	CCGCCTGCGC	ACGCTTTACG	CCCAGTAATT
901	CCGATTAACG	CTTGCACCCT	ACGTATTACC	GCGGCTGCTG	GCACGTAGTT	AGCCGGTGCT
961	TATTCTTCAG	GTACCGTCAT	CAGTTCCAGG	TATTATCCGA	AACCTTTTCT	TCCCTGACAA
1021	AAGTGCTTTA	CAACCCGAAG	GCCTTCATCG	CACACGCGGG	ATGGCTGGAT	CAGGGTTTCC
1081	CCCATTGTCC	AAAATTCCCC	ACTGCTGCCT	CCCGTAGGAG	TCTGGGCCGT	GTCTCAGTCC
1141	CAGTGTGGCT	GGTCGTCCTC	TCAAACCAGC	TACGGATCGT	CGCCTTGGTA	GGCCTTTACC
1201	CCACCAACTA	GCTAATCCGA	TATCGGCCGC	TCCAATAGTG	AGAGGTCCTA	AGATCCCCCC
1261	CTTTCCCCCG	TAGGGCGTAT	GCGGTATTAG	CCACGCTTTC	GCGTAGTTAT	CCCCCGCTAC
1321	TGGGCACGTT	CCGATACATT	ACTCACCCGT	TCGCCACTCG	CCGGCAAAAG	TAGCAAGCTA
1381	CTTTTCCGCT	GCCGT				

CT-B07

1	GGTATCGCCC	CCCTTGCGGT	TAGGCTAACT	ACTTCTGGTA	AAACCCACTC	CCATGGTGTG
61	ACGGGCGGTG	TGTACAAGAC	CCGGGAACGT	ATTCACCGCG	ACATGCTGAT	CCGCGATTAC
121	TAGCGATTCC	GACTTCATGC	AGGCGAGTTG	CAGCCTGCAA	TCCGGACTAC	GATCGGGTTT
181	ATGAGATTAG	CTCCACCTTG	CGGCTTGGCA	ACCCTCTGTC	CCGACCATTG	TATGACGTGT
241	GAAGCCCTAC	CCATAAGGGC	CATGAGGACT	TGACGTCATC	CCCACCTTCC	TCCGGTTTGT
301	CACCGGCAGT	CTCATTAGAG	TGCTCAACTA	AATGTAGCAA	CTAATGACAA	GGGTTGCGCT
361	CGTTGCGGGA	CTTAACCCAA	CATCTCACGA	CACGAGCTGA	CGACAGCCAT	GCAGCACCTG
421	TGTTCCGGTT	CTCTTGCGAG	CACTCCTAAA	TCTCTTCAGG	ATTCCAGACA	TGTCAAGGGT
481	AGGTAAGGTT	TTTCGCGTTG	CATCGAATTA	ATCCACATCA	TCCACCGCTT	GTGCGGGTCC
541	CCGTCAATTC	CTTTGAGTTT	TAATCTTGCG	ACCGTACTCC	CCAGGCGGTC	AACTTCACGC
601	GTTAGCTGCG	CTACTAAGCC	CCGAAGGGCC	CAACAGCTAG	TTGACATCGT	TTAGGGCGTG
661	GACTACCAGG	GTATCTAATC	CTGTTTGCTC	CCCCACGCTT	TCGTGCATGA	GCGTCAGTAT
721	TATCCCAGGG	GGCTGCCTTC	GCCATCGGTG	TTCCTCCACA	TATCTACGCA	TTTCACTGCT
781	ACACGTGGAA	TTCCACCCCC	CTCTGACATA	CTCTAGTTCG	GGAGTTAAAA	ATGCAGTTCC
841	AAGGTTGAGC	CCTGGGATTT	CACATCTTTC	TTTCCGAACC	GCCTGCGCAC	GCTTTACGCC

901	CAGTAATTCC	GATTAACGCT	TGCACCCTAC	GTATTACCGC	GGCTGCTGGC	ACGTAGTTAG
961	CCGGTGCTTA	TTCTTCAGGT	ACCGTCATCA	GTTCCAGGTA	TTATCCGAAA	CCTTTTCTTC
1021	CCTGACAAAA	GTGCTTTACA	ACCCGAAGGC	CTTCATCGCA	CACGCGGGAT	GGCTGGATCA
1081	GGGTTTCCCC	CATTGTCCAA	AATTCCCCAC	TGCTGCCTCC	CGTAGGAGTC	TGGGCCGTGT
1141	CTCAGTCCCA	GTGTGGCTGG	TCGTCCTCTC	AAACCAGCTA	CGGATCGTCG	CCTTGGTAGG
1201	CCTTTACCCC	ACCAACTAGC	TAATCCGATA	TCGGCCGCTC	CAATAGTGAG	AGGTCCTAAG
1261	ATCCCCCCCT	TTCCCCCGTA	GGGCGTATGC	GGTATTAGCC	ACGCTTTCGC	GTAGTTATCC
1321	CCCGCTACTG	GGCACGTTCC	GATACATTAC	TCACCCGTTC	GCCACTCGCC	GGCAAAAGTA
1381	GCAAGCTACT	TTCCGCTGCC	GTTCGACTGC	ATGGTAAGGC		

CT-B09-1

1	TCGCCCCCCT	TGCGGTTAGG	CTAACTACTT	CTGGTAAAAC	CCACTCCCAT	GGTGTGACGG
61	GCGGTGTGTA	CAAGACCCGG	GAACGTATTC	ACCGCGACAT	GCTGATCCGC	GATTACTAGC
121	GATTCCGACT	TCATGCAGGC	GAGTTGCAGC	CTGCAATCCG	GACTACGATC	GGGTTTATGA
181	GATTAGCTCC	ACCTTGCGGC	TTGGCAACCC	TCTGTCCCGA	CCATTGTATG	ACGTGTGAAG
241	CCCTACCCAT	AAGGGCCATG	AGGACTTGAC	GTCATCCCCA	CCTTCCTCCG	GTTTGTCACC
301	GGCAGTCTCA	TTAGAGTGCT	CAACTAAATG	TAGCAACTAA	TGACAAGGGT	TGCGCTCGTT
361	GCGGGACTTA	ACCCAACATC	TCACGACACG	AGCTGACGAC	AGCCATGCAG	CACCTGTGTT
421	CCGGTTCTCT	TGCGAGCACT	CCTAAATCTC	TTCAGGATTC	CAGACATGTC	AAGGGTAGGT
481	AAGGTTTTTC	GCGTTGCATC	GAATTAATCC	ACATCATCCA	CCGCTTGTGC	GGGTCCCCGT
541	CAATTCCTTT	GAGTTTTAAT	CTTGCGACCG	TACTCCCCAG	GCGGTCAACT	TCACGCGTTA
601	GCTGCGCTAC	TAAGCCCCGA	AGGGCCCAAC	AGCTAGTTGA	CATCGTTTAG	GGCGTGGACT
661	ACCAGGGTAT	CTAATCCTGT	TTGCTCCCCA	CGCTTTCGTG	CATGAGCGTC	AGTATTATCC
721	CAGGGGGCTG	CCTTCGCCAT	CGGTGTTCCT	CCACATATCT	ACGCATTTCA	CTGCTACACG
781	TGGAATTCCA	CCCCCCTCTG	ACATACTCTA	GTTCGGGAGT	TAAAAATGCA	GTTCCAAGGT
841	TGAGCCCTGG	GATTTCACAT	CTTTCTTTCC	GAACCGCCTG	CGCACGCTTT	ACGCCCAGTA
901	ATTCCGATTA	ACGCTTGCAC	CCTACGTATT	ACCGCGGCTG	CTGGCACGTA	GTTAGCCGGT
961	GCTTATTCTT	CAGGTACCGT	CATCAGTTCC	AGGTATTATC	CGAAACCTTT	TCTTCCCTGA
1021	CAAAAGTGCT	TTACAACCCG	AAGGCCTTCA	TCGCACACGC	GGGATGGCTG	GATCAGGGTT
1081	TCCCCCATTG	TCCAAAATTC	CCCACTGCTG	CCTCCCGTAG	GAGTCTGGGC	CGTGTCTCAG
1141	TCCCAGTGTG	GCTGGTCGTC	CTCTCAAACC	AGCTACGGAT	CGTCGCCTTG	GTAGGCCTTT
1201	ACCCCACCAA	CTAGCTAATC	CGATATCGGC	CGCTCCAATA	GTGAGAGGTC	CTAAGATCCC
1261	CCCCTTTCCC	CCGTAGGGCG	TATGCGGTAT	TAGCCACGCT	TTCGCGTAGT	TATCCCCCGC
1321	TACTGGGCAC	GTTCCGATAC	ATTACTCACC	CGTTCGCCAC	TCGCCGGCAA	AAGTAGCAAG
1381	CTACTTTTCC	GCTGCCGTTC	GACTGC			

CT-B09-2

1	AAGCGCCCTC	CCGAAGGTTA	AGCTACCTAC	TTCTTTTGCA	ACCCACTCCC	ATGGTGTGAC
61	GGGCGGTGTG	TACAAGGCCC	GGGAACGTAT	TCACCGTGGC	ATTCTGATCC	ACGATTACTA

121	GCGATTCCGA	CTTCATGGAG	TCGAGTTGCA	GACTCCAATC	CGGACTACGA	CGCACTTTAT
181	GAGGTCCGCT	TGCTCTCGCG	AGGTCGCTTC	TCTTTGTATG	CGCCATTGTA	GCACGTGTGT
241	AGCCCTACTC	GTAAGGGCCA	TGATGACTTG	ACGTCATCCC	CACCTTCCTC	CAGTTTATCA
301	CTGGCAGTCT	CCTTTGAGTT	CCCGGCCGGA	CCGCTGGCAA	CAAAGGATAA	GGGTTGCGCT
361	CGTTGCGGGA	CTTAACCCAA	CATTTCACAA	CACGAGCTGA	CGACAGCCAT	GCAGCACCTG
421	TCTCAGAGTT	CCCGAAGGCA	CCAATCCATC	TCTGGAAAGT	TCTCTGGATG	TCAAGAGTAG
481	GTAAGGTTCT	TCGCGTTGCA	TCGAATTAAA	CCACATGCTC	CACCGCTTGT	GCGGGCCCCC
541	GTCAATTCAT	TTGAGTTTTA	ACCTTGCGGC	CGTACTCCCC	AGGCGGTCGA	CTTAACGCGT
601	TAGCTCCGGA	AGCCACGCCT	CAAGGGCACA	ACCTCCAAGT	CGACATCGTT	TACGGCGTGG
661	ACTACCAGGG	TATCTAATCC	TGTTTGCTCC	CCACGCTTTC	GCACCTGAGC	GTCAGTCTTT
721	GTCCAGGGGG	CCGCCTTCGC	CACCGGTATT	CCTCCAGATC	TCTACGCATT	TCACCGCTAC
781	ACCTGGAATT	CTACCCCCCT	CTACAAGACT	CTAGCCTGCC	AGTTTCGAAT	GCAGTTCCCA
841	GGTTGAGCCC	GGGGATTTCA	CATCCGACTT	GACAGACCGC	CTGCGTGCGC	TTTACGCCCA
901	GTAATTCCGA	TTAACGCTTG	CACCCTCCGT	ATTACCGCGG	CTGCTGGCAC	GGAGTTAGCC
961	GGTGCTTCTT	CTGCGGGTAA	CGTCAATTGA	CGAGGTTATT	AACCTCAACA	CCTTCCTCCC
1021	CGCTGAAAGT	ACTTTACAAC	CCGAAGGCCT	TCTTCATACA	CGCGGCATGG	CTGCATCAGG
1081	CTTGCGCCCA	TTGTGCAATA	TTCCCCACTG	CTGCCTCCCG	TAGGAGTCTG	GACCGTGTCT
1141	CAGTTCCAGT	GTGGCTGGTC	ATCCTCTCAG	ACCAGCTAGG	GATCGTCGCC	TAGGTGAGCC
1201	GTTACCCCAC	CTACTAGCTA	ATCCCATCTG	GGCACATCCG	ATGGCAAGAG	GCCCGAAGGT
1261	CCCCCTCTTT	GGTCTTGCGA	CGTTATGCGG	TATTAGCTAC	CGTTTCCAGT	AGTTATCCCC
1321	CTCCATCAGG	CAGTTTCCCA	GACATTACTC	ACCCGTCCGC	CACTCGTCAG	CGAAGCAGCA
1381	AGCTGCTTCC	TGTTACCGTT	CGAC			

CT-B13-1

1	GGTTAGGCCA	CCGGCTTCGG	GTGTTACCGA	CTTTCATGAC	TTGACGGGCG	GTGTGTACAA
61	GGCCCGGGAA	CGTATTCACC	GCAGCGTTGC	TGATCTGCGA	TTACTAGCGA	CTCCGACTTC
121	ATGGGGTCGA	GTTGCAGACC	CCAATCCGAA	CTGAGACCGA	CTTTTTGGGA	TTCGCTCCAC
181	CTCGCGGTAT	CGCAGCCCTT	TGTATCGGCC	ATTGTAGCAT	GCGTGAAGCC	CAAGACATAA
241	GGGGCATGAT	GATTTGACGT	CATCCCCACC	TTCCTCCGTG	TTGACCACGG	CAGTATCCCA
301	TGAGTTCCCA	CCATAACGTG	CTGGCAACAT	AGGACGAGGG	TTGCGCTCGT	TGCCGGACTT
361	AACCGAACAT	CTCACGACAC	GAGCTGACGA	CAACCATGCA	CCACCTGTAA	CCGAGTGTCC
421	AAAGAGTTCT	GTATCTCTAC	AGCGTTCTCG	GCTATGTCAA	GCCTTGGTAA	GGTTCTTCGC
481	GTTGCATCGA	ATTAATCCGC	ATGCTCCGCC	GCTTGTGCGG	GCCCCCGTCA	ATTCCTTTGA
541	GTTTTAGCCT	TGCGGCCGTA	CTCCCCAGGC	GGGGAACTTA	ATGCGTTAGC	TACGACACAG
601	AACCCGTGGA	ACAGGCCCTA	CATCTAGTTC	CCAACGTTTA	CGGCATGGAC	TACCAGGGTA
661	TCTAATCCTG	TTCGCTCCCC	ATGCTTTCGC	TCCTCAGCGT	CAGTAGCGGC	CCAGAGATCT
721	GCCTTCGCCA	TCGGTGTTCC	TCCTGATATC	TGCGCATTCC	ACCGCTACAC	CAGGAATTCC
781	AATCTCCCCT	ACCGCACTCT	AGCTTGCCCG	TACCCACTGC	AGGCCCGGGG	TTGAGCCCCG
841	GGATTTCACA	GCAGACGCGA	CAAGCCGCCT	ACGAGCTCTT	TACGCCCAAT	AATTCCGGAC

901	AACGCTTGCA	CCCTACGTAT	TACCGCGGCT	GCTGGCACGT	AGTTAGCCGG	TGCTTTTTCT
961	GCAGGTACCG	TCACTTTCGC	TTCTTCCCTA	CTAAAAGAGG	TTTACAACCC	GAAGGCCGTC
1021	ATCCCTCACG	CGGCGTTGCT	GCATCAGGCT	TGCGCCCATT	GTGCAATATT	CCCCACTGCT
1081	GCCTCCCGTA	GGAGTCTGGG	CCGTGTCTCA	GTCCCAGTGT	GGCCGGTCAC	CCTCTCAGGC
1141	CGGCTACCCG	TCGTCGCCAT	GGTGAGCCAT	TACCTCACCA	TCTAGCTGAT	AGGCCGCGAG
1201	TCCATCCAAA	ACCGATAAAT	CTTTCCACCC	ACACACCATG	CGGTGATAGG	TCGTATCCAG
1261	TATTAGACAC	CGTTTCCAGT	GCTTATCCCA	GAGTTCAGGG	CAGGTTACTC	ACGTGTTACT
1321	CACCCGTTCG	CCACTCTTCC	ACCCAGCAAG	CTGGGCTTCA	TCGTTCGACT	GCATGGTAA

CT-B17

1	ATCGCCCCCC	TTGCGGTTAG	GCTAACTACT	TCTGGTAAAA	CCCACTCCCA	TGGTGTGACG
61	GGCGGTGTGT	ACAAGACCCG	GGAACGTATT	CACCGCGACA	TGCTGATCCG	CGATTACTAG
121	CGATTCCGAC	TTCATGCAGG	CGAGTTGCAG	CCTGCAATCC	GGACTACGAT	CGGGTTTATG
181	AGATTAGCTC	CACCTTGCGG	CTTGGCAACC	CTCTGTCCCG	ACCATTGTAT	GACGTGTGAA
241	GCCCTACCCA	TAAGGGCCAT	GAGGACTTGA	CGTCATCCCC	ACCTTCCTCC	GGTTTGTCAC
301	CGGCAGTCTC	ATTAGAGTGC	TCAACTAAAT	GTAGCAACTA	ATGACAAGGG	TTGCGCTCGT
361	TGCGGGACTT	AACCCAACAT	CTCACGACAC	GAGCTGACGA	CAGCCATGCA	GCACCTGTGT
421	TCCGGTTCTC	TTGCGAGCAC	TCCTAAATCT	CTTCAGGATT	CCAGACATGT	CAAGGGTAGG
481	TAAGGTTTTT	CGCGTTGCAT	CGAATTAATC	CACATCATCC	ACCGCTTGTG	CGGGTCCCCG
541	TCAATTCCTT	TGAGTTTTAA	TCTTGCGACC	GTACTCCCCA	GGCGGTCAAC	TTCACGCGTT
601	AGCTGCGCTA	CTAAGCCCCG	AAGGGCCCAA	CAGCTAGTTG	ACATCGTTTA	GGGCGTGGAC
661	TACCAGGGTA	TCTAATCCTG	TTTGCTCCCC	ACGCTTCGT	GCATGAGCGT	CAGTATTATC
721	CCAGGGGGCT	GCCTTCGCCA	TCGGTGTTCC	TCCACATATC	TACGCATTTC	ACTGCTACAC
781	GTGGAATTCC	ACCCCCCTCT	GACATACTCT	AGTTCGGGAG	TTAAAAATGC	AGTTCCAAGG
841	TTGAGCCCTG	GGATTTCACA	TCTTTCTTTC	CGAACCGCCT	GCGCACGCTT	TACGCCCAGT
901	AATTCCGATT	AACGCTTGCA	CCCTACGTAT	TACCGCGGCT	GCTGGCACGT	AGTTAGCCGG
961	TGCTTATTCT	TCAGGTACCG	TCATCAGTTC	CAGGTATTAT	CCGAAACCTT	TTCTTCCCTG
1021	ACAAAAGTGC	TTTACAACCC	GAAGGCCTTC	ATCGCACACG	CGGGATGGCT	GGATCAGGGT
1081	TTCCCCCATT	GTCCAAAATT	CCCCACTGCT	GCCTCCCGTA	GGAGTCTGGG	CCGTGTCTCA
1141	GTCCCAGTGT	GGCTGGTCGT	CCTCTCAAAC	CAGCTACGGA	TCGTCGCCTT	GGTAGGCCTT
1201	TACCCCACCA	ACTAGCTAAT	CCGATATCGG	CCGCTCCAAT	AGTGAGAGGT	CCTAAGATCC
1261	CCCCCTTTCC	CCCGTAGGGC	GTATGCGGTA	TTAGCCACGC	TTTCGCGTAG	TTATCCCCCG
1321	CTACTGGGCA	CGTTCCGATA	CATTACTCAC	CCGTTCGCCA	CTCGCCGGCA	AAAGTAGCAA
1381	GCTACTTTCC	CGCTGCCGTT	CGACTG			

CT-B20

1	CCCTTGCGGT	TAGGCTAACT	ACTTCTGGTA	AAACCCACTC	CCATGGTGTG	ACGGGCGGTG
61	TGTACAAGAC	CCGGGAACGT	ATTCACCGCG	ACATGCTGAT	CCGCGATTAC	TAGCGATTCC
121	GACTTCATGC	AGGCGAGTTG	CAGCCTGCAA	TCCGGACTAC	GATCGGGTTT	ATGAGATTAG

181	CTCCACCTTG	CGGCTTGGCA	ACCCTCTGTC	CCGACCATTG	TATGACGTGT	GAAGCCCTAC
241	CCATAAGGGC	CATGAGGACT	TGACGTCATC	CCCACCTTCC	TCCGGTTTGT	CACCGGCAGT
301	CTCATTAGAG	TGCTCAACTA	AATGTAGCAA	CTAATGACAA	GGGTTGCGCT	CGTTGCGGGA
361	CTTAACCCAA	CATCTCACGA	CACGAGCTGA	CGACAGCCAT	GCAGCACCTG	TGTTCCGGTT
421	CTCTTGCGAG	CACTCCTAAA	TCTCTTCAGG	ATTCCAGACA	TGTCAAGGGT	AGGTAAGGTT
481	TTTCGCGTTG	CATCGAATTA	ATCCACATCA	TCCACCGCTT	GTGCGGGTCC	CCGTCAATTC
541	CTTTGAGTTT	TAATCTTGCG	ACCGTACTCC	CCAGGCGGTC	AACTTCACGC	GTTAGCTGCG
601	CTACTAAGCC	CCGAAGGGCC	CAACAGCTAG	TTGACATCGT	TTAGGGCGTG	GACTACCAGG
661	GTATCTAATC	CTGTTTGCTC	CCCACGCTTT	CGTGCATGAG	CGTCAGTATT	ATCCCAGGGG
721	GCTGCCTTCG	CCATCGGTGT	TCCTCCACAT	ATCTACGCAT	TTCACTGCTA	CACGTGGAAT
781	TCCACCCCCC	TCTGACATAC	TCTAGTTCGG	GAGTTAAAAA	TGCAGTTCCA	AGGTTGAGCC
841	CTGGGATTTC	ACATCTTTCT	TTCCGAACCG	CCTGCGCACG	CTTTACGCCC	AGTAATTCCG
901	ATTAACGCTT	GCACCCTACG	TATTACCGCG	GCTGCTGGCA	CGTAGTTAGC	CGGTGCTTAT
961	TCTTCAGGTA	CCGTCATCAG	TTCCAGGTAT	TATCCGAAAC	CTTTTCTTCC	CTGACAAAG
1021	TGCTTTACAA	CCCGAAGGCC	TTCATCGCAC	ACGCGGGATG	GCTGGATCAG	GGTTTCCCCC
1081	ATTGTCCAAA	ATTCCCACT	GCTGCCTCCC	GTAGGAGTCT	GGGCCGTGTC	TCAGTCCCAG
1141	TGTGGCTGGT	CGTCCTCTCA	AACCAGCTAC	GGATCGTCGC	CTTGGTAGGC	CTTTACCCCA
1201	CCAACTAGCT	AATCCGATAT	CGGCCGCTCC	AATAGTGAGA	GGTCCTAAGA	TCCCCCCCTT
1261	TCCCCCGTAG	GGCGTATGCG	GTATTAGCCA	CGCTTTCGCG	TAGTTATCCC	CCGCTACTGG
1321	GCACGTTCCG	ATACATTACT	CACCCGTTCG	CCACTCGCCG	GCAAAAGTAG	CAAGCTACTT
1381	TCCCGCTGCC	GTTCGACTGC	A			

CT-B20-1

1	CGCCCCCCTT	GCGGTTAGGC	TAACTACTTC	TGGTAAAACC	CACTCCCATG	GTGTGACGGG
61	CGGTGTGTAC	AAGACCCGGG	AACGTATTCA	CCGCGACATG	CTGATCCGCG	ATTACTAGCG
121	ATTCCGACTT	CATGCAGGCG	AGTTGCAGCC	TGCAATCCGG	ACTACGATCG	GGTTTATGAG
181	ATTAGCTCCA	CCTTGCGGCT	TGGCAACCCT	CTGTCCCGAC	CATTGTATGA	CGTGTGAAGC
241	CCTACCCATA	AGGGCCATGA	GGACTTGACG	TCATCCCCAC	CTTCCTCCGG	TTTGTCACCG
301	GCAGTCTCAT	TAGAGTGCTC	AACTAAATGT	AGCAACTAAT	GACAAGGGTT	GCGCTCGTTG
361	CGGGACTTAA	CCCAACATCT	CACGACACGA	GCTGACGACA	GCCATGCAGC	ACCTGTGTTC
421	CGGTTCTCTT	GCGAGCACTC	CTAAATCTCT	TCAGGATTCC	AGACATGTCA	AGGGTAGGTA
481	AGGTTTTTCG	CGTTGCATCG	AATTAATCCA	CATCATCCAC	CGCTTGTGCG	GGTCCCCGTC
541	AATTCCTTTG	AGTTTTAATC	TTGCGACCGT	ACTCCCCAGG	CGGTCAACTT	CACGCGTTAG
601	CTGCGCTACT	AAGCCCCGAA	GGGCCCAACA	GCTAGTTGAC	ATCGTTTAGG	GCGTGGACTA
661	CCAGGGTATC	TAATCCTGTT	TGCTCCCCAC	GCTTTCGTGC	ATGAGCGTCA	GTATTATCCC
721	AGGGGGCTGC	CTTCGCCATC	GGTGTTCCTC	CACATATCTA	CGCATTTCAC	TGCTACACGT
781	GGAATTCCAC	CCCCCTCTGA	CATACTCTAG	TTCGGGAGTT	AAAAATGCAG	TTCCAAGGTT
841	GAGCCCTGGG	ATTTCACATC	TTTCTTTCCG	AACCGCCTGC	GCACGCTTTA	CGCCCAGTAA
901	TTCCGATTAA	CGCTTGCACC	CTACGTATTA	CCGCGGCTGC	TGGCACGTAG	TTAGCCGGTG

961	CTTATTCTTC	AGGTACCGTC	ATCAGTTCCA	GGTATTATCC	GAAACCTTTT	CTTCCCTGAC
1021	AAAAGTGCTT	TACAACCCGA	AGGCCTTCAT	CGCACACGCG	GGATGGCTGG	ATCAGGGTTT
1081	CCCCCATTGT	CCAAAATTCC	CCACTGCTGC	CTCCCGTAGG	AGTCTGGGCC	GTGTCTCAGT
1141	CCCAGTGTGG	CTGGTCGTCC	TCTCAAACCA	GCTACGGATC	GTCGCCTTGG	TAGGCCTTTA
1201	CCCCACCAAC	TAGCTAATCC	GATATCGGCC	GCTCCAATAG	TGAGAGGTCC	TAAGATCCCC
1261	CCCTTTCCCC	CGTAGGGCGT	ATGCGGTATT	AGCCACGCTT	TCGCGTAGTT	ATCCCCCGCT
1321	ACTGGGCACG	TTCCGATACA	TTACTCACCC	GTTCGCCACT	CGCCGGCAAA	AGTAGCAAGC
1381	TACTTTTCCG	CTGCCGTTCG	ACTGCA			

CT-B21

1	CCCCCCGAAG	GTTAGACTAG	CTACTTCTGG	TGCAACCCAC	TCCCATGGTG	TGACGGGCGG
61	TGTGTACAAG	GCCCGGGAAC	GTATTCACCG	CGACATTCTG	ATTCGCGATT	ACTAGCGATT
121	CCGACTTCAC	GCAGTCGAGT	TGCAGACTGC	GATCCGGACT	ACGATCGGTT	TTATGGGATT
181	AGCTCCACCT	CGCGGCTTGG	CAACCCTCTG	TACCGACCAT	TGTAGCACGT	GTGTAGCCCA
241	GGCCGTAAGG	GCCATGATGA	CTTGACGTCA	TCCCCACCTT	CCTCCGGTTT	GTCACCGGCA
301	GTCTCCTTAG	AGTGCCCACC	ATAACGTGCT	GGTAACTAAG	GACAAGGGTT	GCGCTCGTTA
361	CGGGACTTAA	CCCAACATCT	CACGACACGA	GCTGACGACA	GCCATGCAGC	ACCTGTCTCA
421	ATGTTCCCGA	AGGCACCAAT	CCATCTCTGG	AAAGTTCATT	GGATGTCAAG	GCCTGGTAAG
481	GTTCTTCGCG	TTGCTTCGAA	TTAAACCACA	TGCTCCACCG	CTTGTGCGGG	CCCCCGTCAA
541	TTCATTTGAG	TTTTAACCTT	GCGGCCGTAC	TCCCCAGGCG	GTCAACTTAA	TGCGTTAGCT
601	GCGCCACTAA	GAGCTCAAGG	CTCCCAACGG	CTAGTTGACA	TCGTTTACGG	CGTGGACTAC
661	CAGGGTATCT	AATCCTGTTT	GCTCCCCACG	CTTTCGCACC	TCAGTGTCAG	TATCAGTCCA
721	GGTGGTCGCC	TTCGCCACTG	GTGTTCCTTC	CTATATCTAC	GCATTTCACC	GCTACACAGG
781	AAATTCCACC	ACCCTCTACC	ATACTCTAGC	TCGACAGTTT	TGAATGCAGT	TCCCAGGTTG
841	AGCCCGGGGA	TTTCACATCC	AACTTAACGA	ACCACCTACG	CGCGCTTTAC	GCCCAGTAAT
901	TCCGATTAAC	GCTTGCACCC	TCTGTATTAC	CGCGGCTGCT	GGCACAGAGT	TAGCCGGTGC
961	TTATTCTGTC	GGTAACGTCA	AAACCATCAC	GTATTAGGTA	ATGGCCCTTC	CTCCCAACTT
1021	AAAGTGCTTT	ACAATCCGAA	GACCTTCTTC	ACACACGCGG	CATGGCTGGA	TCAGGCTTTC
1081	GCCCATTGTC	CAATATTCCC	CACTGCTGCC	TCCCGTAGGA	GTCTGGACCG	TGTCTCAGTT
1141	CCAGTGTGAC	TGATCATCCT	CTCAGACCAG	TTACGGATCG	TCGCCTTGGT	GAGCCATTAC
1201	CTCACCAACT	AGCTAATCCG	ACCTAGGCTC	ATCTGATAGC	GCAAGGCCCG	AAGGTCCCCT
1261	GCTTTCTCCC	GTAGGACGTA	TGCGGTATTA	GCGTTCGTTT	CCGAACGTTA	TCCCCCACTA
1321	CCAGGCAGAT	TCCTAGGCAT	TACTCACCCG	TCCGCCGCTC	TCAAGAGAAG	CAAGCTTCTC
1381	TCTACCGCTC	GA				

JL-A03

1	CCGAAGGTTA	AGCTACCTAC	TTCTTTTGCA	ACCCACTCCC	ATGGTGTGAC	GGGCGGTGTG
61	TACAAGGCCC	GGGAACGTAT	TCACCGTAGC	ATTCTGATCT	ACGATTACTA	GCGATTCCGA
121	CTTCATGGAG	TCGAGTTGCA	GACTCCAATC	CGGACTACGA	CGCACTTTAT	GAGGTCCGCT

181	TGCTCTCGCG	AGGTCGCTTC	TCTTTGTATG	CGCCATTGTA	GCACGTGTGT	AGCCCTACTC
241	GTAAGGGCCA	TGATGACTTG	ACGTCATCCC	CACCTTCCTC	CAGTTTATCA	CTGGCAGTCT
301	CCTTTGAGTT	CCCGGCCTAA	CCGCTGGCAA	CAAAGGATAA	GGGTTGCGCT	CGTTGCGGGA
361	CTTAACCCAA	CATTTCACAA	CACGAGCTGA	CGACAGCCAT	GCAGCACCTG	TCTCAGAGTT
421	CCCGAAGGCA	CCAAAGCATC	TCTGCTAAGT	TCTCTGGATG	TCAAGAGTAG	GTAAGGTTCT
481	TCGCGTTGCA	TCGAATTAAA	CCACATGCTC	CACCGCTTGT	GCGGGCCCCC	GTCAATTCAT
541	TTGAGTTTTA	ACCTTGCGGC	CGTACTCCCC	AGGCGGTCGA	CTTAACGCGT	TAGCTCCGGA
601	AGCCACTCCT	CAAGGGAACA	ACCTCCAAGT	CGACATCGTT	TACGGCGTGG	ACTACCAGGG
661	TATCTAATCC	TGTTTGCTCC	CCACGCTTTC	GCACCTGAGC	GTCAGTCTTT	GTCCAGGGGG
721	CCGCCTTCGC	CACCGGTATT	CCTCCAGATC	TCTACGCATT	TCACCGCTAC	ACCTGGAATT
781	CTACCCCCCT	CTACAAGACT	CTAGCCTGCC	AGTTTCGAAT	GCAGTTCCCA	GGTTGAGCCC
841	GGGGATTTCA	CATCCGACTT	GACAGACCGC	CTGCGTGCGC	TTTACGCCCA	GTAATTCCGA
901	TTAACGCTTG	CACCCTCCGT	ATTACCGCGG	CTGCTGGCAC	GGAGTTAGCC	GGTGCTTCTT
961	CTGCGGGTAA	CGTCAATTGC	TGCGGTTATT	AACCGCAACA	CCTTCCTCCC	CGCTGAAAGT
1021	ACTTTACAAC	CCGAAGGCCT	TCTTCATACA	CGCGGCATGG	CTGCATCAGG	CTTGCGCCCA
1081	TTGTGCAATA	TTCCCCACTG	CTGCCTCCCG	TAGGAGTCTG	GACCGTGTCT	CAGTTCCAGT
1141	GTGGCTGGTC	ATCCTCTCAG	ACCAGCTAGG	GATCGTCGCC	TAGGTGAGCC	ATTACCCCAC
1201	CTACTAGCTA	ATCCCATCTG	GGCACATCTG	ATGGCAAGAG	GCCCGAAGGT	CCCCCTCTTT
1261	GGTCTTGCGA	CGTTATGCGG	TATTAGCTAC	CGTTTCCAGT	AGTTATCCCC	CTCCATCAGG
1321	CAGTTTCCCA	GACATTACTC	ACCCGTCCGC	CACTCGTCAC	CCGAGAGCAA	GCTCTCTGTG
1381	CTACCG					

JL-B06

1	GCTGGCTCCA	TAAAGGTTAC	CTCACCGACT	TCGGGTGTTA	CAAACTCTCG	TGGTGTGACG
61	GGCGGTGTGT	ACAAGGCCCG	GGAACGTATT	CACCGCGGCA	TGCTGATCCG	CGATTACTAG
121	CGATTCCAGC	TTCACGCAGT	CGAGTTGCAG	ACTGCGATCC	GAACTGAGAA	CAGATTTGTG
181	GGATTGGCTT	AACCTCGCGG	TTTCGCTGCC	CTTTGTTCTG	CCCATTGTAG	CACGTGTGTA
241	GCCCAGGTCA	TAAGGGGCAT	GATGATTTGA	CGTCATCCCC	ACCTTCCTCC	GGTTTGTCAC
301	CGGCAGTCAC	CTTAGAGTGC	CCAACTGAAT	GCTGGCAACT	AAGATCAAGG	GTTGCGCTCG
361	TTGCGGGACT	TAACCCAACA	TCTCACGACA	CGAGCTGACG	ACAACCATGC	ACCACCTGTC
421	ACTCTGCCCC	CGAAGGGGAC	GTCCTATCTC	TAGGATTGTC	AGAGGATGTC	AAGACCTGGT
481	AAGGTTCTTC	GCGTTGCTTC	GAATTAAACC	ACATGCTCCA	CCGCTTGTGC	GGGCCCCCGT
541	CAATTCCTTT	GAGTTTCAGT	CTTGCGACCG	TACTCCCCAG	GCGGAGTGCT	TAATGCGTTA
601	GCTGCAGCAC	TAAGGGGCGG	AAACCCCCTA	ACACTTAGCA	CTCATCGTTT	ACGGCGTGGA
661	CTACCAGGGT	ATCTAATCCT	GTTCGCTCCC	CACGCTTTCG	CTCCTCAGCG	TCAGTTACAG
721	ACCAGAGAGT	CGCCTTCGCC	ACTGGTGTTC	CTCCACATCT	CTACGCATTT	CACCGCTACA
781	CGTGGAATTC	CACTCTCCTC	TTCTGCACTC	AAGTTCCCCA	GTTTCCAATG	ACCCTCCCCG
841	GTTGAGCCGG	GGGCTTTCAC	ATCAGACTTA	AGAAACCGCC	TGCGAGCCCT	TTACGCCCAA
901	TAATTCCGGA	CAACGCTTGC	CACCTACGTA	TTACCGCGGC	TGCTGGCACG	TAGTTAGCCG

961	TGGCTTTCTG	GTTAGGTACC	GTCAAGGTGC	CGCCCTATTT	GAACGGCACT	TGTTCTTCCC
1021	TAACAACAGA	GCTTTACGAT	CCGAAAACCT	TCATCACTCA	CGCGGCGTTG	CTCCGTCAGA
1081	CTTTCGTCCA	TTGCGGAAGA	TTCCCTACTG	CTGCCTCCCG	TAGGAGTCTG	GGCCGTGTCT
1141	CAGTCCCAGT	GTGGCCGATC	ACCCTCTCAG	GTCGGCTACG	CATCGTCGCC	TTGGTGAGCC
1201	GTTACCTCAC	CAACTAGCTA	ATGCGCCGCG	GGTCCATCTG	TAAGTGGTAG	CCGAAGCCAC
1261	CTTTTATGTC	TGAACCATGC	GGTTCAAACA	ACCATCCGGT	ATTAGCCCCG	GTTTCCCGGA
1321	GTTATCCCAG	TCTTACAGGC	AGGTTACCCA	CGTGTTACTC	ACCCGTCCGC	CGCTAACATC
1381	AGGGAGCAAG	CTCCCATCTG	TCCGCTCGAC	TTGCA		

JL-D02

1	CGAAGGTTAA	GCTACCTACT	TCTTTTGCAA	CCCACTCCCA	TGGTGTGACG	GGCGGTGTGT
61	ACAAGGCCCG	GGAACGTATT	CACCGTGGCA	TTCTGATCCA	CGATTACTAG	CGATTCCGAC
121	TTCACGGAGT	CGAGTTGCAG	ACTCCGATCC	GGACTACGAC	GCACTTTGTG	AGGTCCGCTT
181	GCTCTCGCGA	GGTCGCTTCT	CTTTGTATGC	GCCATTGTAG	CACGTGTGTA	GCCCTACTCG
241	TAAGGGCCAT	GATGACTTGA	CGTCATCCCC	ACCTTCCTCC	GGTTATCAC	CGGCAGTCTC
301	CTTTGAGTTC	CCGACCGAAT	CGCTGGCAAC	AAAGGATAAG	GGTTGCGCTC	GTTGCGGGAC
361	TTAACCCAAC	ATTTCACAAC	ACGAGCTGAC	GACAGCCATG	CAGCACCTGT	CTCACGGTTC
421	CCGAAGGCAC	TAAGGCATCT	CTGCCGAATT	CCGTGGATGT	CAAGAGTAGG	TAAGGTTCTT
481	CGCGTTGCAT	CGAATTAAAC	CACATGCTCC	ACCGCTTGTG	CGGGCCCCCG	TCAATTCATT
541	TGAGTTTTAA	CCTTGCGGCC	GTACTCCCCA	GGCGGTCGAC	TTAACGCGTT	AGCTCCGGAA
601	GCCACTCCTC	AAGGGAACAA	CCTCCAAGTC	GACATCGTTT	ACGGCGTGGA	CTACCAGGGT
661	ATCTAATCCT	GTTTGCTCCC	CACGCTTTCG	CACCTGAGCG	TCAGTCTTCG	TCCAGGGGGC
721	CGCCTTCGCC	ACCGGTATTC	CTCCAGATCT	CTACGCATTT	CACCGCTACA	CCTGGAATTC
781	TACCCCCCTC	TACGAGACTC	AAGCCTGCCA	GTTTCAAATG	CAGTTCCCGG	GTTAAGCCCG
841	GGGATTTCAC	ATCTGACTTA	ACAGACCGCC	TGCGTGCGCT	TTACGCCCAG	TAATTCCGAT
901	TAACGCTTGC	ACCCTCCGTA	TTACCGCGGC	TGCTGGCACG	GAGTTAGCCG	GTGCTTCTTC
961	TGCGGGTAAC	GTCAATCACG	AAGGTTATTA	ACCTTCATGC	CTTCCTCCCC	GCTGAAAGTA
1021	CTTTACAACC	CGAAGGCCTT	CTTCATACAC	GCGGCATGGC	TGCATCAGGC	TTGCGCCCAT
1081	TGTGCAATAT	TCCCCACTGC	TGCCTCCCGT	AGGAGTCTGG	ACCGTGTCTC	AGTTCCAGTG
1141	TGGCTGGTCA	TCCTCTCAGA	CCAGCTAGGG	ATCGTCGCCT	AGGTGGGCCA	TTACCCCGCC
1201	TACTAGCTAA	TCCCATCTGG	GTTCATCCGA	TAGTGAGAGG	CCCGAAGGTC	CCCCTCTTTG
1261	GTCTTGCGAC	GTTATGCGGT	ATTAGCCACC	GTTTCCAGTG	GTTATCCCCC	TCTATCGGGC
1321	AGATCCCCAG	ACATTACTCA	CCCGTCCGCC	ACTCGTCACC	CAAGGAGCAA	GCTCCTCTGT
1381	GCTACCGTCC	GA				

WYS-A01-1

1	GTAAGCGTCC	TCCTTGCGGT	TAGACTACCT	ACTTCTGGTG	CAACAAACTC	CCATGGTGTG
61	ACGGGCGGTG	TGTACAAGGC	CCGGGAACGT	ATTCACCGCG	GCATTCTGAT	CCGCGATTAC
121	TAGCGATTCC	GACTTCATGG	AGTCGAGTTG	CAGACTCCAA	TCCGGACTAC	GATCGGCTTT

181	TTGAGATTAG	CATCCTATCG	CTAGGTAGCA	ACCCTTTGTA	CCGACCATTG	TAGCACGTGT
241	GTAGCCCTGG	CCGTAAGGGC	CATGATGACT	TGACGTCGTC	CCCGCCTTCC	TCCAGTTTGT
301	CACTGGCAGT	ATCCTTAAAG	TTCCCGACAT	TACTCGCTGG	CAAATAAGGA	AAAGGGTTGC
361	GCTCGTTGCG	GGACTTAACC	CAACATCTCA	CGACACGAGC	TGACGACAGC	CATGCAGCAC
421	CTGTATGTAA	GTTCCCGAAG	GCACCAATCC	ATCTCTGGAA	AGTTCTTACT	ATGTCAAGGC
481	CAGGTAAGGT	TCTTCGCGTT	GCATCGAATT	AAACCACATG	CTCCACCGCT	TGTGCGGGCC
541	CCCGTCAATT	CATTTGAGTT	TTAGTCTTGC	GACCGTACTC	CCCAGGCGGT	CTACTTATCG
601	CGTTAGCTGC	GCCACTAAAG	CCTCAAAGGC	CCCAACGGCT	AGTAGACATC	GTTTACGGCA
661	TGGACTACCA	GGGTATCTAA	TCCTGTTTGC	TCCCCATGCT	TTCGCACCTC	AGCGTCAGTG
721	TTAGGCCAGA	TGGCTGCCTT	CGCCATCGGT	ATTCCTCCAG	ATCTCTACGC	ATTTCACCGC
781	TACACCTGGA	ATTCTACCAT	CCTCTCCCAC	ACTCTAGCTA	ACCAGTATCG	AATGCAATTC
841	CCAAGTTAAG	CTCGGGGATT	TCACATTTGA	CTTAATTAGC	CGCCTACGCG	CGCTTTACGC
901	CCAGTAAATC	CGATTAACGC	TTGCACCCTC	TGTATTACCG	CGGCTGCTGG	CACAGAGTTA
961	GCCGGTGCTT	ATTCTGCGAG	TAACGTCCAC	TATATCTAGG	TATTAACTAA	AGTAGCCTCC
1021	TCCTCGCTTA	AAGTGCTTTA	CAACCATAAG	GCCTTCTTCA	CACACGCGGC	ATGGCTGGAT
1081	CAGGCTTGCG	CCCATTGTCC	AATATTCCCC	ACTGCTGCCT	CCCGTAGGAG	TCTGGGCCGT
1141	GTCTCAGTCC	CAGTGTGGCG	GATCATCCTC	TCAGACCCGC	TACAGATCGT	CGCCTTGGTA
1201	GGCCTTTACC	CCACCAACTA	GCTAATCCGA	CTTAGGCTCA	TCTATTAGCG	CAAGGTCCGA
1261	AGATCCCCTG	CTTTCTCCCG	TAGGACGTAT	GCGGTATTAG	CATTCCTTTC	GAAATGTTGT
1321	CCCCCACTAA	TAGGCAGATT	CCTAAGCATT	ACTCACCCGT	CCGCCGCTAA	GTGATAGTGC
1381	AAGCACCATC	ACTCCGCT				

WYS-A02-2

1	GCGCCCTCCC	GAAGGTTAAG	CTACCTACTT	CTTTTGCAAC	CCACTCCCAT	GGTGTGACGG
61	GCGGTGTGTA	CAAGGCCCGG	GAACGTATTC	ACCGTAGCAT	TCTGATCTAC	GATTACTAGC
121	GATTCCGACT	TCATGGAGTC	GAGTTGCAGA	CTCCAATCCG	GACTACGACA	TACTTTATGA
181	GGTCCGCTTG	CTCTCGCGAG	GTCGCTTCTC	TTTGTATATG	CCATTGTAGC	ACGTGTGTAG
241	CCCTACTCGT	AAGGGCCATG	ATGACTTGAC	GTCATCCCCA	CCTTCCTCCA	GTTTATCACT
301	GGCAGTCTCC	TTTGAGTTCC	CGGCCGAACC	GCTGGCAACA	AAGGATAAGG	GTTGCGCTCG
361	TTGCGGGACT	TAACCCAACA	TTTCACAACA	CGAGCTGACG	ACAGCCATGC	AGCACCTGTC
421	TCAGAGTTCC	CGAAGGCACC	AAAGCATCTC	TGCTAAGTTC	TCTGGATGTC	AAGAGTAGGT
481	AAGGTTCTTC	GCGTTGCATC	GAATTAAACC	ACATGCTCCA	CCGCTTGTGC	GGGCCCCCGT
541	CAATTCATTT	GAGTTTTAAC	CTTGCGGCCG	TACTCCCCAG	GCGGTCGACT	TAACGCGTTA
601	GCTCCGGAAG	CCACTCCTCA	AGGGAACAAC	CTCCAAGTCG	ACATCGTTTA	CAGCGTGGAC
661	TACCAGGGTA	TCTAATCCTG	TTTGCTCCCC	ACGCTTTCGC	ACCTGAGCGT	CAGTCTTTGT
721	CCAGGGGGCC	GCCTTCGCCA	CCGGTATTCC	TCCAGATCTC	TACGCATTTC	ACCGCTACAC
781	CTGGAATTCT	ACCCCCCTCT	ACAAGACTCA	AGCCTGCCAG	TTTCAAATGC	AGTTCCCAGG
841	TTGAGCCCGG	GGATTTCACA	TCTGACTTAA	CAGACCGCCT	GCGTGCGCTT	TACGCCCAGT
901	AATTCCGATT	AACGCTTGCA	CCCTCCGTAT	TACCGCGGCT	GCTGGCACGG	AGTTAGCCGG
961	TGCTTCTTCT	GCGAGTAACG	TCAATCACCA	AGGTTATTAA	CCTTAACGCC	TTCCTCCTCG
1021	CTGAAAGTAC	TTTACAACCC	GAAGGCCTTC	TTCATACACG	CGGCATGGCT	GCATCAGGCT

1081	TGCGCCCATT	GTGCAATATT	CCCCACTGCT	GCCTCCCGTA	GGAGTGTGGA	CCGTGTCTCA
1141	GTTCCAGTGT	GGCTGGTCAT	CCTCTCAGAC	CAGCTAGGGA	TCGTCGCCTA	GGTGAGCCGT
1201	TACCCCACCT	ACTAGCTAAT	CCCATCTGGG	CACATCTGAT	GGCATGAGGC	CCGAAGGTCC
1261	CCCACTTTGG	TCTTGCGACG	TTATGCGGTA	TTAGCTACCG	TTTCCAGTAG	TTATCCCCCT
1321	CCATCAGGCA	GTTTCCCAGA	CATTACTCAC	CCGTCCGCCG	CTCGTCACCC	GAGAGCAAGC
1381	TCTCTGTGCT	ACCGCTCGA				

WYS-A03-1

1	GTCCTCCTTG	CGGTTAGACT	AGCCACTTCT	GGTAAAACCC	ACTCCCATGG	TGTGACGGGC
61	GGTGTGTACA	AGACCCGGGA	ACGTATTCAC	CGCGGCATGC	TGATCCGCGA	TTACTAGCGA
121	TTCCAGCTTC	ATGCACTCGA	GTTGCAGAGT	GCAATCCGGA	CTACGATCGG	TTTTCTGGGA
181	TTAGCTCCCC	CTCGCGGGTT	GGCAACCCTC	TGTTCCGACC	ATTGTATGAC	GTGTGAAGCC
241	CTACCCATAA	GGGCCATGAG	GACTTGACGT	CATCCCCACC	TTCCTCCGGT	TTGTCACCGG
301	CAGTCTCCTT	AGAGTGCTCT	TGCGTAGCAA	CTAAGGACAA	GGGTTGCGCT	CGTTGCGGGA
361	CTTAACCCAA	CATCTCACGA	CACGAGCTGA	CGACAGCCAT	GCAGCACCTG	TGTATCGGTT
421	CTCTTTCGAG	CACTCCCACC	TCTCAGCGGG	ATTCCGACCA	TGTCAAGGGT	AGGTAAGGTT
481	TTTCGCGTTG	CATCGAATTA	ATCCACATCA	TCCACCGCTT	GTGCGGGTCC	CCGTCAATTC
541	CTTTGAGTTT	TAATCTTGCG	ACCGTACTCC	CCAGGCGGTC	AACTTCACGC	GTTAGCTACG
601	TTACTAAGGA	AATGAATCCC	CAACAACTAG	TTGACATCGT	TTAGGGCGTG	GACTACCAGG
661	GTATCTAATC	CTGTTTGCTC	CCCACGCTTT	CGTGCATGAG	CGTCAGTATT	GGCCCAGGGG
721	GCTGCCTTCG	CCATCGGTAT	TCCTCCACAT	CTCTACGCAT	TTCACTGCTA	CACGTGGAAT
781	TCTACCCCCC	TCTGCCATAC	TCTAGCCTGC	CAGTCACCAA	TGCAGTTCCC	AGGTTGAGCC
841	CGGGGATTTC	ACATCGGTCT	TAGCAAACCG	CCTGCGCACG	CTTTACGCCC	AGTAATTCCG
901	ATTAACGCTC	GCACCCTACG	TATTACCGCG	GCTGCTGGCA	CGTAGTTAGC	CGGTGCTTAT
961	TCTTCCGGTA	CCGTCATCCC	CCGACTGTAT	TAGAGCCAAG	GATTTCTTTC	CGGACAAAAG
1021	TGCTTTACAA	CCCGAAGGCC	TTCTTCACAC	ACGCGGCATT	GCTGGATCAG	GCTTTCGCCC
1081	ATTGTCCAAA	ATTCCCCACT	GCTGCCTCCC	GTAGGAGTCT	GGGCCGTGTC	TCAGTCCCAG
1141	TGTGGCTGGT	CGTCCTCTCA	GACCAGCTAC	TGATCGTCGC	CTTGGTAGGC	CTTTACCCCA
1201	CCAACTAGCT	AATCAGCCAT	CGGCCAACCC	TATAGCGCGA	GGCCCGAAGG	TCCCCCGCTT
1261	TCATCCGTAG	ATCGTATGCG	GTATTAATCC	GGCTTTCGCC	GGGCTATCCC	CCACTACAGG
1321	ACATGTTCCG	ATGTATTACT	CACCCGTTCG	CCACTCGCCA	CCAGGTGCAA	GCACCCGTGC
1381	TGCCGTTCGA	CTTGC				

WYS-B12

1	GCGCCCTCCC	GAAGGTTAAG	CTACCTACTT	CTTTTGCAAC	CCACTCCCAT	GGTGTGACGG
61	GCGGTGTGTA	CAAGGCCCGG	GAACGTATTC	ACCGTAGCAT	TCTGATCTAC	GATTACTAGC
121	GATTCCGACT	TCACGGAGTC	GAGTTGCAGA	CTCCGATCCG	GACTACGACG	CACTTTATGA
181	GGTCCGCTTG	CTCTCGCGAG	GTCGCTTCTC	TTTGTATGCG	CCATTGTAGC	ACGTGTGTAG
241	CCCTACTCGT	AAGGGCCATG	ATGACTTGAC	GTCATCCCCA	CCTTCCTCCA	GTTTATCACT

301	GGCAGTCTCC	TTTGAGTTCC	CGGCCGAACC	GCTGGCAACA	AAGGATAAGG	GTTGCGCTCG
361	TTGCGGGACT	TAACCCAACA	TTTCACAACA	CGAGCTGACG	ACAGCCATGC	AGCACCTGTC
421	TCAGAGTTCC	CGAAGGCACC	AAAGCATCTC	TGCTAAGTTC	TCTGGATGTC	AAGAGTAGGT
481	AAGGTTCTTC	GCGTTGCATC	GAATTAAACC	ACATGCTCCA	CCGCTTGTGC	GGGCCCCCGT
541	CAATTCATTT	GAGTTTTAAC	CTTGCGGCCG	TACTCCCCAG	GCGGTCGACT	TAACGCGTTA
601	GCTCCGGAAG	CCACTCCTCA	AGGGAACAAC	CTCCAAGTCG	ACATCGTTTA	CGGCGTGGAC
661	TACCAGGGTA	TCTAATCCTG	TTTGCTCCCC	ACGCTTTCGC	ACCTGAGCGT	CAGTCTTTGT
721	CCAGGGGGCC	GCCTTCGCCA	CCGGTATTCC	TCCAGATCTC	TACGCATTTC	ACCGCTACAC
781	CTGGAATTCT	ACCCCCCTCT	ACAAGACTCT	AGCCTGCCAG	TTTCGAATGC	AGTTCCCAGG
841	TTAAGCCCGG	GGATTTCACA	TCCGACTTGA	CAGACCGCCT	GCGTGCGCTT	TACGCCCAGT
901	AATTCCGATT	AACGCTTGCA	CCCTCCGTAT	TACCGCGGCT	GCTGGCACGG	AGTTAGCCGG
961	TGCTTCTTCT	GCGGGTAACG	TCAATCGGTG	AAGTTATTAA	CTCCACCGCC	TTCCTCCCCG
1021	CTGAAAGTAC	TTTACAACCC	GAAGGCCTTC	TTCATACACG	CGGCATGGCT	GCATCAGGCT
1081	TGCGCCCATT	GTGCAATATT	CCCCACTGCT	GCCTCCCGTA	GGAGTCTGGA	CCGTGTCTCA
1141	GTTCCAGTGT	GGCTGGTCAT	CCTCTCAGAC	CAGCTAGGGA	TCGTCGCCTA	GGTGAGCCAT
1201	TACCCCACCT	ACTAGCTAAT	CCCATCTGGG	CACATCCGAT	GGTGTGAGGC	CCGAAGGTCC
1261	CCCACTTTGG	TCTTGCGACG	TTATGCGGTA	TTAGCTACCG	TTTCCAGTAG	TTATCCCCCT
1321	CCATCGGGCA	GTTTCCCAGA	CATTACTCAC	CCGTCCGCCA	CTCGTCACCC	GAGAGCAAGC
1381	TCTCTGTGCT	ACCGTTCGAC	TTGCA

WYS-C01

1	GCCTCCTTGC	GGTTAGCACA	GCGCCTTCGG	GTAAAACCAA	CTCCCATGGT	GTGACGGGCG
61	GTGTGTACAA	GGCCCGGGAA	CGTATTCACC	GCGGCATTCT	GATCCGCGAT	TACTAGCGAT
121	TCCAACTTCA	TGCACTCGAG	TTGCAGAGTG	CAATCCGAAC	TGAGATGGCT	TTTGGAGATT
181	AGCTTGCGCT	CGCACGCTCG	CTGCCCACTG	TCACCACCAT	TGTAGCACGT	GTGTAGCCCA
241	GCCCGTAAGG	GCCATGAGGA	CTTGACGTCA	TCCCCACCTT	CCTCTCGGCT	TATCACCGGC
301	AGTCCCCTTA	GAGTGCCCAA	CTAAATGCT	GCAACTAAGG	GCGAGGGTTG	CGCTCGTTGC
361	GGGACTTAAC	CCAACATCTC	ACGACACGAG	CTGACGACAG	CCATGCAGCA	CCTGTATCCG
421	GTCCAGCCGA	ACTGAAAGAC	ACATCTCTGT	GTCCGCGACC	GGTATGTCAA	GGGCTGGTAA
481	GGTTCTGCGC	GTTGCTTCGA	ATTAAACCAC	ATGCTCCACC	GCTTGTGCGG	GCCCCCGTCA
541	ATTCCTTTGA	GTTTTAATCT	TGCGACCGTA	CTCCCCAGGC	GGAATGTTTA	ATGCGTTAGC
601	TGCGCCACCG	AAGAGTAAAC	TCCCCGACGG	CTAACATTCA	TCGTTTACGG	CGTGGACTAC
661	CAGGGTATCT	AATCCTGTTT	GCTCCCCACG	CTTTCGCACC	TCAGCGTCAG	TAATGGTCCA
721	GTGAGCCGCC	TTCGCCACTG	GTGTTCCTCC	GAATATCTAC	GAATTTCACC	TCTACACTCG
781	GAATTCCACT	CACCTCTACC	ATACTCAAGA	CTTCCAGTAT	CAAAGGCAGT	TCCGGGGTTG
841	AGCCCCGGGA	TTTCACCCCT	GACTTAAAAG	TCCGCCTACG	TGCGCTTTAC	GCCCAGTAAA
901	TCCGAACAAC	GCTAGCCCCC	TTCGTATTAC	CGCGGCTGCT	GGCACGAAGT	TAGCCGGGGC
961	TTCTTCTCCG	GTTACCGTCA	TTATCTTCAC	CGGTGAAAGA	GCTTTACAAC	CCTAGGGCCT
1021	TCATCACTCA	CGCGGCATGG	CTGGATCAGG	CTTGCGCCCA	TTGTCCAATA	TTCCCCACTG

1081	CTGCCTCCCG	TAGGAGTCTG	GGCCGTGTCT	CAGTCCCAGT	GTGGCTGATC	ATCCTCTCAG
1141	ACCAGCTATG	GATCGTCGCC	TTGGTAGGCC	TTTACCCCAC	CAACTAGCTA	ATCCAACGCG
1201	GGCTCATCAT	TTGCCGATAA	ATCTTTCCCC	CGAAGGGCAC	ATACGGTATT	AGCAGTCGTT
1261	TCCAACTGTT	GTTCCGTAGC	AAATGGTAGA	TTCCCACGCG	TTACTCACCC	GTCTGCCGCT
1321	CCCCTTGCGG	GGCGCT

WYS-C01-1

1	GGTAAGCGCC	CTCCCGAAGG	TTAAGCTACC	TACTTCTTTT	GCAACCCACT	CCCATGGTGT
61	GACGGGCGGT	GTGTACAAGG	CCCGGGAACG	TATTCACCGT	AGCATTCTGA	TCTACGATTA
121	CTAGCGATTC	CGACTTCACG	GAGTCGAGTT	GCAGACTCCG	ATCCGGACTA	CGACGCACTT
181	TATGAGGTCC	GCTTGCTCTC	GCGAGGTCGC	TTCTCTTTGT	ATGCGCCATT	GTAGCACGTG
241	TGTAGCCCTA	CTCGTAAGGG	CCATGATGAC	TTGACGTCAT	CCCCACCTTC	CTCCAGTTTA
301	TCACTGGCAG	TCTCCTTTGA	GTTCCCGGCC	GAACCGCTGG	CAACAAAGGA	TAAGGGTTGC
361	GCTCGTTGCG	GGACTTAACC	CAACATTTCA	CAACACGAGC	TGACGACAGC	CATGCAGCAC
421	CTGTCTCAGA	GTTCCCGAAG	GCACCAAAGC	ATCTCTGCTA	AGTTCTCTGG	ATGTCAAGAG
481	TAGGTAAGGT	TCTTCGCGTT	GCATCGAATT	AAACCACATG	CTCCACCGCT	TGTGCGGGCC
541	CCCGTCAATT	CATTTGAGTT	TTAACCTTGC	GGCCGTACTC	CCCAGGCGGT	CGACTTAACG
601	CGTTAGCTCC	GGAAGCCACT	CCTCAAGGGA	ACAACCTCCA	AGTCGACATC	GTTTACGGCG
661	TGGACTACCA	GGGTATCTAA	TCCTGTTTGC	TCCCCACGCT	TTCGCACCTG	AGCGTCAGTC
721	TTTGTCCAGG	GGGCCGCCTT	CGCCACCGGT	ATTCCTCCAG	ATCTCTACGC	ATTTCACCGC
781	TACACCTGGA	ATTCTACCCC	CCTCTACAAG	ACTCCAGCCT	GCCAGTTTCG	AATGCAGTTC
841	CCAGGTTAAG	CCCGGGGATT	TCACATCCGA	CTTGACAGAC	CGCCTGCGTG	CGCTTTACGC
901	CCAGTAATTC	CGATTAACGC	TTGCACCCTC	CGTATTACCG	CGGCTGCTGG	CACGGAGTTA
961	GCCGGTGCTT	CTTCTGCGGG	TAACGTCAAT	CGGTGAAGCT	ATTAACTCCA	CCGCCTTCCT
1021	CCCCGCTGAA	AGTACTTTAC	AACCCGAAGG	CCTTCTTCAT	ACACGCGGCA	TGGCTGCATC
1081	AGGCTTGCGC	CCATTGTGCA	ATATTCCCCA	CTGCTGCCTC	CCGTAGGAGT	CTGGACCGTG
1141	TCTCAGTTCC	AGTGTGGCTG	GTCATCCTCT	CAGACCAGCT	AGGGATCGTC	GCCTAGGTGA
1201	GCCATTACCC	CACC

WYS-C14

1	GCGGTTAGCA	CAGCGCCTTC	GGGTAAAACC	AACTCCCATG	GTGTGACGGG	CGGTGTGTAC
61	AAGGCCCGGG	AACGTATTCA	CCGCGGCATT	CTGATCCGCG	ATTACTAGCG	ATTCCAACTT
121	CATGCACTCG	AGTTGCAGAG	TGCAATCCGA	ACTGAGATGG	CTTTTGGAGA	TTAGCTTGCG
181	CTCGCACGCT	CGCTGCCCAC	TGTCACCACC	ATTGTAGCAC	GTGTGTAGCC	CAGCCCGTAA
241	GGGCCATGAG	GACTTGACGT	CATCCCCACC	TTCCTCTCGG	CTTATCACCG	GCAGTCCCCT
301	TAGAGTGCCC	AACTAAATGC	TGGCAACTAA	GGGCGAGGGT	TGCGCTCGTT	GCGGGACTTA
361	ACCCAACATC	TCACGACACG	AGCTGACGAC	AGCCATGCAG	CACCTGTATC	CGGTCCAGCC
421	GAACTGAAAG	ACACATCTCT	GTGTCCGCGA	CCGGTATGTC	AAGGGCTGGT	AAGGTTCTGC
481	GCGTTGCTTC	GAATTAAACC	ACATGCTCCA	CCGCTTGTGC	GGGCCCCGT	CAATTCCTTT

541	GAGTTTTAAT	CTTGCGACCG	TACTCCCCAG	GCGGAATGTT	TAATGCGTTA	GCTGCGCCAC
601	CGAAGAGTAA	ACTCCCCGAC	GGCTAACATT	CATCGTTTAC	GGCGTGGACT	ACCAGGGTAT
661	CTAATCCTGT	TTGCTCCCCA	CGCTTTCGCA	CCTCAGCGTC	AGTAATGGTC	CAGTGAGCCG
721	CCTTCGCCAC	TGGTGTTCCT	CCGAATATCT	ACGAATTTCA	CCTCTACACT	CGGAATTCCA
781	CTCACCTCTA	CCATACTCAA	GACTTCCAGT	ATCAAAGGCA	GTTCCGGGGT	TGAGCCCCGG
841	GATTTCACCC	CTGACTTAAA	AGTCCGCCTA	CGTGCGCTTT	ACGCCCAGTA	AATCCGAACA
901	ACGCTAGCCC	CCTTCGTATT	ACCGCGGCTG	CTGGCACGAA	GTTAGCCGGG	GCTTCTTCTC
961	CGGTTACCGT	CATTATCTTC	ACCGGTGAAA	GAGCTTTACA	ACCCTAGGGC	CTTCATCACT
1021	CACGCGGCAT	GGCTGGATCA	GGCTTGCGCC	CATTGTCCAA	TATTCCCCAC	TGCTGCCTCC
1081	CGTAGGAGTC	TGGGCCGTGT	CTCAGTCCCA	GTGTGGCTGA	TCATCCTCTC	AGACCAGCTA
1141	TGGATCGTCG	CCTTGGTAGG	CCTTTACCCC	ACCAACTAGC	TAATCCAACG	CGGGCTCATC
1201	ATTTGCCGAT	AAATCTTTCC	CCCGAAGGGC	ACATACGGTA	TTAGCAGTCG	TTTCCAACTG
1261	TTGTTCCGTA	GCAAATGGTA	GATTCCCACG	CGTTACTCAC	CCGTCTGCCG	CTCCCCTTGC
1321	GGGGCGC					

附录Ⅱ　82 株内生细菌解磷、解钾、固氮筛选结果

菌株号	有机磷	透明圈/菌落直径（D/d）	无机磷	透明圈/菌落直径（D/d）	钾	透明圈/菌落直径（D/d）	氮
WYS-A02-1	–	–	–	–	–	–	–
	–	–	–	–	–	–	–
	–	–	–	–	–	–	–
	–	–	–	–	–	–	–
WYS-A03-1	++	3.17	++	1.08	+++	5.00	++
	++	2.57	++	1.09	+++	5.20	++
	++	2.71	++	1.10	+++	5.00	++
	++	2.71	++	1.10	+++	4.14	++
WYS-A01-1	++	4.50	+	1.75	++	6.67	+
	++	4.00	+	1.50	++	6.67	+
	++	4.25	+	2.29	++	6.67	+
	++	4.00	+	1.75	++	6.00	+
WYS-C01-1	++	2.00	–	–	+++	5.00	+++
	++	2.71	–	–	+++	4.00	+++
	++	2.71	–	–	+++	4.33	+++
	++	2.25	–	–	+++	4.00	+++
WYS-B12	++	3.40	+	1.40	+++	4.33	+
	++	3.60	+	1.29	+++	5.20	+
	++	3.40	+	1.14	+++	5.20	+
	++	4.50	+	1.14	+++	4.50	+
WYS-B02	–	–	–	–	–	–	–
	–	–	–	–	–	–	–
	–	–	–	–	–	–	–
	–	–	–	–	–	–	–
WYS-A02	–	–	–	–	–	–	–
	–	–	–	–	–	–	–
	–	–	–	–	–	–	–
	–	–	–	–	–	–	–
WYS-B03	–	–	–	–	–	–	–
	–	–	–	–	–	–	–
	–	–	–	–	–	–	–
	–	–	–	–	–	–	–

续表

菌株号	有机磷	透明圈/菌落直径（D/d）	无机磷	透明圈/菌落直径（D/d）	钾	透明圈/菌落直径（D/d）	氮
WYS-B08	–	–	–	–	–	–	–
	–	–	–	–	–	–	–
	–	–	–	–	–	–	–
WYS-B04	–	–	–	–	–	–	–
	–	–	–	–	–	–	–
	–	–	–	–	–	–	–
WYS-C05	–	–	–	–	–	–	–
	–	–	–	–	–	–	–
	–	–	–	–	–	–	–
WYS-C09	–	–	–	–	–	–	–
	–	–	–	–	–	–	–
	–	–	–	–	–	–	–
WYS-A04	–	–	–	–	–	–	–
	–	–	–	–	–	–	–
	–	–	–	–	–	–	–
WYS-A07	–	–	–	–	–	–	–
	–	–	–	–	–	–	–
	–	–	–	–	–	–	–
WYS-C10	–	–	–	–	–	–	–
	–	–	–	–	–	–	–
	–	–	–	–	–	–	–
WYS-B04-1	–	–	–	–	–	–	–
	–	–	–	–	–	–	–
	–	–	–	–	–	–	–
WYS-C08	–	–	–	–	–	–	–
	–	–	–	–	–	–	–
	–	–	–	–	–	–	–
WYS-C03	–	–	–	–	–	–	–
	–	–	–	–	–	–	–
	–	–	–	–	–	–	–
	–	–	–	–	–	–	–

续表

菌株号	有机磷	透明圈/菌落直径（D/d）	无机磷	透明圈/菌落直径（D/d）	钾	透明圈/菌落直径（D/d）	氮
WYS-D01-1	–	–	–	–	–	–	–
	–	–	–	–	–	–	–
	–	–	–	–	–	–	–
	–	–	–	–	–	–	¬
WYS-A05	–	–	–	–	–	–	–
	–	–	–	–	–	–	–
	–	–	–	–	–	–	–
	–	–	–	–	–	–	–
WYS-C01	++	3.80	+	1.75	++	3.00	+
	+	3.00	+	1.40	+++	3.14	++
	++	3.40	+	1.50	++	2.86	+
	++	3.80	+	1.40	++	3.20	+
WYS-A02-2	+	1.57	–	–	+++	3.67	++
	+	1.57	–	–	+++	2.71	++
	+	2.00	–	–	+++	2.77	++
	+	1.71	–	–	+++	3.00	++
WYS-C14	++	3.40	–	–	+++	3.67	++
	++	3.60	–	–	++	2.71	++
	++	3.60	–	–	++	2.77	++
	++	3.40	–	–	++	3.00	++
WYS-D01	–	–	–	–	–	–	–
	–	–	–	–	–	–	–
	–	–	–	–	–	–	–
	–	–	–	–	–	–	–
WYS-B05	–	–	–	–	–	–	–
	–	–	–	–	–	–	–
	–	–	–	–	–	–	–
	–	–	–	–	–	–	–
WYS-B09	–	–	–	–	–	–	–
	–	–	–	–	–	–	–
	–	–	–	–	–	–	–
	–	–	–	–	–	–	–
WYS-A06	–	–	–	–	–	–	–
	–	–	–	–	–	–	–
	–	–	–	–	–	–	–
	–	–	–	–	–	–	–
JL-B08	–	–	–	–	–	–	–
	–	–	–	–	–	–	–
	–	–	–	–	–	–	–
	–	–	–	–	–	–	–

菌株号	有机磷	透明圈 / 菌落直径（D/d）	无机磷	透明圈 / 菌落直径（D/d）	钾	透明圈 / 菌落直径（D/d）	氮
JL-C02-1	–	–	–	–	–	–	–
	–	–	–	–	–	–	–
	–	–	–	–	–	–	–
	–	–	–	–	–	–	–
JL-B10	–	–	–	–	–	–	–
	–	–	–	–	–	–	–
	–	–	–	–	–	–	–
	–	–	–	–	–	–	–
JL-B16	–	–	–	–	–	–	–
	–	–	–	–	–	–	–
	–	–	–	–	–	–	–
	–	–	–	–	–	–	–
JL-B17	–	–	–	–	–	–	–
	–	–	–	–	–	–	–
	–	–	–	–	–	–	–
	–	–	–	–	–	–	–
JL-B09	–	–	–	–	–	–	–
	–	–	–	–	–	–	–
	–	–	–	–	–	–	–
	–	–	–	–	–	–	–
JL-A02-2	–	–	–	–	–	–	–
	–	–	–	–	–	–	–
	–	–	–	–	–	–	–
	–	–	–	–	–	–	–
JL-A07	–	–	–	–	–	–	–
	–	–	–	–	–	–	–
	–	–	–	–	–	–	–
	–	–	–	–	–	–	–
JL-B06	+++	3.20	+	2.50	++	5.00	++
	++	2.80	+	2.20	++	4.00	++
	++	2.80	+	2.17	++	4.33	++
	++	3.00	+	2.50	++	4.00	++
JL-B05	–	–	–	–	–	–	–
	–	–	–	–	–	–	–
	–	–	–	–	–	–	–
JL-A04	–	–	–	–	–	–	–
	–	–	–	–	–	–	–
	–	–	–	–	–	–	–
	–	–	–	–	–	–	–

菌株号	有机磷	透明圈 / 菌落直径（D/d）	无机磷	透明圈 / 菌落直径（D/d）	钾	透明圈 / 菌落直径（D/d）	氮
JL-A05	–	–	–	–	–	–	–
	–	–	–	–	–	–	–
	–	–	–	–	–	–	–
	–	–	–	–	–	–	–
JL-C07	–	–	–	–	–	–	–
	–	–	–	–	–	–	–
	–	–	–	–	–	–	–
JL-A09	–	–	–	–	–	–	–
	–	–	–	–	–	–	–
	+	–	–	–	–	–	–
JL-C05	–	–	–	–	–	–	–
	–	–	–	–	–	–	–
	–	–	–	–	–	–	–
JL-B02	–	–	–	–	–	–	–
	–	–	–	–	–	–	–
	–	–	–	–	–	–	–
JL-B15	–	–	–	–	–	–	–
	–	–	–	–	–	–	–
	–	–	–	–	–	–	–
JL-A14	–	–	–	–	–	–	–
	–	–	–	–	–	–	–
	–	–	–	–	–	–	–
	–	–	–	–	–	–	–
JL-A03	–	1.80	–	–	++	4.00	+
	+	2.00	–	–	++	4.00	+
	+	2.00	–	–	+	3.50	+
	+	2.00	–	–	+	2.80	+
JL-B11	–	–	–	–	–	–	–
	–	–	–	–	–	–	–
	–	–	–	–	–	–	–
JL-D03	–	–	–	–	–	–	–
	–	–	–	–	–	–	–
	–	–	–	–	–	–	–
	–	–	–	–	–	–	–

菌株号	有机磷	透明圈/菌落直径（D/d）	无机磷	透明圈/菌落直径（D/d）	钾	透明圈/菌落直径（D/d）	氮
JL-C04	−	−	−	−	−	−	−
	−	−	−	−	−	−	−
	−	−	−	−	−	−	−
	−	−	−	−	−	−	−
JL-B03	−	−	−	−	−	−	−
	−	−	−	−	−	−	−
	−	−	−	−	−	−	−
	−	−	−	−	−	−	−
JL-D02	+	3.00	−	−	+++	3.00	+++
	+	3.00	−	−	+++	3.00	+++
	+	2.50	−	−	+++	3.00	+++
	+	2.50	−	−	+++	3.00	+++
CT-A03	−	−	−	−	−	−	−
	−	−	−	−	−	−	−
	−	−	−	−	−	−	−
CT-A12	−	−	−	−	−	−	−
	−	−	−	−	−	−	−
	−	−	−	−	−	−	−
CT-A13	−	−	−	−	−	−	−
	−	−	−	−	−	−	−
	−	−	−	−	−	−	−
CT-A02	−	−	−	−	−	−	−
	−	−	−	−	−	−	−
	−	−	−	−	−	−	−
CT-A17	+	1.88	++	1.33	++	4.75	+
	+	2.14	++	1.25	++	5.00	++
	++	2.57	++	1.09	++	5.00	+
	++	2.00	++	1.57	++	5.00	++
CT-B07	+	3.25	+	1.50	++	5.00	++
	+	2.89	+	1.80	++	4.75	++
	+	4.00	+	2.00	++	5.00	++
	+	3.00	+	1.80	++	4.75	++
CT-B17	+	2.00	++	2.00	++	6.67	+
	+	2.50	++	2.00	++	6.67	+
	+	2.75	+	1.80	++	6.67	+
	+	3.25	+	1.80	+++	7.33	+

续表

菌株号	有机磷	透明圈 / 菌落直径（D/d）	无机磷	透明圈 / 菌落直径（D/d）	钾	透明圈 / 菌落直径（D/d）	氮
CT-B19	–	–	–	–	–	–	–
	–	–	–	–	–	–	–
	–	–	–	–	–	–	–
	–	–	–	–	–	–	–
CT-B20	+	3.00	+	1.80	+++	4.40	+
	+	2.17	+	1.80	++	4.00	+
	+	2.80	++	2.50	+++	3.67	+
	+	3.00	+	1.90	+++	5.50	+
CT-B20-1	+	2.60	+	1.29	++	4.25	+
	+	2.60	+	1.50	++	4.50	+
	+	2.60	+	1.38	++	4.50	+
	+	2.60	+	1.50	++	4.25	+
CT-B01	–	–	–	–	–	–	–
	–	–	–	–	–	–	–
	–	–	–	–	–	–	–
	–	–	–	–	–	–	–
CT-B04-1	+	3.00	++	1.83	++	6.67	++
	+	2.55	+	1.50	++	6.33	++
	+	4.00	+	1.58	++	6.67	++
	+	2.60	+	1.50	++	6.67	++
CT-B09-1	+	3.00	+	1.80	++	4.25	+
	+	2.50	+	1.70	++	4.44	+
	+	2.42	+	1.55	+	3.00	+
	+	2.50	+	1.80	++	3.60	+
CT-B09-2	+++	5.00	++	2.17	+++	2.40	+++
	+++	5.60	++	2.00	+++	2.67	+++
	+++	4.60	+++	2.14	+++	2.33	+++
	+++	5.00	++	2.17	++	1.80	+++
CT-A18	–	–	–	–	–	–	–
	–	–	–	–	–	–	–
	–	–	–	–	–	–	–
CT-A16	–	–	–	–	–	–	–
	–	–	–	–	–	–	–
	–	–	–	–	–	–	–
	–	–	–	–	–	–	–
CT-A04	–	–	–	–	–	–	–
	–	–	–	–	–	–	–
	–	–	–	–	–	–	–
	–	–	–	–	–	–	–

续表

菌株号	有机磷	透明圈/菌落直径（D/d）	无机磷	透明圈/菌落直径（D/d）	钾	透明圈/菌落直径（D/d）	氮
CT-A05	–	–	–	–	–	–	–
	–	–	–	–	–	–	–
	–	–	–	–	–	–	–
	–	–	–	–	–	–	–
CT-A15	–	–	–	–	–	–	–
	+	–	–	–	–	–	–
	–	–	–	–	–	–	–
CT-A14	–	–	–	–	–	–	–
	–	–	–	–	–	–	–
	–	–	–	–	–	–	–
	–	–	–	–	–	–	–
CT-B21	+	2.17	–	–	+	2.50	+
	+	2.00	–	–	+	2.33	+
	+	2.40	–	–	+	2.50	+
	+	2.00	–	–	+	2.14	+
CT-D06	–	–	–	–	–	–	–
	–	–	–	–	–	–	–
	–	–	–	–	–	–	–
CT-B11	–	–	–	–	–	–	–
	–	–	–	–	–	–	–
	–	–	–	–	–	–	–
	–	–	–	–	–	–	–
CT-A06	+	2.20	–	–	+	1.75	+
	+	1.80	–	–	+	2.17	+
	+	1.80	–	–	++	1.80	+
	+	3.00	–	–	++	2.57	+
CT-A19	–	–	–	–	–	–	–
	–	–	–	–	–	–	–
	–	–	–	–	–	–	–
CT-A03	–	–	–	–	–	–	–
	–	–	–	–	–	–	–
	–	–	–	–	–	–	–
	–	–	–	–	–	–	–
CT-B01-1	–	–	–	–	–	–	–
	–	–	–	–	–	–	–
	–	–	–	–	–	–	–
	–	–	–	–	–	–	–

续表

菌株号	有机磷	透明圈 / 菌落直径（D/d）	无机磷	透明圈 / 菌落直径（D/d）	钾	透明圈 / 菌落直径（D/d）	氮
CT-B03	–	–	–	–	–	–	–
	–	–	–	–	–	–	–
	–	–	–	–	–	–	–
	–	–	–	–	–	–	–
CT-B10	–	–	–	–	–	–	–
	–	–	–	–	–	–	–
	–	–	–	–	–	–	–
	–	–	–	–	–	–	–
CT-B13-1	++	2.00	+	2.00	++	4.00	+
	++	2.13	++	2.50	++	4.00	++
	++	2.00	+	2.25	++	5.00	+
	++	2.29	+	2.00	++	4.00	+
CT-C02	–	–	–	–	–	–	–
	–	–	–	–	–	–	–
	–	–	–	–	–	–	–
	–	–	–	–	–	–	–

注：D：透明圈直径，d：菌落直径；

"–"：无活性（分解圈＜10mm）；"+"：有活性（分解圈：10-15mm）；

"++"：较强活性（分解圈：16-20mm）；"+++"：很强活性（分解圈：＞20mm）。

附录Ⅲ　82 株内生细菌对 6 种食用菌病原菌的拮抗效果

菌株号	供试病原菌					
	蛛网病菌	黏菌病菌	油疤病菌	黄色霉菌	绿色木霉	青霉
WYS-A02-1	–	–	–	–	–	–
	–	–	–	–	–	–
	–	–	–	–	–	–
	–	–	–	–	–	–
WYS-A03-1	–	–	–	–	–	–
	–	–	–	–	–	–
	–	–	–	–	–	–
	–	–	–	–	–	–
WYS-A01-1	–	–	–	–	–	–
	–	–	–	–	–	–
	–	–	–	–	–	–
WYS-C01-1	–	–	–	–	–	–
	–	–	–	–	–	–
	–	–	–	–	–	–
WYS-B12	–	–	–	–	–	–
	–	–	–	–	–	–
	–	–	–	–	–	–
	–	–	–	–	–	–
WYS-B02	–	–	–	–	–	–
	–	–	–	–	–	–
WYS-A02	–	–	–	–	–	–
	–	–	–	–	–	–
	–	–	–	–	–	–
WYS-B03	–	–	–	–	–	–
	–	–	–	–	–	–
	–	–	–	–	–	–

续表

菌株号	供试病原菌					
	蛛网病菌	黏菌病菌	油疤病菌	黄色霉菌	绿色木霉	青霉
WYS-B08	-	-	-	-	-	-
	-	-	-	-	-	-
	-	-	-	-	-	-
	-	-	-	-	-	-
WYS-B04	-	-	+	-	-	-
	-	-	+	-	-	-
	-	-	+	-	-	-
	-	-	+	-	-	-
WYS-C05	-	-	-	-	-	-
	-	-	-	-	-	-
	-	-	-	-	-	-
	-	-	-	-	-	-
WYS-C09	-	-	-	-	-	-
	-	-	-	-	-	-
	-	-	-	-	-	-
	-	-	-	-	-	-
WYS-A04	-	-	-	-	-	-
	-	-	-	-	-	-
	-	-	-	-	-	-
	-	-	-	-	-	-
WYS-A07	-	-	-	-	-	-
	-	-	-	-	-	-
	-	-	-	-	-	-
	-	-	-	-	-	-
WYS-C10	-	-	-	-	-	-
	-	-	-	-	-	-
	-	-	-	-	-	-
	-	-	-	-	-	-
WYS-B04-1	-	-	-	-	-	-
	-	-	-	-	-	-
	-	-	-	-	-	-
	-	-	-	-	-	-
WYS-C08	-	-	-	-	-	-
	-	-	-	-	-	-
	-	-	-	-	-	-
	-	-	-	-	-	-
WYS-C03	-	-	-	-	-	-
	-	-	-	-	-	-
	-	-	-	-	-	-
	-	-	-	-	-	-

菌株号	供试病原菌					
	蛛网病菌	黏菌病菌	油疤病菌	黄色霉菌	绿色木霉	青霉
WYS-D01-1	–	–	–	–	–	–
	–	–	–	–	–	–
	–	–	–	–	–	–
	–	–	–	–	–	–
WYS-A05	–	–	–	–	+	–
	–	–	–	–	+	–
	–	–	–	–	+	–
	–	–	–	–	+	–
WYS-C01	–	–	–	–	–	–
	–	–	–	–	–	–
	–	–	–	–	–	–
	–	–	–	–	–	–
WYS-A02-2	–	–	–	–	–	–
	–	–	–	–	–	–
	–	–	–	–	–	–
	–	–	–	–	–	–
WYS-C14	–	–	–	–	–	–
	–	–	–	–	–	–
	–	–	–	–	–	–
	–	–	–	–	–	–
WYS-D01	–	–	–	–	–	–
	–	–	–	–	–	–
	–	–	–	–	–	–
	–	–	–	–	–	–
WYS-B05	–	–	–	–	–	–
	–	–	–	–	–	–
	–	–	–	–	–	–
	–	–	–	–	–	–
WYS-B09	–	–	–	–	–	–
	–	–	–	–	–	–
	–	–	–	–	–	–
	–	–	–	–	–	–
WYS-A06	–	–	–	–	–	–
	–	–	–	–	–	–
	–	–	–	–	–	–
	–	–	–	–	–	–
JL-B08	–	–	–	+	–	–
	–	–	–	+	–	–
	–	–	–	+	–	–
	–	–	–	+	–	–

续表

菌株号	供试病原菌					
	蛛网病菌	黏菌病菌	油疤病菌	黄色霉菌	绿色木霉	青霉
JL-C02-1	−	−	−	+	−	−
	−	−	−	+	−	−
	−	−	−	+	−	−
	−	−	−	+	−	−
JL-B10	−	−	−	−	−	−
	−	−	−	−	−	−
	−	−	−	−	−	−
	−	−	−	−	−	−
JL-B16	++	++	++	++	++	++
	++	++	++	++	++	++
	++	++	++	++	++	++
	++	++	++	++	++	++
JL-B17	−	−	−	−	−	−
	−	−	−	−	−	−
	−	−	−	−	−	−
	−	−	−	−	−	−
JL-B09	−	−	−	−	−	−
	−	−	−	−	−	−
	−	−	−	−	−	−
	−	−	−	−	−	−
JL-A02-2	−	−	−	−	−	−
	−	−	−	−	−	−
	−	−	−	−	−	−
	−	−	−	−	−	−
JL-A07	++	++	++	++	++	++
	++	++	++	++	++	++
	++	++	++	++	++	++
	++	++	++	++	++	++
JL-B06	−	−	+	+	−	+
	−	−	−	+	−	−
	−	−	−	+	−	−
	−	−	−	+	−	−
JL-B05	++	++	++	++	++	++
	++	++	++	++	++	++
	++	++	++	++	++	++
	++	++	++	++	++	++
JL-A04	−	−	−	−	−	−
	−	−	−	−	−	−
	−	−	−	−	−	−
	−	−	−	−	−	−

续表

菌株号	供试病原菌					
	蛛网病菌	黏菌病菌	油疤病菌	黄色霉菌	绿色木霉	青霉
JL-A05	−	−	−	+	−	−
	−	−	−	+	−	−
	−	−	−	+	−	−
	−	−	−	+	−	−
JL-C07	−	−	−	−	−	−
	−	−	−	−	−	−
	−	−	−	−	−	−
	−	−	−	−	−	−
JL-A09	−	−	−	−	−	−
	−	−	−	−	−	−
	−	−	−	−	−	−
	−	−	−	−	−	−
JL-C05	−	−	−	−	−	−
	−	−	−	−	−	−
	−	−	−	−	−	−
	−	−	−	−	−	−
JL-B02	−	−	−	−	−	−
	−	−	−	−	−	−
	−	−	−	−	−	−
JL-B15	−	−	−	−	−	−
	−	−	−	−	−	−
	−	−	−	−	−	−
	−	−	−	−	−	−
JL-A14	−	−	−	−	−	−
	−	−	−	−	−	−
	−	−	−	−	−	−
	−	−	−	−	−	−
JL-A03	−	−	−	−	−	−
	−	−	−	−	−	−
	−	−	−	−	−	−
JL-B11	+	+	+	++	+	+
	+	+	+	++	+	+
	+	+	+	++	+	+
	+	+	+	++	+	+
JL-D03	−	−	−	−	−	−
	−	−	−	−	−	−
	−	−	−	−	−	−
	−	−	−	−	−	−

菌株号	供试病原菌					
	蛛网病菌	黏菌病菌	油疤病菌	黄色霉菌	绿色木霉	青霉
JL-C04	–	–	–	–	–	–
	–	–	–	–	–	–
	–	–	–	–	–	–
JL-B03	–	–	–	–	–	–
	–	–	–	–	–	–
	–	–	–	–	–	–
JL-D02	–	–	–	–	–	–
	–	–	–	–	–	–
	–	–	–	–	–	–
CT-A03	–	–	–	–	–	–
	–	–	–	–	–	–
	–	–	–	–	–	–
CT-A12	–	–	–	–	–	–
	–	–	–	–	–	–
	–	–	–	–	–	–
CT-A13	–	–	–	–	–	–
	–	–	–	–	–	–
	–	–	–	–	–	–
CT-A02	–	–	–	–	–	–
	–	–	–	–	–	–
	–	–	–	–	–	–
CT-A17	–	–	–	–	–	–
	–	–	–	–	–	–
	–	–	–	–	–	–
CT-B07	–	–	–	–	–	–
	–	–	–	–	–	–
	–	–	–	–	–	–
CT-B17	–	–	–	–	–	–
	–	–	–	–	–	–
	–	–	–	–	–	–
	–	–	–	–	–	–

续表

菌株号	供试病原菌					
	蛛网病菌	黏菌病菌	油疤病菌	黄色霉菌	绿色木霉	青霉
CT-B19	+	+	+	++	++	++
	+	+	+	++	++	++
	+	+	+	++	++	++
	+	+	+	++	++	++
CT-B20	−	−	−	−	−	−
	−	−	−	−	−	−
	−	−	−	−	−	−
	−	−	−	−	−	−
CT-B20-1	−	−	−	−	−	−
	−	−	−	−	−	−
	−	−	−	−	−	−
	−	−	−	−	−	−
CT-B01	++	+	++	++	+	−
	++	+	++	++	+	−
	++	+	++	++	+	−
	++	+	++	++	+	−
CT-B04-1	++	−	+	+	−	++
	++	−	+	+	−	++
	++	−	+	+	−	++
	++	−	+	+	−	++
CT-B09-1	−	−	−	−	−	−
	−	−	−	−	−	−
	−	−	−	−	−	−
	−	−	−	−	−	−
CT-B09-2	−	−	−	−	−	−
	−	−	−	−	−	−
	−	−	−	−	−	−
	−	−	−	−	−	−
CT-A18	−	−	−	−	−	−
	−	−	−	−	−	−
	−	−	−	−	−	−
CT-A16	++	++	++	++	++	++
	++	++	++	++	++	++
	++	++	++	++	++	++
	++	++	++	++	++	++
CT-A04	−	−	−	−	−	−
	−	−	−	−	−	−
	−	+	−	−	−	−
	+	+	−	−	−	−

续表

菌株号	供试病原菌					
	蛛网病菌	黏菌病菌	油疤病菌	黄色霉菌	绿色木霉	青霉
CT-A05	+	−	−	−	−	−
	−	−	−	−	−	−
	−	−	−	−	−	−
	−	−	−	−	−	−
CT-A15	−	−	−	−	−	−
	−	−	−	−	−	−
	−	−	−	−	−	−
	+	+	+	−	−	−
CT-A14	−	−	−	−	−	−
	−	−	−	−	−	−
	−	−	−	−	−	−
	−	−	−	−	−	−
CT-B21	−	−	+	−	−	−
	−	−	+	−	−	−
	−	−	+	−	−	−
	−	−	+	−	−	−
CT-D06	−	−	−	−	−	−
	−	−	−	−	−	−
	−	−	−	−	−	−
	−	−	−	−	−	−
CT-B11	−	−	−	−	−	−
	−	−	−	−	−	−
	−	−	−	−	−	−
	−	−	−	−	−	−
CT-A06	−	−	−	−	−	−
	−	−	−	−	−	−
	−	−	−	−	−	−
	−	−	−	−	−	−
CT-A19	−	−	−	−	−	−
	−	−	−	−	−	−
	−	−	−	−	−	−
	−	−	−	−	−	−
CT-A03	−	−	−	−	−	−
	−	−	−	−	−	−
	−	−	−	−	−	−
	−	−	−	−	−	−
CT-B01-1	−	−	−	−	−	−
	−	−	−	−	−	−
	−	−	−	−	−	−
	−	−	−	−	−	−

续表

菌株号	供试病原菌					
	蛛网病菌	黏菌病菌	油疤病菌	黄色霉菌	绿色木霉	青霉
CT-B03	–	–	–	–	–	–
	–	–	–	–	–	–
	–	–	–	–	–	–
	–	–	–	–	–	–
CT-B10	–	–	–	–	–	–
	–	–	–	–	–	–
	–	–	–	–	–	–
	–	–	–	–	–	–
CT-B13-1	–	–	–	–	–	–
	–	–	–	–	–	–
	–	–	–	–	–	–
	–	–	–	–	–	–
CT-C02	–	–	–	–	–	–
	–	–	–	–	–	–
	–	–	–	–	–	–
	–	–	–	–	–	–

注："–"表示没有抑菌效果；"+"表示弱抑菌效果；"++"表示中等抑菌效果；"+++"表示强抑菌效果。